岩波講座 基礎数学

超関数論入門

監　修

小平邦彦

編　集

岩堀長慶
河田敬義
*藤田　宏
*小松彦三郎
田村一郎
服部晶夫
飯高　茂

岩波講座　基礎数学

解 析 学(II) ix

超関数論入門

小 松 彦 三 郎

岩 波 書 店

目　次

まえがき

本講は Schwartz, Roumieu および Beurling-Björck の超関数と1変数の佐藤の超関数の局所理論をできるだけ少しの予備知識ですむよう配慮し，ていねいに解説したものである．最後に実解析関数を係数とする線型常微分方程式に応用し，これらの超関数が微分方程式論の最も基礎的な問題の解答に自然に現われることを示した．

多変数の佐藤超関数および微関数について全然ふれることができなかったのは残念であるが，この講座の趣旨からはずれることなくこれらの理論を紹介する自信は今のところ私にはない．興味をもたれる読者は巻末にあげた参考書によって学んでいただきたい．Schwartz 等の超関数についても，紙数の関係で変数変換の理論，核定理などを削らなければならなかったのは残念である．

必要な予備知識は関数論と関数解析の初等的な部分のみである．関数論でいえば位数が1以下の整関数に対する Hadamard の因数分解定理，Runge の定理などにも証明をつけた．局所凸空間の射影極限および帰納極限については(必要以上の)詳しい解説をした．これらは読者に歓迎してもらえると思う．

本講の内容は私が1970年以来京都大学，名古屋大学，お茶の水女子大学，千葉大学，東京大学，Wuppertal 大学等で講義したものである．経験によれば，これを全部講義するには約60時間を要する．辛抱づよく読まれることを希望する．

第1章　局所凸空間論よりの準備

L. Schwartz, C. Roumieu および A. Beurling 等の超関数論においては，超関数はある関数空間に自然な位相を入れて得られる局所凸線型位相空間の上の連続線型汎関数として定義される．佐藤幹夫の超関数はこれとは全く異なる定義から出発するが，理論の基礎となる整型関数に対する基本的な定理の証明には関数解析が必要である．

ここでは，後にわれわれにとって必要となる程度の局所凸線型位相空間論を紹介する．残念ながら，基本的な定理の多くは証明を省略せざるを得なかった．これらについては本講座“関数解析”または現代数学演習叢書3“解析学の基礎”を参照されたい．いずれにせよ，超関数論をはじめて学ぶ者が，その準備として局所凸空間論にあまり深入りすることは賢明とはいえない．証明を略した部分については事実と認めて先に進まれるよう希望する．証明をつけた定理についても初読の際は証明の部分を読みとばしてさしつかえない．

§1.1　局所凸空間

以下，X, Y 等は複素数体 $\boldsymbol{C}$ 上の線型空間を表わすものとする．

X 上の実数値関数 p は次の3条件をみたすとき，**半ノルム**という：

(i)　$p(x) \geqq 0$,　$x \in X$;

(ii)　$p(x+y) \leqq p(x)+p(y)$,　$x, y \in X$;

(iii)　$p(ax) = |a|p(x)$,　$a \in \boldsymbol{C}$,　$x \in X$.

さらに次の条件をみたすとき，**ノルム**という：

(iv)　$p(x)=0 \Longrightarrow x=0$.

X が**局所凸線型位相空間**，略して**局所凸空間**であるとは，X は線型空間であると共に位相空間であり，かつ X 上の半ノルムの族 $\mathfrak{S}$ があって X の有向族 x_ν が x に収束することとすべての $p \in \mathfrak{S}$ に対して $p(x_\nu - x) \to 0$ となることが同等になることである．

線型空間 X に任意に半ノルムの族 $\mathfrak{S}$ を与えたとき，この $\mathfrak{S}$ を上の $\mathfrak{S}$ とする位相がただ一つ定まる．これを半ノルムの族 $\mathfrak{S}$ によって定義される局所凸位相という．

半ノルムの族 $\mathfrak{S}$ によって定義される局所凸位相が Hausdorff であるための必要十分条件は $\mathfrak{S}$ が次の意味で集団的にノルムの条件をみたすことである：

(iv)′ $\forall p \in \mathfrak{S},\ p(x)=0 \Longrightarrow x=0.$

以下特に断らないかぎりすべての局所凸位相は Hausdorff であると仮定する．

局所凸空間 X においては，線型空間としての演算，すなわち加法 $(x, y)\mapsto x+y$ とスカラーとの乗法 $(a, x)\mapsto ax$ がそれぞれ $X\times X\to X$, $\boldsymbol{C}\times X\to X$ の写像として連続である．

特に，原点0の近傍を平行移動したものを一様近傍族の基底とすることにより X には一様位相が入る．局所凸空間は常にこの一様位相をもつ一様位相空間と考える．

線型写像 $l: X\to \boldsymbol{C}$ を**線型汎関数**という．

命題 1.1 X が半ノルムの族 $\mathfrak{S}$ によって位相が定義される局所凸空間であるとき，X 上の線型汎関数または半ノルム q が連続であるための必要十分条件は有限個の $p_1, \cdots, p_N \in \mathfrak{S}$ と実数 $C_1, \cdots, C_N$ が存在して

$$(1.1)\qquad |q(x)| \leqq C_1p_1(x)+\cdots+C_Np_N(x), \qquad x\in X,$$

と評価できることである．——

特に，任意の $p\in\mathfrak{S}$ は連続な半ノルムである．$\mathfrak{S}$ に (1.1) をみたす半ノルム q をつけ加えて得られる半ノルムの族は，明らかに，$\mathfrak{S}$ と同じ局所凸位相を定義する．それゆえ，局所凸空間 X は X 上の連続半ノルム全体の族で定義される局所凸位相をもつ．

ノルム空間はそのノルムだけからなる半ノルムの族で定義される局所凸位相をもつ．逆に，局所凸空間 X の位相がただ一つの元からなる半ノルムの族 $\{p\}$ で定義されているとき，p はノルムであり，X の局所凸位相はノルム空間 (X, p) の局所凸位相である．ただし，ノルム空間としては異なっていても，局所凸空間としては一致する場合がある．このとき，二つのノルムは，互いに上下から評価されるという意味で同値である．

命題 1.2 局所凸空間 X の位相が距離づけ可能であるための必要十分条件は，

Xの位相が高々可算個の半ノルムによって定義されることである．——

Xの位相が有限個の半ノルムによって定義されるときは，これらの半ノルムの和として得られるただ一つのノルムがXの位相を定義する．すなわち，Xはノルムづけ可能である．

次の定理は局所凸空間論における最も基本的な定理である．

定理 1.1 (**Hahn-Banach**)　Xを$\boldsymbol{C}$(または$\boldsymbol{R}$)上の線型空間，YをXの線型部分空間，pをX上の半ノルムとする．もし，Y上の線型汎関数lが

$$|l(y)| \leqq p(y), \qquad y \in Y,$$

をみたすならば，lは

$$|\tilde{l}(x)| \leqq p(x), \qquad x \in X,$$

をみたすX上の線型汎関数$\tilde{l}$に拡張することができる．

系　Xを局所凸空間，YをXの閉線型部分空間とする．$x_0 \notin Y$ならば，Y上では恒等的に0，しかし$l(x_0) \neq 0$となるX上の連続線型汎関数lが存在する．——

局所凸空間Xの上の連続線型汎関数全体の集合をX'と書き，Xの**双対空間**という．$x \in X$, $x' \in X'$のとき，

$$x'(x) = \langle x, x' \rangle$$

と書き，xとx'の**内積**という．

上の系は，局所凸空間Xの双対空間が次の意味で十分多くの元をもつことを示している：

(1.2) $$\forall x' \in X', \quad \langle x, x' \rangle = 0 \Longrightarrow x = 0.$$

双対空間X'は

$$\langle x, x'+y' \rangle = \langle x, x' \rangle + \langle x, y' \rangle, \qquad x \in X,$$
$$\langle x, ax' \rangle = a\langle x, x' \rangle, \qquad x \in X,$$

で加法およびスカラーとの乗法を定義することにより線型空間になる．

局所凸空間Xの部分集合Bが**有界**であるとは，X上の任意の連続半ノルムpに対し

(1.3) $$p(B) = \sup \{p(x) \mid x \in B\} < \infty$$

となることであると定義する．Xの局所凸位相が半ノルムの族$\mathfrak{S}$で定義されるときは，任意の$p \in \mathfrak{S}$に対し(1.3)がなりたてば十分である．Bは任意の可算部

分集合が有界ならば有界であることに注意する．

原コンパクト集合(precompact set)，すなわち全有界集合は有界である．

局所凸空間 X の元の有向族 x_ν が X の一様位相に関して Cauchy 族であるための必要十分条件は X の位相を定める半ノルムの族 $\mathfrak{S}$ に属するすべての半ノルム p に対し，$\nu, \mu\to\infty$ のとき $p(x_\nu - x_\mu)\to 0$ となることである．X の部分集合 A が**(列的)完備**とは A の元からなる任意の Cauchy 有向族(Cauchy 列)が A の元に収束することである．

局所凸空間 X の中の任意の有界閉集合が完備であるとき，X は**準完備**であるという．局所凸空間が完備であれば，準完備であり，準完備であれば列的完備である．X が距離づけ可能ならば，これら三つの概念は一致する．しかし，一般にはこれらは互いに異なる．

完備な距離づけ可能な局所凸空間を **Fréchet 空間**または略して**(F) 空間**という．

一様位相空間の一般的性質により，局所凸空間 X の部分集合は原コンパクトかつ完備であるとき，そのときに限り，コンパクトである．

X が局所凸空間であるとき，X には本来の位相の他に半ノルムの族 $\{|\langle x, x'\rangle| \mid x'\in X'\}$ で定義される局所凸位相を与えることができる．これを X の**弱位相**といい，$\sigma(X, X')$ と書く．弱位相をそなえた X を X_σ と書く．有向族 $x_\nu\in X$ が弱位相に関して $x\in X$ に収束するとは，任意の $x'\in X'$ に対し $\langle x_\nu, x'\rangle$ が $\langle x, x'\rangle$ に収束することである．このとき x_ν は x に**弱収束**するという．

定理 1.2(**Mackey**)　局所凸空間 X の部分集合 B が有界であるための必要十分条件は，任意の $x'\in X'$ に対し

$$p^B(x') = \sup\{|\langle x, x'\rangle| \mid x\in B\} \tag{1.4}$$

が有限であることである．——

この定理は $B\subset X$ が有界であることと，弱位相に関して有界であることが同等であることを主張している．

局所凸空間 X の双対空間 X' において，半ノルムの族 $\{|\langle x, x'\rangle| \mid x\in X\}$ で定義される局所凸位相を**汎弱位相**といい，$\sigma(X', X)$ と書く．汎弱位相をそなえた双対空間を $X'_{\sigma'}$ と書く．

$B\subset X$ が有界ならば，(1.4) で定義される p^B は X' 上の半ノルムになる．$\{p^B|$

$B\subset X$ は有界$\}$ で定義される局所凸位相を**強位相**といい，$\beta(X', X)$ と書く．

もっと一般に，$\mathfrak{B}$ が X の有界集合の族のとき，半ノルムの族 $\{p^B \mid B\in\mathfrak{B}\}$ で定義される X' 上の局所凸位相を $\mathfrak{B}$ **位相**または $\mathfrak{B}$ **上一様収束の位相**という．有向族 $x'_\nu\in X'$ が $\mathfrak{B}$ 位相の下で収束するとは X 上の関数族 $\langle x, x'_\nu\rangle$ が $\mathfrak{B}$ の各集合上一様収束することであるからである．

この意味で，汎弱位相は各点収束の位相，強位相は有界集合上一様収束の位相である．この他に重要なものとして，コンパクト集合上一様収束の位相，原コンパクト集合上一様収束の位相がある．

X と X' の役割を交換して，X' の汎弱有界集合の族 $\mathfrak{A}$ を与えたとき，X に $\mathfrak{A}$ 位相すなわち $\mathfrak{A}$ 上一様収束の位相が定まる．$\mathfrak{A}$ がすべての汎弱有界集合の族であるとき，この位相も**強位相**という．

局所凸空間 X の双対空間 X' は，普通，強位相をそなえた局所凸空間とみなす．このことを強調するには X' を X'_β と書き，**強双対空間**という．有向族 $x'_\nu\in X'$ が強位相の下で収束することを**強収束**するという．**汎弱収束**の定義も同様である．

各 $x\in X$ に対し，X' 上の線型汎関数 $\langle x, x'\rangle$ は汎弱位相に関して連続であり，逆に X' 上の汎弱連続な線型汎関数はある $x\in X$ を用いて $\langle x, x'\rangle$ と書ける．特に，$X\subset(X'_\beta)'$ とみなされる．これが集合として一致するとき，X は**半反射的**であるという．さらに，位相をこめて $X=(X'_\beta)'_\beta$ となるとき，X は**反射的**であるという．

$\langle X, X'\rangle$ を局所凸空間 X，その双対空間 X' および内積 $\langle x, x'\rangle$ の系，あるいはもっと一般に二つの線型空間 X, X' とそれらの間の非退化な双線型汎関数 $\langle x, x'\rangle$ からなる系とする．後の場合，X に半ノルムの族 $\{|\langle x, x'\rangle| \mid x'\in X'\}$ で定義される弱位相を与えれば，X の双対空間は X' と同一視できるから，前の場合に制限しても十分に一般的である．

このとき，X の部分集合 A に対して，A の**極集合** A° を

$$(1.5)\qquad A^\circ=\{x'\in X' \mid \text{すべての } x\in A \text{ に対し } \mathrm{Re}\,\langle x, x'\rangle\geqq -1\}$$

によって定義する．対 $\langle X, X'\rangle$ を明示するためには $[A]^\circ{}_{X'}$ と書く．明らかに，A° は原点を含む凸汎弱閉集合である．

A が**絶対凸**とは

(1.6) $$x, y \in A,\quad |a|+|b| \leqq 1 \Longrightarrow ax+by \in A,$$

錐とは

(1.7) $$x \in A,\quad a > 0 \Longrightarrow ax \in A$$

をみたすことであると定義する.

A がそれぞれ絶対凸, 錐, 線型部分空間ならば,

(1.8) $$A^\circ = \{x' \in X' \mid |\langle x, x'\rangle| \leqq 1, x \in A\},$$

(1.9) $$= \{x' \in X' \mid \mathrm{Re}\,\langle x, x'\rangle \geqq 0, x \in A\},$$

(1.10) $$= \{x' \in X' \mid \langle x, x'\rangle = 0, x \in A\}$$

となる.

Hahn-Banach の定理は多く次の**双極定理**の形で使われる:

定理 1.3　任意の $A \subset X$ に対して, **双極集合**,

(1.11) $$A^{\circ\circ} = [[A]^\circ{}_{X'}]^\circ{}_X = \{x \in X \mid \mathrm{Re}\,\langle x, x'\rangle \geqq -1, x' \in A^\circ\}$$

は $A \cup \{0\}$ を含む最小の閉凸集合である.

特に凸集合 $A \subset X$ に対しては, A が閉集合であることと弱閉集合であることは同等である. ——

局所凸空間 X の双対空間 X' の部分集合 E が X 上の関数族として同程度連続であるための必要十分条件は, X における 0 の近傍 V の極集合 V° に含まれることである. 逆に, $V \subset X$ が 0 の近傍であるための必要十分条件は, 同程度連続集合 $E \subset X'$ の極集合 $[E]^\circ{}_X$ を含むことである. 特に X の位相は, E が同程度連続集合全体を動くときの半ノルムの族

$$p^E(x) = \sup\{|\langle x, x'\rangle| \mid x' \in E\}$$

で定義される位相と一致する. すなわち, 局所凸空間 X の位相は双対空間 X' における同程度連続な集合上一様収束の位相と同じである.

定理 1.4 (Alaoglu-Bourbaki-角谷)　局所凸空間 X の 0 の近傍 V の極集合 $V^\circ \subset X'$ は汎弱位相に関してコンパクトである. 特に, 任意の同程度連続集合 $E \subset X'$ は汎弱位相に関して相対コンパクトである. ——

局所凸空間 X の双対空間 X' の強位相に関する 0 の近傍の基本系として, X の有界集合 B の極集合 B° 全体をとることができる. したがって, もし X が半反射的ならば, X を X'_β の双対空間と見たとき, 同程度連続集合の基本系として, 有界集合 B の双極集合 $B^{\circ\circ}$ 全体がとれる. $B \cup \{0\}$ の閉凸包 $B^{\circ\circ}$ も有界集

合であり，$(X'_\beta)'$ の汎弱位相は X の弱位相と同じであるから，この場合は任意の有界集合が弱位相に関して相対コンパクトになる．

双極定理により，この逆も証明される．

さらに，もし X の位相が $(X'_\beta)'$ の強位相と一致するならば，X' の汎弱有界集合 B の極集合 B° 全体が X の 0 の基本近傍系となる．B はさらに絶対凸としてもよい．このとき，$V=B^\circ$ となるための必要十分条件は V が絶対凸，閉，かつ任意の $x\in X$ に対し $a_0>0$ があって $|a|\geqq a_0$ ならば $x\in aV$ となるという意味で**吸収的**であることである．このような集合 V を**樽**という．

すべての樽が 0 の近傍となる局所凸空間 X を**樽型**という．これは，X 上の下半連続な半ノルムがすべて連続になることと同等である．

以上を総合して次の定理を得る．

定理 1.5 (Banach-Bourbaki) 局所凸空間が半反射的であるための必要十分条件は，すべての有界集合が弱相対コンパクトになることである．また，反射的であるための必要十分条件は半反射的かつ樽型であることである．——

任意の有界集合が相対コンパクトである局所凸空間を**半 Montel 空間**，半 Montel かつ樽型である局所凸空間を **Montel 空間**という．明らかに，半 Montel 空間は半反射的であり，Montel 空間は反射的である．

Baire の定理により，Fréchet 空間はすべて樽型である．

命題 1.3 反射的局所凸空間の強双対空間は反射的である．Montel 空間の強双対空間は Montel 空間である．

証明 前半は定義より明らかである．後半の証明には次の定理を用いる．▌

定理 1.6 (Banach-Steinhaus) 樽型空間 X の双対空間においては，汎弱有界集合 B は同程度連続である．したがって，B 上汎弱位相は X の原コンパクト集合上一様収束の位相と一致する．——

Alaoglu-Bourbaki-角谷の定理と組み合わせれば，樽型空間 X の双対空間 X' においては汎弱有界集合は汎弱相対コンパクトであることがわかる．すなわち，X' は汎弱位相に関して半 Montel である．

X' の強位相に関する 0 の近傍の基本系として凸汎弱閉集合 B°，B 有界，がとれるから，X' が汎弱位相に関して準完備であるならば，強位相に関しても準完備である．したがって，樽型空間の強双対空間は準完備である．しかし，反射的空間(の双対空間)は必ずしも完備でない．高村幸男は Montel 空間でそのような例を与えた．

樽型空間の条件をゆるめて，下半連続な半ノルムが各有界集合上有界ならば連続になる局所凸空間を**準樽型**という．Banach-Steinhaus の定理は，この場合，X' の強有界集合は同程度連続であるという形でなりたつ．これからも強双対空間の準完備性が導かれる．

列的完備な準樽型空間は樽型である．

準樽型より強く，各有界集合上有界な半ノルムがすべて連続であるという条件をみたす局所凸空間を**有界型**であるという．

距離づけ可能な局所凸空間は有界型であり，特に準樽型である．

有界型空間 X の強双対空間 X' は完備である．

準樽型の条件をさらにゆるめて，連続半ノルムの列の上限

$$p(x) = \sup_j p_j(x)$$

として表わされる半ノルム p が各有界集合上有界ならば連続になるという条件をみたす局所凸空間を**可算準樽型**という．このとき，列 $x_j' \in X'$ が強有界ならば，同程度連続である．これから強双対空間は列的完備であることがわかる．

もし，X の有界集合列 B_j であって，X の有界集合がいずれもどれかの B_j に含まれるものがあれば，X' の強位相は可算個の半ノルム

$$p_j(x') = p^{B_j}(x') = \sup \{|\langle x, x' \rangle| \mid x \in B_j\}$$

によって定義される．すなわち，強双対空間 X' は距離づけ可能である．この条件をみたす可算準樽型空間を**(DF) 空間**という．以上により，(DF) 空間の強双対空間は Fréchet 空間になる．A. Grothendieck は反対に次の定理がなりたつことを証明した．

定理 1.7 距離づけ可能な局所凸空間の強双対空間は (DF) 空間である．——

X を局所凸空間，X_1 を X の線型部分空間とすれば，X_1 に相対位相を与えたものはふたたび局所凸空間になる．これを局所凸空間 X の**部分空間**という．

$\mathfrak{S}$ が X の位相を定義する半ノルムの族ならば，$\mathfrak{S}$ の X_1 への制限 $\mathfrak{S}|_{X_1} = \{p|_{X_1} \mid p \in \mathfrak{S}\}$ が部分空間 X_1 の位相を定義する．

完備，準完備，半反射的，半 Montel 局所凸空間 X の閉線型部分空間はそれ

ぞれ完備，準完備，半反射的，半 Montel である．

同じ仮定の下で，商線型空間 X/X_1 に商位相を与えたものも局所凸空間になる．これを局所凸空間 X の**商空間**という．ただし，これが Hausdorff になるのは X_1 が閉線型部分空間のとき，そのときに限る．以下，特に断らないときは，X_1 は閉であると仮定する．$x \in X$ の類を $[x] \in X/X_1$ と表わす．X 上の半ノルム p に対して，X/X_1 上の半ノルム $[p]$ を

$$[p]([x]) = \inf\{p(x+x_1) \mid x_1 \in X_1\} \tag{1.12}$$

で定義し，商半ノルムと呼ぶことにすれば，X/X_1 の位相は X 上の連続半ノルム p の商半ノルム $[p]$ 全体の族で定義される局所凸位相である．

樽型，準樽型，有界型局所凸空間 X の商空間 X/X_1 はそれぞれ樽型，準樽型，有界型である．

定理 1.8 Banach 空間 (Fréchet 空間) X の商空間 X/X_1 は Banach 空間 (Fréchet 空間) である．——

しかし，一般の完備局所凸空間の商空間は必ずしも完備ではない．

商空間への標準写像 $X \to X/X_1$ は連続線型写像であるから，X の有界集合およびコンパクト集合をそれぞれ X/X_1 の有界集合およびコンパクト集合にうつす．逆に次の定理が成立する．

定理 1.9 ノルム空間 (Fréchet 空間) X の商空間 X/X_1 における任意の有界集合 (コンパクト集合) は X の有界集合 (コンパクト集合) の像として表わされる．——

これも一般の局所凸空間 X の商空間に対しては必ずしもなりたたない．また，Fréchet 空間 X の商空間 X/X_1 における有界集合が X のいかなる有界集合の像とも一致しないこともある．

§1.2 連続線型写像および亜連続双線型写像

X, Y を局所凸空間とするとき，線型写像 $T: X \to Y$ が連続であるための必要十分条件は，Y 上の任意の連続半ノルム q に対して

$$p(x) = q(Tx)$$

が X 上の連続半ノルムとなることである．また，線型写像の族 $\mathfrak{M}$ が同程度連続であるための必要十分条件は，Y 上の任意の連続半ノルム q に対して X 上の連

続半ノルム p が存在して

$$(1.13)\qquad q(Tx) \leqq p(x), \qquad T \in \mathfrak{M}, \quad x \in X,$$

が成立することである.

$\mathfrak{S}, \mathfrak{T}$ がそれぞれ X, Y の位相を定義する半ノルムの族ならば，任意の $q \in \mathfrak{T}$ に対して，有限個の $p_1, \cdots, p_N \in \mathfrak{S}$ と定数 $C_1, \cdots, C_N$ が存在して

$$(1.14)\qquad q(Tx) \leqq C_1 p_1(x) + \cdots + C_N p_N(x)$$

となることが必要かつ十分である.

特に，X, Y がノルム空間の場合は

$$(1.15)\qquad \|Tx\| \leqq C\|x\|, \qquad x \in X,$$

となる定数 C が存在することが必要十分条件である．この定数 C の下限を $\|T\|$ と書き，T の**ノルム**という．このノルムはノルムの公理をみたす.

連続線型写像 $T: X \to Y$ は X の有界集合を Y の有界集合にうつす．X が有界型ならば，逆に，X の任意の有界集合を Y の有界集合にうつす線型写像 $T: X \to Y$ は連続である.

以下，X, Y 等はすべて局所凸空間であるとし，連続線型写像 $T: X \to Y$ 全体の集合を $L(X, Y)$ と書く．これは線型写像の通常の加法，スカラーとの乗法の下で線型空間をなす.

$T \in L(X, Y)$ ならば,

$$(1.16)\qquad \langle Tx, y' \rangle = \langle x, T'y' \rangle, \qquad x \in X, \quad y' \in Y',$$

をみたす線型写像 $T': Y' \to X'$ がただ一つ定まる．これを T の**双対写像**または**共役写像**という．T' を**転置写像**といい，${}^tT$ と書く流儀もある.

(1.16) は T が弱連続であること，すなわち $T: X_\sigma \to Y_\sigma$ が連続であることを示している．逆に，線型写像 $T: X \to Y$ に対して，(1.16) をみたす写像 T' がとれれば，T は弱連続である．同じ理由で T' は汎弱連続，すなわち $T': Y'_{\sigma^*} \to X'_{\sigma^*}$ が連続である.

$T: X \to Y$, $T': Y' \to X'$ を (1.16) をみたす線型写像とする．また，$\mathfrak{A}, \mathfrak{B}$ をそれぞれ X', Y' における絶対凸汎弱有界集合の族であって，$A_1, A_2 \in \mathfrak{A}$ (あるいは $\mathfrak{B}$) ならば，$A_1 \cup A_2 \subset aA_3$ となる $a>0$ および $A_3 \in \mathfrak{A}$ (あるいは $\mathfrak{B}$) が存在するものとする．このとき，$T: X \to Y$ が $\mathfrak{A}$ 位相と $\mathfrak{B}$ 位相に関して連続であるための必要十分条件は，任意の $B \in \mathfrak{B}$ に対して $A \in \mathfrak{A}$ と $a>0$ が存在して

$$T'(B) \subset a[A]_{\sigma(X',X)} \tag{1.17}$$

となることである．ただし，$[A]_{\sigma(X',X)}$ は A の汎弱位相 $\sigma(X', X)$ に関する閉包を表わす．

同様に，線型写像の族 $\mathfrak{M}$ が同程度連続であるための必要十分条件は (1.17) が $T \in \mathfrak{M}$ に関して一様に成立することである．

これから，特に次の定理が導かれる．

定理 1.10 X, Y を局所凸空間，$T: X \to Y$ を線型写像とする．T が連続ならば弱連続である．逆に，T が弱連続であるとき，T が連続であるための必要十分条件は双対写像 $T': Y' \to X'$ が同程度連続集合を同程度連続集合にうつすことである．特に X が準樽型ならば，任意の弱連続線型写像 $T: X \to Y$ は連続である．

さらに一般に，弱連続線型写像 $T: X \to Y$ の族 $\mathfrak{M}$ が同程度連続であるための必要十分条件は，各同程度連続集合 $E \subset Y'$ に対して

$$\mathfrak{M}'(E) = \bigcup \{T'(E) \mid T \in \mathfrak{M}\} \tag{1.18}$$

が X' の同程度連続集合となることである．

弱連続線型写像 $T: X \to Y$ の双対写像 $T': Y' \to X'$ は汎弱連続かつ強連続である．特に，X, Y がノルム空間の場合

$$\|T'\| = \|T\|. \tag{1.19}$$

——

Banach-Steinhaus の定理 1.6 により，X が樽型 (準樽型) ならば，$\mathfrak{M}'(E)$ が同程度連続であることと汎弱有界 (強有界) であることは同等である．$B \subset X$ に対し

$$|\langle B, \mathfrak{M}'(E)\rangle| = |\langle \mathfrak{M}(B), E\rangle|$$

となるから，次の定理が成立する．

定理 1.11 (Banach-Steinhaus) X が樽型 (準樽型) ならば，(弱) 連続線型写像 $T: X \to Y$ の族 $\mathfrak{M}$ が同程度連続であるための必要十分条件は任意の $x \in X$ に対して $\mathfrak{M}(x)$ が (任意の有界集合 B に対して $\mathfrak{M}(B)$) が有界になることである．——

有界型空間の定義により，次の定理も成立する．

定理 1.12 X が有界型ならば，線型写像 $T: X \to Y$ の族 $\mathfrak{M}$ が同程度連続であるための必要十分条件は任意の有界集合 B に対して $\mathfrak{M}(B)$ が有界になることである．——

$\mathfrak{B}$ を X の有界集合の族とするとき，$L(X, Y)$ には $B\in\mathfrak{B}$ および Y 上の連続半ノルム q を動かして得られる半ノルムの族

$$\sup\{q(Tx)\,|\,x\in B\} \tag{1.20}$$

が定義する局所凸位相が入る．これも $\mathfrak{B}$ **位相**または $\mathfrak{B}$ **上一様収束の位相**という．$\mathfrak{B}$ 位相をもつ $L(X, Y)$ を $L_{\mathfrak{B}}(X, Y)$ と書く．$\mathfrak{B}$ としては，(i) X の有限部分集合全体，(ii) 有界集合全体，(iii) 原コンパクト集合全体，そして (iv) X が局所凸空間の双対空間であるとき，同程度連続集合全体の場合が重要である．これらの $\mathfrak{B}$ 位相をもつ $L(X, Y)$ をそれぞれ $L_\sigma(X, Y)$, $L_\beta(X, Y)$, $L_\kappa(X, Y)$，および $L_\varepsilon(X, Y)$ と書く．

特に，X, Y がノルム空間である場合，$L_\beta(X, Y)$ はノルム $\|T\|$ をもつノルム空間である．

定理 1.11 をこれらの位相の言葉で述べれば，X が樽型（準樽型）である場合，$\mathfrak{M}\subset L(X, Y)$ は $L_\sigma(X, Y)$ $(L_\beta(X, Y))$ において有界であるとき，そのときに限り同程度連続であるということになる．

これから，次の準完備性が導かれる．

定理 1.13 (**Banach-Steinhaus**)　X を樽型空間とする．有向族 $T_\nu\in L(X, Y)$ が $L_\sigma(X, Y)$ において有界かつ各 $x\in X$ に対して $T_\nu x$ が Y において収束するならば，極限 T も連続線型写像であって，T_ν は $L_\kappa(X, Y)$ において T に収束する．特に，列 $T_j\in L(X, Y)$ が各点収束するならば，極限 T は連続である．——

したがって，X が樽型，Y が準完備ならば，$L_\sigma(X, Y)$ は準完備である．同様に，X が準樽型，Y が準完備ならば，$L_\beta(X, Y)$ が準完備となる．

また，X が Montel 空間ならば，列 $T_j\in L(X, Y)$ が各点収束することと，各有界集合上一様に収束することは同等であり，極限 T は $L(X, Y)$ に属する．

連続線型写像 $T: X\to Y$ が X の線型部分空間 X_1 を Y の線型部分空間 Y_1 の中にうつすとき，

$$T_1x_1 = Tx_1, \qquad x_1\in X_1, \tag{1.21}$$

で定義される $T_1: X_1\to Y_1$，さらに X_1, Y_1 が閉のときは，

$$[T][x] = [Tx], \qquad [x]\in X/X_1, \tag{1.22}$$

で定義される $[T]: X/X_1\to Y/Y_1$ は連続線型写像である．これらを T の**部分写像**および**商写像**と呼ぶことにする．

連続線型写像 $T: X \to Y$ に対して

$$N(T) = \{x \in X \mid Tx=0\} \tag{1.23}$$

を T の**零空間**または**核**といい,

$$R(T) = \{Tx \mid x \in X\} \tag{1.24}$$

を T の**値域**または**像**という. これらはそれぞれ ker T および im T と書くこともある. 零空間 $N(T)$ は X の閉線型部分空間であり, T は

$$X \xrightarrow{\pi} X/N(T) \xrightarrow{\tilde{T}} R(T) \xrightarrow{\iota} Y \tag{1.25}$$

と三つの連続線型写像の積に分解される. ここで, π は商空間の上への標準射影, ι は部分空間からの標準単射である. $\tilde{T}$ は連続線型全単射であるが, 必ずしも局所凸空間の同型にはならない. これが同型になるとき, すなわち $\tilde{T}$ または同じことであるが T の部分写像 $T_1: X \to R(T)$ が開写像になるとき, T を**(位相的)準同型**という.

X が Fréchet 空間のときは, 定理 1.8 により $X/N(T)$ は完備であるから, T が準同型ならば $R(T)$ は完備な部分空間として Y の閉部分空間になる. Banach の**準同型定理**あるいは**開写像定理**と呼ばれる次の定理はこの逆も成立することを示している.

定理 1.14 X, Y が Fréchet 空間であるとき, 連続線型写像 $T: X \to Y$ が準同型であるための必要十分条件は T の値域 $R(T)$ が閉じていることである. 特に, T が全射ならば開写像である. ——

定理 1.10 の証明ですでに使ったことであるが, 弱連続線型写像 $T: X \to Y$ と部分集合 $A \subset X$, $B \subset Y'$ に対して

$$[T(A)]^{\circ}{}_{Y'} = (T')^{-1}([A]^{\circ}{}_{X'}), \tag{1.26}$$

$$[T'(B)]^{\circ}{}_{X} = T^{-1}([B]^{\circ}{}_{Y}) \tag{1.27}$$

となる. 特に次の定理がなりたつ.

定理 1.15 連続線型写像 $T: X \to Y$ が単射であることと $T': Y' \to X'$ の値域 $R(T')$ が汎弱稠密であることは同等であり, 値域 $R(T)$ が稠密であることと T' が単射であることは同等である. ——

線型空間とその間の線型写像からなる図式

$$X \xrightarrow{S} Y \xrightarrow{T} Z \tag{1.28}$$

は $R(S)=N(T)$ がなりたつとき，Y において**完合する**という[1]．さらに，X, Y, Z が局所凸空間であって，S, T が位相的準同型であるとき，**位相的に完合する**という．X が Y の閉線型部分空間，Z が商空間 Y/X であるとき，標準写像 ι, π の下で

$$(1.29)\qquad 0\longrightarrow X\xrightarrow{\iota} Y\xrightarrow{\pi} Z\longrightarrow 0$$

は位相的完合列をなす．すなわち，あらゆる場所で位相的に完合する．ここで，0は0のみからなる局所凸空間を表わす．逆に，(1.29) が位相的完合列ならば，これは閉線型部分空間と商空間に伴う完合列と同型である．次の定理は定義と Hahn-Banach の定理より直ちに導かれる．

定理 1.16 (1.29) が位相的完合列ならば，双対空間および双対写像からなる図式

$$(1.30)\qquad 0\longleftarrow X'\xleftarrow{\iota'} Y'\xleftarrow{\pi'} Z'\longleftarrow 0$$

は完合列である．——

これより位相的完合列 (1.29) の X, Y, Z に弱位相を与えたものも位相的完合列であることがわかる．同様に X', Y', Z' に汎弱位相を与えたとき，(1.30) は位相的完合列になる．しかし，強位相を与えたときは，ι', π' は連続線型写像ではあるが，必ずしも準同型にならない．次にこれらが準同型となるための十分条件を挙げておく．

定理 1.17 X が (DF) 空間であるか，または Y が半反射的ならば，(1.30) の $\iota': Y'_\beta\to X'_\beta$ は準同型，すなわち連続開全射である．

証明 X が (DF) 空間であるとする．ι' の商写像 $I: Y'_\beta/X^\circ\to X'_\beta$ の逆写像が連続であることを証明すればよい．x'_n を X'_β における有界列であるとする．X は (DF) 空間であるから，$\{x'_n\}$ は同程度連続である．Hahn-Banach の定理によって，これらを Y' における同程度連続列 y'_n に拡張する．これらの類 $[y'_n]\in Y'_\beta/X^\circ$ は有界であって $I^{-1}(x'_n)$ に等しい．すなわち I^{-1} は有界列を有界列にうつす．X'_β は Fréchet 空間として有界型であるから，I^{-1} は連続である．

Y が半反射的であるとする．Y'_β/X° の0の基本近傍系として Y'_β における絶対凸閉な0の近傍 V であって $V+X^\circ=V$ となるものの同値類 $[V]$ 全体をとる

1) 127ページの脚注1)を見よ．

ことができる．双極定理により $V=V^{\circ\circ}$ であるが，Y が半反射的であるから $V^{\circ}\subset Y$ となり，かつ V° は Y における有界集合になる．$X^{\circ}\subset V$ より $X\supset V^{\circ}$，したがって V° は X における有界集合にもなる．このとき，明らかに $I([V])=[V^{\circ}]^{\circ}{}_{X'}$．したがって，$I$ は開写像である．∎

定理 1.18 Y が (DF) 空間であるか，または Y, Z が共に Fréchet Montel 空間ならば，(1.30) の $\pi': Z'_{\beta}\to Y'_{\beta}$ は準同型，すなわち像の上への同型である．

証明 Y が (DF) 空間であるとする．π' の像 $X^{\circ}\subset Y'_{\beta}$ は有界型であるから，π' の部分写像 $I: Z'\to X^{\circ}$ の逆写像の連続性に定理 1.17 の証明と同じ論法が使える．$y'_n\in X^{\circ}$ が Y'_{β} における有界列ならば，これは同程度連続であり，$I^{-1}(y'_n)$ も Z' における同程度連続列として有界である．

Y, Z が Fréchet Montel 空間であるとする．Y', Z' の強位相はこのときコンパクト集合上一様収束の位相と同じである．定理 1.9 により Z の任意のコンパクト集合 L は Y のコンパクト集合 K の像 $\pi(K)$ として表わされるから，$z'\in Z'$ に対して

$$(1.31)\qquad p^{L}(z')=\sup_{y\in K}|\langle\pi(y), z'\rangle|=\sup_{y\in K}|\langle y, \pi'(z')\rangle|=p^{K}(\pi'(z')).$$

故に $I^{-1}: X^{\circ}\to Z'_{\beta}$ は連続である．∎

以上の外に (1.29) が直積空間 $Y=X\times Z$ に伴う位相的完合列である場合も (1.30) は強位相の下で位相的完合列になる．

線型写像 $T: X\to Y$ が**コンパクト**（**弱コンパクト**）とは T が X におけるある 0 の近傍 V を Y の相対コンパクト集合（弱相対コンパクト集合）にうつすことであると定義する．

このとき，Y の任意の 0 の近傍 W は有界集合 $T(V)$ を吸収し，したがって $T^{-1}(W)$ は V を吸収する．故に T は連続である．

$A: X_1\to X$, $B: Y\to Y_1$ が連続線型写像であるとき，$A^{-1}(V)$ は X_1 における 0 の近傍であり，$B(T(V))$ は Y_1 における相対コンパクト（弱相対コンパクト）集合であるから，積 BTA もコンパクト（弱コンパクト）である．

$X_1\subset X$, $Y_1\subset Y$ が閉線型部分空間のとき，コンパクト（弱コンパクト）線型写像 $T: X\to Y$ の部分 $T_1: X_1\to Y_1$ および商 $[T]: X/X_1\to Y/Y_1$ もコンパクト（弱コンパクト）になる．

X, Y が Banach 空間の場合，コンパクト線型写像(弱コンパクト線型写像) $T: X \to Y$ 全体は $L_\beta(X, Y)$ の閉線型部分空間をなす.

定理 1.19 (Schauder)　X, Y が Banach 空間の場合，連続線型写像 $T: X\to Y$ がコンパクトであるための必要十分条件は双対写像 $T': Y'\to X'$ がコンパクトであることである.

定理 1.20 (Gantmacher-中村)　X, Y が Banach 空間の場合，連続線型写像 $T: X\to Y$ に対する次の3条件は同値である:

(a)　T は弱コンパクトである;

(b)　$T': Y'\to X'$ が弱コンパクトである;

(c)　$T'': X''\to Y''$ の値域が $Y\subset Y''$ に含まれる. ——

以下 X, Y, Z を局所凸空間として双線型写像 $K: X\times Y\to Z$ を考える.

各 $x\in X$ を固定したとき $K_{x\cdot}y=K(x, y)$ で定義される線型写像 $K_{x\cdot}: Y\to Z$ および各 $y\in Y$ を固定したとき $K_{\cdot y}x=K(x, y)$ で定義される線型写像 $K_{\cdot y}: X\to Z$ が共に連続であるとき，K は**各個連続** (separately continuous) であるという. これは Z 上の任意の連続半ノルム r および任意の $x\in X$, $y\in Y$ に対して X 上の連続半ノルム p_y および Y 上の連続半ノルム q_x が存在して

$$r(K(x, y)) \leqq q_x(y), \qquad y\in Y, \tag{1.32}$$

$$r(K(x, y)) \leqq p_y(x), \qquad x\in X, \tag{1.33}$$

が成立することと同じである.

一方，K が連続であるための必要十分条件は Z 上の任意の連続半ノルム r に対して X 上の連続半ノルム p と Y 上の連続半ノルム q が存在して

$$r(K(x, y)) \leqq p(x)q(y) \tag{1.34}$$

となることであることが容易に示される.

これらの中間の概念として，X の任意の有界集合 A に対して $\{K_{x\cdot} \mid x\in A\}$ が同程度連続かつ Y の任意の有界集合 B に対して $\{K_{\cdot y} \mid y\in B\}$ が同程度連続であるとき，K は**亜連続** (hypocontinuous) であるという. これはすなわち (1.32), (1.33) がなりたつ q_x および p_y が $x\in A$, $y\in B$ に関して一様にとれることである.

定理 1.21　X, Y が樽型ならば，各個連続双線型写像 $K: X\times Y\to Z$ は亜連続である.

証明 (1.32)により，任意の有界集合 $B\subset Y$ に対し $\{K_{\cdot y}\mid y\in B\}$ は $L_\sigma(X,Z)$ において有界であることがわかる．X は樽型であるから，これは同程度連続である．▮

定理 1.22 X が Fréchet 空間，Y が距離づけられるならば，各個連続双線型写像 $K:X\times Y\to Z$ は連続である．

証明 連続の条件が(1.34)で与えられることからわかるように，K が原点 $(0,0)$ で連続であることを示せばよい．$X\times Y$ は距離づけ可能であるから任意の列 $x_n\to 0$，$y_n\to 0$ に対して $K(x_n,y_n)\to 0$ となることを証明すればよい．$\{y_n\}$ は有界であるから定理 1.21 の証明により $\{K_{\cdot y_n}\}$ は同程度連続である．したがって，Z 上の任意の連続半ノルム r に対して X 上の連続半ノルム p が存在し $r(K(x_n,y_n))=r(K_{\cdot y_n}x_n)\leqq p(x_n)\to 0$．▮

定理 1.23 X, Y が (DF) 空間ならば，亜連続双線型写像 $K:X\times Y\to Z$ は連続である．

証明 $A_n\subset X$，$B_n\subset Y$ を (DF) 空間の定義にある有界集合の基本列とする．r を Z 上の任意の連続半ノルムとしたとき，

(1.35) $$p_n(x)=\sup\{r(K(x,y))\mid y\in B_n\}$$

で定義される p_n は亜連続の仮定により X 上の連続半ノルムになる．ここで次の補題を用いる．

補題 1.1 p_n を (DF) 空間 X 上の連続半ノルム列としたとき，X 上の連続半ノルム p と定数 C_n が存在し

(1.36) $$p_n(x)\leqq C_n p(x),\qquad x\in X,$$

となる．

証明 $A_1\subset A_2\subset\cdots\subset A_n\subset\cdots$ を X の有界集合の基本列とし，

$$C_n=\sup\{p_n(x)\mid x\in A_n\},$$
$$p(x)=\sup_n C_n{}^{-1}p_n(x)$$

とおく．各 m に対し

$$p(A_m)=\sup\{p(x)\mid x\in A_m\}\leqq\sup_{1\leqq n<m}C_n{}^{-1}p_n(A_m)+\sup_{n\geqq m}C_n{}^{-1}p_n(A_n)<\infty$$

ゆえ，p は X 上の連続半ノルムであり，(1.36)をみたす．▮

定理の証明つづき 次に

$$q(y)=\sup\{r(K(x,y))\mid x\in X, p(x)\leqq 1\}$$

とおく．(1.35), (1.36) によりこれは各 B_n 上有界な半ノルムになる．さらにこれは連続半ノルム

$$q_n(y)=\sup\{r(K(x,y))\mid x\in A_n, p(x)\leqq 1\}$$

の上限に等しいから，Y 上の連続半ノルムとなる．これに対して (1.34) がなりたつことは明らかである．▌

§1.3　局所凸空間の射影極限

X_α, $\alpha\in A$, を局所凸空間の族，X を線型空間，$u_\alpha: X\to X_\alpha$, $\alpha\in A$, を線型写像とする．このとき，X にはすべての u_α を連続とする最弱の局所凸位相が定まる．これを系 (X_α, u_α) の**広義の射影極限局所凸位相**という．$\mathfrak{S}_\alpha$ が X_α の位相を定義する半ノルムの族ならば，

$$\mathfrak{S}=\{p\circ u_\alpha\mid \alpha\in A, p\in\mathfrak{S}_\alpha\}$$

が広義の射影極限局所凸位相を定義する半ノルムの族となる．ただし，この位相は必ずしも Hausdorff ではない．

$X=\prod X_\alpha$ が局所凸空間 X_α の直積として表わされる線型空間，$u_\alpha: X\to X_\alpha$ が標準射影の場合，この局所凸位相は直積局所凸位相と呼ばれ，この位相をもつ直積空間 X を局所凸空間 X_α の**直積**という．

次に，X が局所凸空間 Y の線型部分空間，$u: X\to Y$ が埋込み写像の場合，u を連続にする X 上の最弱局所凸位相は，Y の部分空間としての位相に他ならない．

広義の射影極限局所凸位相が Hausdorff ならば，次の意味で上二つの特別な場合の組合せとなる．すなわち，$u: X\to\prod X_\alpha$ を $u(x)=(u_\alpha(x))$ で定義したとき，X が Hausdorff という仮定から u は単射になる．X の射影極限局所凸位相は，このとき，u によって X を $\prod X_\alpha$ の線型部分空間と同一視したときの位相に等しい．逆に，上で定義した u が単射ならば，広義の射影極限局所凸位相は Hausdorff になる．

以上に対し，局所凸空間の普通の意味の射影極限は次のように定義される．A を有向集合とし，各 $\alpha\in A$ に対し局所凸空間 X_α，$\alpha>\beta$ をみたす各対 (α,β) に対して連続線型写像 $u_\beta{}^\alpha: X_\alpha\to X_\beta$ が与えられており，$\alpha>\beta>\gamma$ となるすべての $\alpha,\beta,\gamma\in A$ に対し $u_\gamma{}^\alpha=u_\gamma{}^\beta\circ u_\beta{}^\alpha$ がなりたっているとする．このとき，線型空間の射影

極限

$$(1.37)\qquad \varprojlim X_\alpha = \{(x_\alpha) \in \prod X_\alpha \mid u_\beta{}^\alpha(x_\alpha) = x_\beta\}$$

に，$(x_\alpha) \mapsto x_\alpha$ で定義される標準線型写像 $u_\alpha : \varprojlim X_\alpha \to X_\alpha$ を連続にする最弱の局所凸位相を与えたものを局所凸空間 X_α の**射影極限**という．

(X_α), (Y_α) は同じ有向集合を添字集合とする局所凸空間の射影系であるとする．各 α に対し射影系の写像と可換な連続線型写像 $T_\alpha : X_\alpha \to Y_\alpha$ が与えられたとき，$T(x_\alpha) = (T_\alpha x_\alpha)$ によって連続線型写像 $T : \varprojlim X_\alpha \to \varprojlim Y_\alpha$ が定義される．これを写像 T_α の**射影極限**という．

$(X_\alpha \mid \alpha \in A)$ が局所凸空間の射影系であるとき，有向集合 Λ と像 $\alpha(\Lambda)$ が A の共終部分集合になるような単調写像 $\alpha : \Lambda \to A$ を用いて $Y_\lambda = X_{\alpha(\lambda)}$ で定義される射影系 $(Y_\lambda \mid \lambda \in \Lambda)$ をもとの射影系の**部分系**という．このとき自然な同型の意味で

$$(1.38)\qquad \varprojlim_{\lambda \in \Lambda} Y_\lambda = \varprojlim_{\alpha \in A} X_\alpha$$

となることが容易に証明される．

$u_\beta{}^\alpha$ の連続性から，$\varprojlim X_\alpha$ は $\prod X_\alpha$ の線型部分空間として閉じていることがわかる．特に次の命題が成立する．

命題 1.4 局所凸空間 X_α がすべて完備(準完備，あるいは列的完備)ならば，射影極限 $\varprojlim X_\alpha$ も完備(準完備，あるいは列的完備)である．——

有向集合 A が自然数の集合 $\boldsymbol{N}$ の場合は，$u_i{}^{i+1} : X_{i+1} \to X_i$, $i \in \boldsymbol{N}$, のみを与えれば他の写像はこれらの積としてきまる．これをしばしば次の図式の形で表わす：

$$(1.39)\qquad X_1 \xleftarrow{u_1{}^2} X_2 \xleftarrow{u_2{}^3} X_3 \longleftarrow \cdots \longleftarrow X_i \longleftarrow \cdots.$$

ここで，X_i が Banach 空間ならば，射影極限 $\varprojlim X_i$ は可算個の半ノルムの族で定義される位相をもつ局所凸空間として距離づけ可能かつ完備である．こうして次の定理の前半がわかる．

定理 1.24 Banach 空間列 X_i の射影極限は Fréchet 空間である．逆に，任意の Fréchet 空間は Banach 空間列の射影極限の形に表わされる．

証明 Fréchet 空間 X の位相を定義する連続半ノルムの列 $p_1, p_2, \cdots$ をとる．必要があれば，列 $p_1, p_1+p_2, \cdots, p_1+\cdots+p_i, \cdots$ におきかえることにより，$p_1 \leqq p_2$

$\leqq\cdots\leqq p_i\leqq\cdots$ としてよい．Y_i を $X/\{x\in X\mid p_i(x)=0\}$ にノルム $\|[x]_i\|_i=p_i(x)$ を与えて得られるノルム空間，X_i を Y_i を完備化して得られる Banach 空間とする．ここで $[x]_i$ は $x\in X$ の X_i における同値類を表わす．

$x\mapsto[x]_i$ で定義される線型写像 $u_i: X\to Y_i$ は $u: X\to\varprojlim Y_i$ をひきおこすが，Y_i の定義から u は両連続の全単射であることがわかる．特に，$\varprojlim Y_i$ は完備である．一方，埋込み写像 $I_i: Y_i\to X_i$ は $I: \varprojlim Y_i\to\varprojlim X_i$ をひきおこすが，位相の定義から I は稠密な値域をもつ，値域の上への同相写像であることがわかる．両方の空間が完備であることから，I は全射でなければならない．∎

同様にして任意の局所凸空間 X は Banach 空間の射影極限 $\varprojlim X_\alpha$ の稠密な線型部分空間と同型であることがわかる．このとき，任意の $\alpha>\beta$ に対して $u_\beta{}^\alpha: X_\alpha\to X_\beta$ が単に連続であるばかりでなく，弱コンパクトにとれるとき，X を**高村空間**という．さらに強く，$u_\beta{}^\alpha$, $\alpha>\beta$, がコンパクトにとれるとき，X を **Schwartz 空間**という．

Fréchet 空間であって Schwartz 空間（高村空間）であるものを略して **(*FS*) 空間**（**(*FK*) 空間**）という．局所凸空間 X が (*FS*) 空間（(*FK*) 空間）であるための必要十分条件は (1.39) においてすべての $u_i{}^{i+1}: X_{i+1}\to X_i$ がコンパクト（弱コンパクト）であるような Banach 空間列 X_i の射影極限として表わされることである．次の補題を用いれば，X_i を任意の局所凸空間としてよいことがわかる．すなわち，(*FS*) 空間（(*FK*) 空間）X は $u_i{}^{i+1}: X_{i+1}\to X_i$ がコンパクト（弱コンパクト）であるような局所凸空間列 X_i の射影極限 $\varprojlim_{i\to\infty} X_i$ として表わされる局所凸空間である．

補題 1.2　X, Y を局所凸空間とする．線型写像 $T: X\to Y$ がコンパクト（弱コンパクト）であるための必要十分条件は Banach 空間 N が存在して T が

$$X\xrightarrow{T_1}N\xrightarrow{T_2}Y$$

と二つの連続線型写像の積に分解でき，かつ N の単位球 B の像 $T_2(B)$ がコンパクト（弱コンパクト）になることである．なお，T が単射ならば，T_1, T_2 も単射になるよう選ぶことができる．

証明　十分であることは明らかである．T が（弱）コンパクトならば，T は X におけるある 0 の絶対凸近傍 V を（弱）コンパクト集合 $B=[T(V)]_Y$ の中にう

つす．ただし，右辺は Y における閉包を意味する．N を B が生成し，B を単位球とするノルム空間とせよ．N における Cauchy 列は Y の弱位相の下で収束し，これから N においても収束することが証明される．すなわち，N は Banach 空間をなす．$T_1: X\to N$ を T によってひきおこされる写像，$T_2: N\to Y$ を埋込み写像とすれば，求める分解が得られる．▌

Fréchet 空間はもちろん樽型であるから，次の定理により (FS) 空間は Montel 空間であることがわかる．

定理 1.25 $X=\varprojlim X_\alpha$ を局所凸空間の射影極限とする．もし任意の α に対して $u_\alpha{}^\beta: X_\beta\to X_\alpha$ が各有界集合を相対コンパクトにうつすような $\beta\geqq\alpha$ が存在するならば，X は半 Montel 空間である．

証明 $B\subset X$ を任意の有界集合とする．各 α に対して像 $u_\alpha(B)$ は有界であるが，これはまた $u_\alpha{}^\beta(u_\beta(B))$ と表わされるから，仮定により相対コンパクトである．故に $B\subset\prod X_\alpha$ も相対コンパクトである．▌

特に，半 Montel 空間の射影極限は半 Montel 空間である．

定理 1.26 局所凸空間の射影極限 $\varprojlim X_\alpha$ の閉線型部分空間 Y に対して，

$$Y_\alpha=[u_\alpha(Y)]_{X_\alpha} \tag{1.40}$$

とおけば，自然な同型の意味で

$$Y=\varprojlim Y_\alpha. \tag{1.41}$$

ただし，$u_\alpha: \varprojlim X_\alpha\to X_\alpha$ は標準写像，$[\ \ ]_{X_\alpha}$ は X_α における閉包を表わす．

証明 $u_\beta{}^\alpha: X_\alpha\to X_\beta$ は $u_\alpha(Y)$ を $u_\beta(Y)$ にうつすから，連続性により Y_α を Y_β にうつす．$v_\beta{}^\alpha: Y_\alpha\to Y_\beta$ をこうして得られる $u_\beta{}^\alpha$ の部分写像とする．$v_\alpha: Y\to Y_\alpha$ を u_α の制限とすれば，$v_\beta=v_\beta{}^\alpha\circ v_\alpha$ がなりたち，$v: Y\to\varprojlim Y_\alpha$ をひきおこす．射影極限の位相の定義より v は同相写像であることがわかる．さらに，埋込み写像 $I_\alpha: Y_\alpha\to X_\alpha$ は $I: \varprojlim Y_\alpha\to\varprojlim X_\alpha$ をひきおこし，これも同様に同相写像である．Y 上 $I\circ v$ は恒等写像であるから，v が全射であることを示すには，I の像が Y と一致することを証明すればよい．反対に，$z\in I(\varprojlim Y_\alpha)\setminus Y$ が存在したと仮定しよう．Y は閉線型部分空間であるから，Y 上では 0 となり，z の上では消えない $\varprojlim X_\alpha$ 上の連続線型汎関数 x' が存在する．$\varprojlim X_\alpha$ の位相の定義から

$$|\langle x, x'\rangle|\leqq q(u_\alpha(x)),\qquad x\in\varprojlim X_\alpha, \tag{1.42}$$

となる α と X_α 上の連続半ノルム q がとれる．Hahn-Banach の定理によれば，これから

$$\langle x, x'\rangle = \langle u_\alpha(x), x_\alpha'\rangle, \qquad x \in \varprojlim X_\alpha, \tag{1.43}$$

をみたす $x_\alpha' \in X_\alpha'$ の存在がわかる．x_α' は $u_\alpha(Y)$ の上で消えるから，連続性により $Y_\alpha = [u_\alpha(Y)]_{X_\alpha}$ の上でも消える．一方，$\langle u_\alpha(z), x_\alpha'\rangle \neq 0$ より $u_\alpha(z) \notin Y_\alpha$．$z \in I(\varprojlim Y_\alpha)$ とは任意の α に対し $u_\alpha(z) \in Y_\alpha$ となることであるから，これは矛盾である．∎

特に，$Y = \varprojlim X_\alpha$ とすれば，射影極限として表わされる局所凸空間は，常に $u_\alpha : \varprojlim X_\alpha \to X_\alpha$ の像が稠密となるような局所凸空間の射影系 X_α の極限として表わされることがわかる．このような射影系 X_α を**被約**であるという．

閉線型部分空間の場合と異なり射影極限の商空間は一般に商空間の射影極限にならない．そうなるための十分条件として知られているほとんど唯一のものが次に掲げる定理である．これを **Mittag-Leffler の補題**と呼ぶことにする．Mittag-Leffler の定理 (§3.3 定理 3.5) の証明に用いられる論法と同じだからである．

定理 1.27

$$\begin{array}{ccccccccc}
0 & \longrightarrow & X_1 & \xrightarrow{I_1} & Y_1 & \xrightarrow{P_1} & Z_1 & \longrightarrow & 0 \\
 & & \uparrow{\scriptstyle u_1^2} & & \uparrow{\scriptstyle v_1^2} & & \uparrow{\scriptstyle w_1^2} & & \\
0 & \longrightarrow & X_2 & \xrightarrow{I_2} & Y_2 & \xrightarrow{P_2} & Z_2 & \longrightarrow & 0 \\
 & & \uparrow & & \uparrow & & \uparrow & & \\
 & & \vdots & & \vdots & & \vdots & & \\
 & & \uparrow & & \uparrow & & \uparrow & & \\
0 & \longrightarrow & X_i & \xrightarrow{I_i} & Y_i & \xrightarrow{P_i} & Z_i & \longrightarrow & 0 \\
 & & \uparrow{\scriptstyle u_i^{i+1}} & & \uparrow{\scriptstyle v_i^{i+1}} & & \uparrow{\scriptstyle w_i^{i+1}} & & \\
 & & \vdots & & \vdots & & \vdots & &
\end{array} \tag{1.44}$$

を Abel 群の短完合列の射影列とする．すなわち，各行は Abel 群の完合列であり，どの写像も線型であって，この図式は可換であるとする．このとき次のことがなりたつ：

（i） 射影極限

$$0 \longrightarrow \varprojlim X_i \xrightarrow{I} \varprojlim Y_i \xrightarrow{P} \varprojlim Z_i \tag{1.45}$$

は完合する；

(ii) もし X_i が完備な距離づけ可能な Abel 群であり，各 u_i^{i+1} は連続かつ各 i に対し像 $u_i^{i+2}(X_{i+2})$ が像 $u_i^{i+1}(X_{i+1})$ において X_i の距離に関して稠密であるならば,

$$(1.46)\qquad 0 \longrightarrow \varprojlim X_i \xrightarrow{I} \varprojlim Y_i \xrightarrow{P} \varprojlim Z_i \longrightarrow 0$$

が完合する；

(iii) (ii) の仮定に加えて，(1.44) の各行が (ii) とは一般に異なる位相の下で局所凸空間の位相的完合列をなし，すべての写像がこれらの局所凸位相に関して連続かつ (ii) の位相が局所凸位相より強い位相であるならば，(1.46) は局所凸空間の位相的完合列になる.

証明 (i) の証明は容易であるから省略する.

(ii) (1.46) の P が全射であることを証明すればよい. $z=(z_i)\in\varprojlim Z_i$ を任意の元とする. 各 i に対し $z_i=P_iy_i^*$ となる $y_i^*\in Y_i$ が存在する. $v_i^{i+1}(y_{i+1}^*)-y_i^*\in I_i(X_i)$ となることに注意する.

$y_1=v_1^2(y_2^*)$, $y_2=y_2^*$ と定義する. $i\geqq 3$ に対しては $\varepsilon>0$ を固定し $y_i=y_i^*-I_ix_i^*$ を帰納的に

$$(1.47)\qquad \begin{cases} d_{i-2}(I_{i-2}^{-1}(v_{i-2}^{i}(y_i)-v_{i-2}^{i-1}(y_{i-1})))\leqq \varepsilon/2, \\ d_{i-3}(I_{i-3}^{-1}(v_{i-3}^{i}(y_i)-v_{i-3}^{i-1}(y_{i-1})))\leqq \varepsilon/2^2, \\ \cdots\cdots\cdots\cdots\cdots \\ d_{1}(I_{1}^{-1}(v_{1}^{i}(y_i)-v_{1}^{i-1}(y_{i-1})))\leqq \varepsilon/2^{i-2} \end{cases}$$

がなりたつように選ぶ. ただし d_i は X_i における原点からの距離である. u_i^{i+1} の連続性により，最初の行の左辺を十分小さくしておけば，他の行に対する条件は自然にみたされる. そして，最初の行に対しては

$$I_{i-2}^{-1}(v_{i-2}^{i}(y_i)-v_{i-2}^{i-1}(y_{i-1}))=u_{i-2}^{i-1}(I_{i-1}^{-1}(v_{i-1}^{i}(y_i^*)-y_{i-1}))-u_{i-2}^{i}(x_i^*)$$

ゆえ，(ii) の仮定により，これの原点からの距離をいくらでも小さくする $x_i^*\in X_i$ が存在する.

このとき，各 i に対し j に関する列 $I_i^{-1}(v_i^j(y_j)-v_i^{i+1}(y_{i+1}))$ は X_i における Cauchy 列になる. その極限を x_i とする. 明らかに

$$P_i(v_i^{i+1}(y_{i+1})+I_ix_i)=z_i,$$

かつ

$$\begin{aligned} &v_i{}^{i+1}(v_{i+1}{}^{i+2}(y_{i+2})+I_{i+1}x_{i+1})-(v_i{}^{i+1}(y_{i+1})+I_ix_i) \\ &\quad = v_i{}^{i+2}(y_{i+2})-v_i{}^{i+1}(y_{i+1})+I_i\left(u_i{}^{i+1}\left(\lim_{j\to\infty} I_{i+1}{}^{-1}(v_{i+1}{}^j(y_j)-v_{i+1}{}^{i+2}(y_{i+2}))\right)\right) \\ &\qquad -I_i\left(\lim_{j\to\infty} I_i{}^{-1}(v_i{}^j(y_j)-v_i{}^{i+1}(y_{i+1}))\right)=0. \end{aligned}$$

というのは右辺第3項が $I_i(\lim I_i{}^{-1}(v_i{}^j(y_j)-v_i{}^{i+2}(y_{i+2})))$ に等しいからである．

したがって，$y=(v_i{}^{i+1}(y_{i+1})+I_ix_i)\in\varprojlim Y_i$ に対し $Py=z$ がなりたつ．

(iii)　I, P がそれぞれ像の上への開写像であることを証明すればよい．I についてはほとんど自明である．

P が開写像であることを示すため，V を $\varprojlim Y_i$ における0の近傍とする．射影極限の位相の定義によりある i と Y_i 上の連続半ノルム q が存在して V は

$$\left\{y=(y_i)\in\varprojlim Y_i \,\middle|\, q(y_i)\leqq 3\right\}$$

の形の集合を含む．一般性を失うことなく $i=1$ としてよい．このとき，$r(z_2)=\inf\{q\circ v_1{}^2(y_2)\mid P_2y_2=z_2\}$ は Z_2 の上の連続半ノルムであるから，

$$P(V)\supset W=\left\{z\in\varprojlim Z_i \,\middle|\, r\circ w_2(z)\leqq 1\right\}$$

を示せば証明が終る．

$p=q\circ I_1$ は X_1 上の連続半ノルムであるから，(iii)の仮定により $d_1(x_1)\leqq\varepsilon$ ならば $p(x_1)\leqq 1$ となる $\varepsilon>0$ が存在する．$z\in W$ としたとき，(ii)の部分の証明において，$y_2\in Y_2$ を $q\circ v_1{}^2(y_2)\leqq 2$ となるようにとることができる．また，(1.47)により $d_1(x_1)\leqq\varepsilon$ となる．したがって，$q(v_1{}^2(y_2)+I_1x_1)\leqq 3$．こうして $P(V)\supset W$ が証明された．∎

Fréchet 空間 Y を Banach 空間列の射影極限 $\varprojlim Y_i$ と表わしたとき，任意の閉線型部分空間 $X\subset Y$ に対し定理1.26の射影列

$$X_i=[v_i(X)]_{Y_i}$$

は被約である．したがって $Z_i=Y_i/X_i$ として作った位相完合列の射影系(1.44)は定理1.27のすべての仮定をみたす．これから

$$Y/X\cong\varprojlim(Y_i/X_i)$$

となることがわかる．Y が (FS) 空間 ((FK) 空間) である場合は $v_i{}^{i+1}: Y_{i+1} \to Y_i$ がコンパクト (弱コンパクト) であるように Y_i をとることができる．このとき $u_i{}^{i+1}: X_{i+1} \to X_i$ も $w_i{}^{i+1}: Z_{i+1} \to Z_i$ もコンパクト (弱コンパクト) である．したがって次の定理が成立する．

定理 1.28 (FS) 空間 ((FK) 空間) の閉線型部分空間および商空間は (FS) 空間 ((FK) 空間) である．——

可算個の Banach (または局所凸) 列の射影極限 $X_i = \varprojlim_j X_{i,j}$ が与えられたとき，それらの直積 $\prod X_i$ が列

$$X_{11} \longleftarrow X_{12} \times X_{21} \longleftarrow X_{13} \times X_{22} \times X_{31} \longleftarrow \cdots$$

の射影極限と同型になることを用いれば，次の定理が得られる．

定理 1.29 (FS) 空間 ((FK) 空間) の可算個の直積 $\prod_{i=1}^{\infty} X_i$ および射影極限 $\varprojlim X_i$ もまた (FS) 空間 ((FK) 空間) である．

§1.4　局所凸空間の帰納極限

前節と写像の向きを逆にすることにより局所凸空間の (有向) 族の帰納極限が定義される．

X_α, $\alpha \in A$, を局所凸空間の族，X を線型空間，$u^\alpha: X_\alpha \to X$, $\alpha \in A$, を線型写像とする．このとき，すべての u^α を連続にする X 上の最強の**局所凸**位相を系 (X_α, u^α) の**広義の帰納極限局所凸位相**という．X 上の半ノルム p は，$p \circ u^\alpha$ がすべて X_α 上の連続半ノルムであるとき，そのときに限りこの局所凸位相の下で連続である．ただし，$\{u^\alpha(X_\alpha)\}$ が X を生成する場合でも，この局所凸位相は Hausdorff になるとは限らない．また，位相空間としての帰納極限位相，すなわち u^α をすべて連続にする最強の位相とも一般には相異なることに注意する．

$X = \bigoplus X_\alpha$ が局所凸空間 X_α の直和として表わされる線型空間，$u^\alpha: X_\alpha \to X$ が標準単射の場合，X 上の帰納極限局所凸位相は直和局所凸位相と呼ばれ，この位相をもつ直和空間 X を局所凸空間 X_α の**直和**という．$\mathfrak{S}_\alpha$ を X_α 上の連続半ノルム全体の族とすれば，直和局所凸位相は

$$p\left(\bigoplus x_\alpha\right) = \sum_\alpha p_\alpha(x_\alpha), \qquad p_\alpha \in \mathfrak{S}_\alpha, \tag{1.48}$$

で定義される半ノルム p 全体で定義される局所凸位相である．特に，直和局所

凸位相は Hausdorff である.

局所凸空間の商空間 X/Y の位相も，標準射影 $X \to X/Y$ に関する帰納極限局所凸位相である.

系 (X_α, u^α) に関する広義の帰納極限局所凸位相は，$\{u^\alpha(X_\alpha)\}$ が X を生成する場合には上二つの組合せとなる．すなわち，この場合，$u(\bigoplus x_\alpha)=\sum u^\alpha(x_\alpha)$ で定義される $u: \bigoplus X_\alpha \to X$ は全射となり，X はこの写像の下で直和空間 $\bigoplus X_\alpha$ の商空間と同一視され，X 上の広義の帰納極限局所凸位相は直和局所凸位相の商位相と同じものとなる.

局所凸空間の通常の意味の帰納極限の定義も同様である．有向集合 A を添字集合とする局所凸空間の族 X_α, $\alpha \in A$, と連続線型写像の族 $u_\alpha{}^\beta : X_\beta \to X_\alpha$, $\alpha > \beta$, が与えられており，$u_\alpha{}^\gamma = u_\alpha{}^\beta \circ u_\beta{}^\gamma$, $\alpha > \beta > \gamma$, をみたすとする．このとき，線型空間の帰納極限は次の商空間として表わされる：

$$\varinjlim X_\alpha = \bigoplus X_\alpha/\sim, \tag{1.49}$$

ただし $\sim$ は，$\alpha > \beta$ に対し添字 β のところに $x_\beta \in X_\beta$，添字 α のところに $-u_\alpha{}^\beta(x_\beta)$, 他の添字のところには0がある元全体で生成される線型部分空間を表わす．$x_\alpha \in X_\alpha$ に対して，添字 α のところにのみ x_α，他の添字のところはすべて0となる元の同値類を対応させる写像 $u^\alpha : X_\alpha \to \varinjlim X_\alpha$ を標準写像といい，これらを連続にする最強の局所凸位相を与えた帰納極限 $\varinjlim X_\alpha$ を局所凸空間 X_α の**帰納極限**という．これは(1.49)の表示の通り，局所凸空間の直和 $\bigoplus X_\alpha$ の商空間とみなしたものと同じになる．ただし，この場合は，$u_\alpha{}^\beta$ の連続性からは一般に線型部分空間 $\sim$ が閉じていることが従わないので，帰納極限局所凸位相は必ずしも Hausdorff でない．Hausdorff になるための十分条件はすぐ後に与える.

命題 1.5　局所凸空間 X_α がすべて樽型(準樽型あるいは有界型)ならば，帰納極限 $\varinjlim X_\alpha$ も樽型(準樽型あるいは有界型)である.

証明　p を $X=\varinjlim X_\alpha$ 上の下半連続な半ノルムとする．標準写像 $u^\alpha : X_\alpha \to X$ が連続であるから，$p\circ u^\alpha$ は X_α 上の下半連続な半ノルムとなり，X_α が樽型ならば連続である．したがって，p 自身が連続となる．準樽型および有界型のときの証明も同様である．X_α の中の有界集合は u^α によって X の中の有界集合にうつされることに注意すればよい． ∎

局所凸空間列の帰納系は (1.39) と双対的に次の図式で表わされる：

$$X_1 \xrightarrow{u_2{}^1} X_2 \xrightarrow{u_3{}^2} X_3 \longrightarrow \cdots \xrightarrow{u_i{}^{i-1}} X_i \longrightarrow \cdots. \tag{1.50}$$

ここで，$u_{i+1}{}^i: X_i \to X_{i+1}$ がすべて像の上への同型写像であるとき，この列を**狭義の帰納列**という．このとき $u_{i+1}{}^i$ によって X_i を X_{i+1} の線型部分空間と同一視することができ，$X=\bigcup X_i$ とみなすことができる．次の定理はこの同一視が位相も保つことを示している．

定理 1.30 (1.50) が局所凸空間の狭義の帰納列ならば，標準写像 $u^i: X_i \to \varinjlim X_i$ は像の上への同型写像である．特に，帰納極限 $\varinjlim X_i$ は Hausdorff である．

その上，像 $u_{i+1}{}^i(X_i)$ がすべて X_{i+1} の閉線型部分空間となる場合は，標準写像の像 $u^i(X_i)$ も閉線型部分空間をなし，また，$\varinjlim X_i$ における任意の有界集合 B はある X_i の有界集合 B_i の像 $u^i(B_i)$ となる．——

はじめに次の補題を用意する．

補題 1.3 Y を局所凸空間 X の部分空間とする．V が Y における 0 の絶対凸近傍ならば，$V=U\cap Y$ となる X における 0 の絶対凸近傍 U が存在する．もし Y が閉じていれば任意の $x_0 \in X\setminus Y$ に対し，$x_0 \notin U$ となるように U をとることができる．

証明 V が相対位相に関する 0 の近傍ということから，$W\cap Y\subset V$ となる X における 0 の近傍 W が存在する．一般性を失うことなく W は絶対凸としてよい．U を V と W を含む最小の凸集合とする．V も W も絶対凸であったことにより，U は $v\in V$, $w\in W$ と $0\leqq\theta\leqq 1$ を用いて $u=\theta v+(1-\theta)w$ と表わされる元 u 全体の集合となる．したがって，$U\cap Y$ は V と $W\cap Y$ を含む最小の凸集合となり，V と一致する．一方，U は W を含むから 0 の近傍であり，絶対凸となることも明らかである．

Y が閉線型部分空間の場合は，W を十分に小さくして，Hausdorff 空間 X/Y における像が $x_0 \notin Y$ の像を含まないようにすることができる．このとき，上で作った近傍 U は x_0 を含まない．▌

定理の証明 $u^1: X_1 \to \varinjlim X_i$ が像の上への開写像であることを証明すればよい．V_1 を X_1 の任意の 0 の絶対凸近傍とする．$u_2{}^1: X_1 \to X_2$ によって X_1 を X_2

の線型部分空間とみなして，補題を適用すれば，$(u_2{}^1)^{-1}(V_2)=V_1$ となる X_2 の 0 の絶対凸近傍 V_2 が存在することがわかる．同様にして $(u_{i+1}{}^i)^{-1}(V_{i+1})=V_i$ となる X_i の 0 の絶対凸近傍 V_i, $i=1,2,\cdots$, を作る．このとき，$V=\bigcup_{i=1}^{\infty}u^i(V_i)$ は $\varinjlim X_i$ における絶対凸集合であり，$(u^i)^{-1}(V)=V_i$ が X_i の 0 の近傍であることより，$\varinjlim X_i$ における 0 の近傍となる．$u^1(V_1)=V\cap u^1(X_1)$ ゆえ，$u^1(V_1)$ は像 $u^1(X_1)$ における 0 の近傍になっている．すなわち，u^1 は X_1 における任意の 0 の近傍を $u^1(X_1)$ における 0 の近傍にうつす．故に開写像である．

$u_{i+1}{}^i(X_i)$ がすべて閉線型部分空間であるとする．このとき $u^1(X_1)$ が $\varinjlim X_i$ における閉線型部分空間になることを証明するため，任意に $x_0\in\varinjlim X_i\setminus u^1(X_1)$ をとる．x_0 はある $u^j(X_j)$ に属する．X_j における 0 の絶対凸近傍 V_j を十分小さく，$(u^j)^{-1}(x_0)+V_j$ が閉線型部分空間 $u_j{}^1(X_1)$ と交わらないようにとる．そこで，V_j から出発して，前半のように $\varinjlim X_i$ における 0 の絶対凸近傍 V を $V_j=(u^j)^{-1}(V)$ となるように構成すれば，x_0 の近傍 x_0+V は $u^1(X_1)$ と交わらない．

次に，同じ仮定の下で B を $\varinjlim X_i$ における有界集合であるとする．もし B がどの $u^i(X_i)$ にも完全に含まれないとすれば，B はある列 $i_k\to\infty$ に対し $x_k\in u^{i_k}(X_{i_k})\setminus u^{i_{k-1}}(X_{i_{k-1}})$ となる列 x_k を含む．このとき，補題 1.3 を用いて，$V_k=(u_{i_{k+1}}{}^{i_k})^{-1}(V_{k+1})$ をみたし，かつ $x_k/k\notin u^{i_k}(V_k)$ となる X_{i_k} における 0 の絶対凸近傍 V_k を構成すれば，$V=\bigcup_{k=1}^{\infty}u^{i_k}(V_k)$ は $\varinjlim X_i$ における 0 の絶対凸近傍であるにもかかわらず，$x_k/k\notin V$. すなわち V は B を吸収しない．これは矛盾である．したがって，B はある $u^i(X_i)$ に含まれ，そこでの有界集合になる．∎

Fréchet 空間列 X_i の狭義帰納極限として表わされる局所凸空間を (LF) **空間**という．特に X_i が (FS) 空間（(FK) 空間）である場合は (LFS) **空間**（(LFK) **空間**）という．命題 1.5 と定理 1.30 によって完備な Montel 空間の狭義帰納極限は Montel 空間になるから，(LFS) 空間は Montel 空間である．

次に，帰納列 (1.50) の $u_{i+1}{}^i$ が（弱）コンパクト線型単射である場合を考える．補題 1.2 を用いて，X_i と X_{i+1} の間に Banach 空間 Y_i をはさみ，下の図式が可換になるように $v_{i+1}{}^i: Y_i\to Y_{i+1}$ を定義すれば，$v_{i+1}{}^i$ は単射であって，Y_i の単位球 B_i の像 $v_{i+1}{}^i(B_i)$ は Y_{i+1} における（弱）コンパクト集合になる：

$$
\begin{array}{ccccccc}
X_1 & \xrightarrow{u_2{}^1} & X_2 & \xrightarrow{u_3{}^2} & \cdots & & \\
& \searrow & \nearrow & \searrow & \nearrow & \searrow & \\
& & Y_1 & \xrightarrow[v_2{}^1]{} & Y_2 & \xrightarrow[v_3{}^2]{} & \cdots.
\end{array}
\tag{1.51}
$$

このとき，明らかに位相もこめて標準的な同型 $\varinjlim X_i=\varinjlim Y_i$ がなりたつ.

定理 1.31 (1.50) が局所凸空間 X_i と弱コンパクト線型単射 $u_{i+1}{}^i$ からなる帰納列ならば，帰納極限 $X=\varinjlim X_i$ は Hausdorff であり，有界型，反射的な (DF) 空間をなす. X の任意の有界集合 B はある X_i における弱相対コンパクト集合 B_i の標準写像 $u^i: X_i\to X$ による像と一致する.

さらに，$u_{i+1}{}^i$ がすべてコンパクトならば，上の B_i は距離づけ可能な相対コンパクト集合にとれ，$u^i: B_i\to B$ は同相写像となる. 特に，X は Montel 空間をなす. また，X における列 x_j が収束するには，ある X_i における列 y_j の像 $u^i(y_j)$ と等しく，y_j が X_i において収束することが必要十分になる.

この場合はさらに，$\varinjlim X_i$ は位相空間としての帰納極限と一致する. すなわち，X の集合 S は，すべての i に対し $(u^i)^{-1}(S)$ が X_i において閉(開)集合となるとき，そのときに限り X における閉(開)集合となる. 特に，$S\subset X$ が列的に閉じているならば，閉じている. また，任意の位相空間 Y への写像 $f: X\to Y$ は列的に連続ならば連続である.

証明 定理の前に述べた注意により，一般性を失うことなく，X_i は Banach 空間であり，$u_{i+1}{}^i: X_i\to X_{i+1}$ は X_i の単位球を X_{i+1} の弱コンパクト集合にうつすとしてよい. B を X の有界集合とする. これがある X_i の有界集合の像となっていることを証明するために，反対にどの i に対しても B は $u^i(X_i)$ に含まれないか，または $(u^i)^{-1}(B)$ が有界でないと仮定する. このとき，次の条件をみたす X_i の 0 の絶対凸近傍 V_i と B の元 x_i がとれることを証明する:

(i) $u_i{}^{i-1}(V_{i-1})\subset V_i$;

(ii) $x_1, x_2/2, \cdots, x_i/i \notin u^i(V_i)$;

(iii) $u_{i+1}{}^i(V_i)$ は X_{i+1} において弱コンパクトである.

V_1 としては X_1 の単位球をとる. 仮定により (iii) がみたされる. $u^1(V_1)$ は B をすべては含まないから，(ii) をみたす $x_1\in B$ をとることもできる. $V_1, \cdots, V_i$, $x_1, \cdots, x_i$ が (i), (ii), (iii) をみたすようにとれたとして V_{i+1} と x_{i+1} を次のよう

に決める．まず，$u_{i+1}{}^{i}(V_i)$ は有限集合 $(u^{i+1})^{-1}(\{x_1, \cdots, x_i/i\})$ と交わらない閉集合であるから，X_{i+1} の原点を中心とする十分小さい半径の閉球 U_{i+1} をとったとき，$V_{i+1}=U_{i+1}+u_{i+1}{}^{i}(V_i)$ はやはりさきの有限集合と交わらない0の絶対凸近傍になる．ただし，ここで集合の和はそれぞれの集合に属する元の和全体からなる集合を表わす．$0\in U_{i+1}$ ゆえ，(i) がなりたつ．$u_{i+2}{}^{i+1}(V_{i+1})=u_{i+2}{}^{i+1}(U_{i+1})+u_{i+2}{}^{i}(V_i)$ は二つの弱コンパクト集合の和として弱コンパクトになり（コンパクト集合の連続像となるから），(iii) がなりたつ．V_{i+1} は X_{i+1} の有界集合であるから，帰謬法の仮定により $x_{i+1}/(i+1)\notin u^{i+1}(V_{i+1})$ となる $x_{i+1}\in B$ もみつかる．

このとき，$V=\bigcup u^i(V_i)$ は X における0の絶対凸近傍になるが，$x_i/i\notin V$ より，$B\not\subset iV$．これは B が有界であるという仮定に反する．

これから X が Hausdorff であることも従う．もしそうでなければ，$\{0\}$ の閉包 B は有界集合であってかつ $\{0\}$ と異なる線型部分空間になるが，X_i の $\{0\}$ と異なる線型部分空間は決して有界にならないからである．

X は Banach 空間の帰納極限であるから，樽型かつ有界型である．また，各 X_i は可算個の有界集合の基本系をもち，X はそれらの標準写像 u^i の下での像である可算個の有界集合を有界集合の基本系とする．それ故，X は (DF) 空間である．

X の任意の有界集合 B は，上の証明により，ある X_{i-1} の有界集合 B_{i-1} の標準写像による像 $u^{i-1}(B_{i-1})$ と一致するが，$u_i{}^{i-1}:X_{i-1}\to X_i$ が弱コンパクトであるから，$B_i=u_i{}^{i-1}(B_{i-1})$ は X_i における弱相対コンパクト集合になる．$B=u^i(B_i)$ でもある．さらに，$u^i:X_i\to X$ が弱連続であるから，B は弱相対コンパクトであることがわかる．それ故，定理1.5により X は反射的である．

$u_{i+1}{}^{i}$ がコンパクトの場合は，上の B_i は X_i の相対コンパクト集合になる．したがって，$u^i:B_i\to B$ は同相写像になり，B 自身が相対コンパクトになる．すなわち，X は半 Montel である．収束列は常に有界であるから，列に関する命題も成立する．

定理の最後の部分は将来使わないので証明を略する．∎

上のようにコンパクト（弱コンパクト）線型単射 $u_{i+1}{}^{i}$ をもつ局所凸空間列の帰納極限として表わされる局所凸空間を **(*DFS*) 空間**（**(*DFK*) 空間**）という．定理によりこれらの空間は反射的 (DF) 空間である．すぐ後で (DFS) 空間（(DFK)

空間) と (FS) 空間 ((FK) 空間) は互いの強双対空間になっていることを証明する.

定理 1.32　$(X_\alpha; u_\beta{}^\alpha)$ が局所凸空間の被約射影系ならば，その極限の双対空間について線型空間として次の標準的な同型がなりたつ:

$$(1.52)\qquad \left(\varprojlim X_\alpha\right)' = \varinjlim X_\alpha{}'.$$

また，$\varprojlim X_\alpha$ の弱位相は X_α の弱位相の射影極限に等しい:

$$(1.53)\qquad \left(\varprojlim X_\alpha\right)_\sigma = \varprojlim (X_\alpha)_\sigma.$$

証明　$u_\beta{}^\alpha : X_\alpha \to X_\beta$ が稠密な値域をもつから，双対写像 $u'_\alpha{}^\beta = (u_\beta{}^\alpha)' : X_\beta{}' \to X_\alpha{}'$ は単射である. $\alpha > \beta > \gamma$ に対し $u'_\alpha{}^\gamma = u'_\alpha{}^\beta \circ u'_\beta{}^\gamma$ がなりたつことも明らか. 帰納極限 $\varinjlim X_\alpha{}'$ は商空間 $\bigoplus X_\alpha{}'/K$ に等しい. ここで K は十分大きい β に対して $u'_\beta{}^{\alpha_1}(x_{\alpha_1}{}') + \cdots + u'_\beta{}^{\alpha_m}(x_{\alpha_m}{}') = 0$ がなりたつ $x_{\alpha_1}{}' \oplus \cdots \oplus x_{\alpha_m}{}' \in \bigoplus X_\alpha{}'$ 全体からなる線型部分空間である.

一方，$X = \varprojlim X_\alpha$ の位相の定義から，X 上の連続線型汎関数はある X_α 上の連続線型汎関数によってひきおこされる. すなわち，$\bigoplus X_\alpha{}'$ から X' の上への全射がある. その核 N は明らかに K を含む. 逆に $x_{\alpha_1}{}' \oplus \cdots \oplus x_{\alpha_n}{}' \in N$ とする. $\beta \geqq \alpha_1, \cdots, \alpha_m$ をとれば，任意の $x = (x_\alpha) \in \varprojlim X_\alpha$ に対して

$$\begin{aligned}\langle x, x_{\alpha_1}{}' \oplus \cdots \oplus x_{\alpha_m}{}' \rangle &= \sum \langle x_{\alpha_j}, x_{\alpha_j}{}' \rangle \\ &= \sum \langle u_{\alpha_j}{}^\beta(x_\beta), x_{\alpha_j}{}' \rangle = \langle x_\beta, \sum u'_\beta{}^{\alpha_j}(x_{\alpha_j}{}') \rangle = 0.\end{aligned}$$

$u_\beta(X)$ は X_β において稠密であるから，これから $\sum u'_\beta{}^{\alpha_j}(x_{\alpha_j}{}') = 0$. すなわち，$x_{\alpha_1}{}' \oplus \cdots \oplus x_{\alpha_m}{}' \in K$ が従う. これで (1.52) の証明ができた. $x = (x_\alpha) \in X$, $x' = u'^\alpha(x_\alpha{}') \in \varinjlim X_\alpha{}'$ ならば，その内積は

$$(1.54)\qquad \langle x, x' \rangle = \langle x_\alpha, x_\alpha{}' \rangle$$

で与えられる. これより (1.53) は明らかである. ▌

X' の強位相については，$u_\alpha : X \to X_\alpha$ の双対 $u_\alpha{}' : X_\alpha{}' \to X'$ の帰納極限として

$$(1.55)\qquad \varinjlim (X_\alpha)'_\beta \longrightarrow \left(\varprojlim X_\alpha\right)'_\beta$$

が連続全単射になるが，一般にこれは開写像ではない. (1.55) が同型となるための十分条件として一般的なものは次の定理しかないようである.

定理 1.33　$(X_\alpha; u_\alpha{}^\beta)$ が局所凸空間の被約射影系であり，任意の α に対して β

$\geqq\alpha$ が存在し $u_\alpha{}^\beta$ が任意の有界集合を弱相対コンパクト集合にうつすならば，$\varprojlim X_\alpha$ は半反射的であり，自然な同型

$$(1.56)\qquad \left(\varprojlim X_\alpha\right)'_\beta = \varinjlim\,(X_\alpha)'_\beta$$

がなりたつ．

証明　はじめに (1.56) の左辺 $\varinjlim\,(X_\alpha)'_\beta$ の双対空間がもとの空間 $\varprojlim X_\alpha$ と一致することを証明する．$\varinjlim\,(X_\alpha)'_\beta$ 上の連続線型汎関数 x'' は各 $(X_\alpha)'_\beta$ の上で連続であるから $x_\alpha''\in X_\alpha''$ をひきおこす．定理の条件の $\beta\geqq\alpha$ をとる．任意の $x_\alpha'\in X_\alpha'$ に対して $\langle x_\alpha', x_\alpha''\rangle=\langle(u_\alpha{}^\beta)'(x_\alpha'), x_\beta''\rangle=\langle x_\alpha', (u_\alpha{}^\beta)''(x_\beta'')\rangle$ ゆえ，$x_\alpha''=(u_\alpha{}^\beta)''(x_\beta'')$．ところで，定理 1.20 同様 $(u_\alpha{}^\beta)''$ は X_β'' を X_α の中にうつすことが証明されるから，$x_\alpha''\in X_\alpha\subset X_\alpha''$．したがって x'' は $(x_\alpha'')\in\varprojlim X_\alpha$ と一致する．一方，任意の $x\in\varprojlim X_\alpha$ が $\varinjlim\,(X_\alpha')_\beta$ 上の連続線型汎関数となることは明らかである．

(1.55) が開写像であることを証明するため，V を $\varinjlim\,(X_\alpha)'_\beta$ における任意の絶対凸閉な 0 の近傍とする．双極定理により $V=V^{\circ\circ}$．このとき $B=V^\circ\subset X$ は有界集合になる．実際，任意の α に対して $u_\alpha(B)\subset[u'_\alpha{}^{-1}(V)]^\circ{}_{X_\alpha}$ は有界だからである．故に $V=B^\circ$ は $(\varprojlim X_\alpha)'_\beta$ における 0 の近傍になる．▌

特に，半反射的空間の射影極限は半反射的である．

定理 1.34　局所凸空間の帰納極限の双対空間について線型空間として次の標準的な同型がなりたつ：

$$(1.57)\qquad \left(\varinjlim X_\alpha\right)' = \varprojlim X_\alpha'.$$

もし $\varinjlim X_\alpha$ の任意の有界集合がある X_α の有界集合の像となるならば，局所凸空間として

$$(1.58)\qquad \left(\varinjlim X_\alpha\right)'_\beta = \varprojlim\,(X_\alpha)'_\beta.\qquad ——$$

証明は容易であるから省略する．

(FS) 空間 ((FK) 空間) X を Banach 空間の被約 (弱) コンパクト列の射影極限 $\varprojlim X_i$ として表わしたとき，定理 1.33 により X の強双対空間 X' は帰納極限 $\varinjlim X_i'$ と同型になる．定理 1.19, 1.20 を用いれば，Banach 空間列 X_i' は定理

1.31の条件を満足することがわかる.

同様に (DFS) 空間 ((DFK) 空間) $X=\varinjlim X_i$ に定理1.34を適用すれば，強双対空間 X' は(弱)コンパクト Banach 空間列の射影極限 $\varprojlim X_i'$ に等しいことがわかる. こうして予告してあった次の定理が得られた.

定理 1.35　(FS) 空間 ((FK) 空間) の強双対空間は (DFS) 空間 ((DFK) 空間) であり，(DFS) 空間 ((DFK) 空間) の強双対空間は (FS) 空間 ((FK) 空間) である. ——

これらの空間は反射的かつ有界型であることを証明してあるから，特に有界型空間の強双対空間として完備であることもわかる.

(FS) 空間 X 上の連続線型汎関数列 x'_n が強収束するならば，X のある0の近傍上一様収束することも注意しておこう. 定理1.31により x'_n はある X_i' において強収束するが，これは X_i の単位球の逆像として得られる X の0の近傍上一様収束することと同じだからである.

(LFS) 空間 ((LFK) 空間) $X=\varinjlim X_i$ に定理1.34を適用すれば，強双対空間 X' は射影極限 $\varprojlim X_i'$ に等しいことがわかる. ここで $u'_i{}^{i+1}: X_{i+1}'\to X_i'$ は，反射的空間 X_{i+1} への閉線型部分空間の埋込み $u_{i+1}{}^i: X_i\to X_{i+1}$ の双対写像であるから，定理1.17により (DFS) 空間 ((DFK) 空間) の間の連続開全射である.

そこで一般に $u_i{}^{i+1}: X_{i+1}\to X_i$ が連続開全射であるような (DFS) 空間列 ((DFK) 空間列) の射影極限 $\varprojlim X_i$ として表わされる局所凸空間を **$(DLFS)$ 空間** (**$(DLFK)$ 空間**) と呼ぶことにすれば，次の定理の最初の部分が得られたことになる.

定理 1.36　(LFS) 空間 ((LFK) 空間) の強双対空間は $(DLFS)$ 空間 ($(DLFK)$ 空間) であり，$(DLFS)$ 空間 ($(DLFK)$ 空間) の強双対空間は (LFS) 空間 ((LFK) 空間) である.

これらの空間は完備，有界型反射的空間であり，(LFS) 空間と $(DLFS)$ 空間はその上 Montel 空間である.

証明　(DFK) 空間は反射的であるから，定理1.33により $(DLFK)$ 空間 $X=\varprojlim X_i$ の強双対空間は $\varinjlim X_i'$ と表わされる. 定理1.18により $u'_{i+1}{}^i: X_i'\to X_{i+1}'$ は像の上への同型である. したがって $(DLFS)$ 空間 ($(DLFK)$ 空間) の強双対空間は (LFS) 空間 ((LFK) 空間) である.

もう一度この双対をとることにより $(DLFK)$ 空間は反射的であることがわかる．$(DLFS)$ 空間は Montel 空間である (LFS) 空間の双対として(あるいは定理 1.25 および完備有界型であることにより) Montel 空間である．

$(DLFK)$ 空間 X が有界型であることを証明するために，まず X_i の任意の有界集合 B_i が X_{i+1} の有界集合 B_{i+1} の像 $u_i^{i+1}(B_{i+1})$ として表わされることに注意する．これは定理 1.18 の前半の命題と後半の命題の証明に用いた等式 (1.31) から導かれる．(B_{i+1} が絶対凸閉ならば弱コンパクト，したがって $u_i^{i+1}(B_{i+1})$ は閉集合になることに注意せよ.)

$p(x)$ を任意の有界集合上有界な半ノルムとする．まず，i が存在して $p(x)$ は $u_i(x)$ のみによることを示そう．もしそうでなければ，各 i に対し $p(x_i)\geqq i$ かつ $u_i(x_i)=0$ をみたす $x_i\in X$ が存在することになる．しかし任意の j に対し $u_j(x_i)=0,\ i\geqq j$, が成立するから列 x_i は有界であり，仮定に反する．

$p(x)=q(u_i(x))$ と表わす．(DFK) 空間 X_i は有界型であるから，q が X_i の任意の有界集合 B_i 上有界であることを示せばよい．はじめに証明したことにより，このとき，$k=1,2,\cdots$ に対し $u_{i+k-1}{}^{i+k}(B_{i+k})=B_{i+k-1}$ となる有界集合 $B_{i+k}\subset X_{i+k}$ がとれる．$B=\{x\in X\,|\,u_{i+k}(x)\in B_{i+k},\ k=0,1,\cdots\}$ とすれば，B は X の有界集合であって，$q(B_i)=p(B)$ が成立する．

(LFK) 空間が反射的であることも上と同様定理 1.30, 1.34 および 1.33 によって証明される．完備性については有界型空間の強双対空間であることを用いる．▌

次の定理を**双対 Mittag-Leffler の補題**と呼ぶ．

定理 1.37

$$
\begin{array}{ccccccccc}
0 & \longrightarrow & X_1 & \xrightarrow{I_1} & Y_1 & \xrightarrow{P_1} & Z_1 & \longrightarrow & 0 \\
 & & \downarrow{\scriptstyle u_2{}^1} & & \downarrow{\scriptstyle v_2{}^1} & & \downarrow{\scriptstyle w_2{}^1} & & \\
0 & \longrightarrow & X_2 & \longrightarrow & Y_2 & \longrightarrow & Z_2 & \longrightarrow & 0 \\
 & & \downarrow & & \downarrow & & \downarrow & & \\
 & & \vdots & & \vdots & & \vdots & & \\
 & & \downarrow & & \downarrow & & \downarrow & & \\
0 & \longrightarrow & X_i & \xrightarrow{I_i} & Y_i & \xrightarrow{P_i} & Z_i & \longrightarrow & 0 \\
 & & \downarrow{\scriptstyle u_{i+1}{}^i} & & \downarrow{\scriptstyle v_{i+1}{}^i} & & \downarrow{\scriptstyle w_{i+1}{}^i} & & \\
 & & \vdots & & \vdots & & \vdots & &
\end{array}
\tag{1.59}
$$

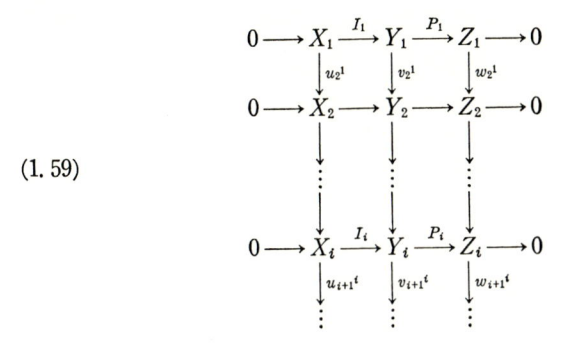

を Abel 群の短完合列の帰納列とする．このとき次のことがなりたつ：

（i）帰納極限

$$0\longrightarrow \varinjlim X_i \xrightarrow{I} \varinjlim Y_i \xrightarrow{P} \varinjlim Z_i \longrightarrow 0 \tag{1.60}$$

は完合する；

（ii）(1.59) の各行が Banach 空間の位相的完合列であり，列の写像 $u_{i+1}{}^i$, $v_{i+1}{}^i$, $w_{i+1}{}^i$ がすべて弱コンパクト単射ならば，(1.60) の強双対

$$0\longleftarrow \left(\varinjlim X_i\right)'_\beta \xleftarrow{I'} \left(\varinjlim Y_i\right)'_\beta \xleftarrow{P'} \left(\varinjlim Z_i\right)'_\beta \longleftarrow 0 \tag{1.61}$$

は位相的に完合する；

（iii）(ii) の仮定に加えて，$\varinjlim X_i$ が Montel 空間であるならば，(1.60) は位相的に完合する．

証明　(i) は容易である．

(ii) の仮定の下では，(1.60) の各空間は (DFK) 空間となり，(1.61) は (1.59) と双対な射影列の極限

$$0\longleftarrow \varprojlim X_i' \longleftarrow \varprojlim Y_i' \longleftarrow \varprojlim Z_i' \longleftarrow 0$$

と同一視できる．この射影列は Mittag-Leffler の補題の仮定をすべてみたす．実際，定理 1.17, 1.18 により（または直接に）各行は Banach 空間の位相的完合列であり，また $(w_{i+1}{}^i)''$ が Z_i'' を Z_{i+1} の中にうつすことにより，$(w_{i+2}{}^i)''(z_i'')=0$ ならば $(w_{i+1}{}^i)''(z_i'')=0$ が従う．Hahn-Banach の定理によれば，これは Z_i' が Banach 空間のノルムに関し定理 1.27 の仮定 (ii) をみたすことを意味する．それ故 (1.61) は位相的完合列をなす．

(iii)　P が準同型であることは P_i が準同型であることのみを用いて容易に証明できる．

$\varinjlim X_i$ は (DF) Montel 空間であるから，その上の連続半ノルムは双対 Fréchet 空間 $(\varinjlim X_i)'\cong(\varinjlim Y_i)'/(\varinjlim Z_i)'$ の中のコンパクト集合 K 上の絶対値の上限 p^K の形に表わされる．定理 1.9 を用いて K を $(\varinjlim Y_i)'$ の中のコンパクト集合 L にもち上げれば，$p^K(x)=p^L(Ix)$ がなりたつ．p^L は $\varinjlim Y_i$ 上の連続半ノルムであるから，I は像の上への同型となる．∎

(DFS) 空間が Montel 空間であることに注意すれば，定理 1.28, 1.29 と双対

的に次の定理が得られる.

定理 1.38 (DFS) 空間の閉線型部分空間および商空間は (DFS) 空間である. (DFK) 空間の商空間は (DFK) 空間である.

(DFS) 空間 ((DFK) 空間) の可算個の直和 $\bigoplus X_i$ および帰納極限 $\varinjlim X_i$ は (DFS) 空間 ((DFK) 空間) である. ——

ただし, (DFK) 空間の閉線型部分空間は必ずしも (DFK) 空間にならない.

第2章　分布および超分布の理論

L. Schwartz の超関数 distribution と C. Roumieu および A. Beurling の超関数 ultradistribution および generalized distribution を原語に従い，分布と超分布と呼ぶこととし，その理論を展開する．分布の理論は本講座の“関数解析”および“定数係数線型偏微分方程式”の分冊でも扱われているから参考にされたい．超分布の理論も本質的なちがいはない．

§2.1　可微分関数と超可微分関数

Ω は Euclid 空間 $\boldsymbol{R}^n$ の中の開集合を表わすものとする．L. Schwartz にならって，$\mathcal{E}(\Omega)$ でもって Ω 上の無限回可微分関数全体のなす線型空間を，$\mathcal{D}(\Omega)$ でもってその中で台がコンパクトなもの全体のなす線型部分空間を表わす．

Schwartz の分布は自然な位相をそなえた $\mathcal{D}(\Omega)$ 上の連続線型汎関数として定義される．$\mathcal{D}(\Omega)$ はコンパクト台の連続関数の空間 $\mathcal{K}(\Omega)$ あるいは $L^p(\Omega)$ などより小さい空間であるため，分布は $\mathcal{K}(\Omega)$ の双対空間である Ω 上の測度の空間，あるいは $L^{p'}(\Omega)$ などより広い超関数の族をなす．したがって，$\mathcal{D}(\Omega)$ より小さい関数空間から出発すれば，分布より広い超関数の族が得られるはずである．実際，そのようにして得られるのが超分布であるが，そのために，次のように定義される超可微分関数の空間を用いる．

定義 2.1　$s>1$ とする．$\varphi\in\mathcal{E}(\Omega)$ が (s) 族（$\{s\}$ 族）の**超可微分関数**であるとは，任意のコンパクト集合 $K\subset\Omega$ および $h>0$ に対し，定数 C が存在し（任意のコンパクト集合 $K\subset\Omega$ に対して定数 h と C が存在し），

$$\sup_{x\in K}|D^\alpha\varphi(x)|\leqq Ch^{|\alpha|}|\alpha|!^s \tag{2.1}$$

が成立することであると定義する．(s) 族（$\{s\}$ 族）の超可微分関数全体の線型空間を $\mathcal{E}^{(s)}(\Omega)$ （$\mathcal{E}^{\{s\}}(\Omega)$）と書き，その中で台がコンパクトなもの全体のなす線型部分空間を $\mathcal{D}^{(s)}(\Omega)$ （$\mathcal{D}^{\{s\}}(\Omega)$）と書く．

ここで，D^α および $|\alpha|$ は Hörmander に従い，

$$D^\alpha = D^{\alpha_1}\cdots D^{\alpha_n} = \left(\frac{1}{i}\frac{\partial}{\partial x_1}\right)^{\alpha_1}\cdots\left(\frac{1}{i}\frac{\partial}{\partial x_n}\right)^{\alpha_n}, \tag{2.2}$$

$$|\alpha| = \alpha_1+\cdots+\alpha_n \tag{2.3}$$

とし，(2.1) は任意の**多重指数** $\alpha=(\alpha_1, \cdots, \alpha_n)$，$\alpha_i=0, 1, 2, \cdots$，に対してなりたつものとする．——

ただし，(2.2) の D^α が不便なときは，次式で定義される ∂^α を用いる：

$$\partial^\alpha = \partial_1{}^{\alpha_1}\cdots\partial_n{}^{\alpha_n} = \left(\frac{\partial}{\partial x_1}\right)^{\alpha_1}\cdots\left(\frac{\partial}{\partial x_n}\right)^{\alpha_n}. \tag{2.4}$$

もっと一般に，M_p が正数列であるとき，(2.1) において $|\alpha|!^s$ を $M_{|\alpha|}$ におきかえた関数族を考えることもできるが，ここでは簡単のため，$|\alpha|!^s$ の場合に限ることにする．$\{s\}$ 族の超可微分関数は M. Gevrey が熱伝導方程式の解の性質を調べた際最初に取り扱った．それにちなんで，われわれの超可微分関数族を **Gevrey 族の（超可微分）関数**と総称する．

上の定義は一応 s がどんな実数であっても意味をもつ．次の定理は $\mathcal{E}^{\{1\}}(\Omega)$ を特徴づけるものである．

定理 2.1 (Pringsheim)　$\varphi\in\mathcal{E}(\Omega)$ が実解析的であるための必要十分条件は，任意のコンパクト集合 $K\subset\Omega$ に対し，定数 h, C が存在し，$s=1$ とした (2.1) が成立することである．

証明　Ω 上の実解析関数 φ をコンパクト集合 K に制限したものは，各点を中心とする Taylor 展開により，K の複素近傍 V 上の整型関数 $\tilde{\varphi}$ に解析接続できる．$\tilde{\varphi}$ は V 上有界であるとしてよい．K の各点 x を中心とする半径 ρ の多重円板が V に含まれるとすれば，Cauchy の積分公式により

$$|D^\alpha\varphi(x)| \leqq \frac{\alpha!}{\rho^{|\alpha|}}\sup_{z\in V}|\tilde{\varphi}(z)|.$$

$\alpha!=\alpha_1!\cdots\alpha_n!\leqq|\alpha|!$ ゆえ，$h=\rho^{-1}$ として，$s=1$ とおいた (2.1) が成立する．

逆に，K を 1 点 $x\in\Omega$ を中心とする閉球としてこの不等式が成立したとする．必要があれば，K を小さくとりなおして K の半径は $(nh)^{-1}$ より小さいとしてよい．このとき，x を中心とする Taylor 展開

$$\varphi(x+y) = \sum_{|\alpha|<N}\frac{\partial^\alpha\varphi(x)}{\alpha!}y^\alpha+\sum_{|\alpha|=N}\frac{\partial^\alpha\varphi(x+\theta y)}{\alpha!}y^\alpha$$

の残余項の絶対値は，$x+y\in K$ ならば

$$\sum_{|\alpha|=N} C\frac{h^{|\alpha|}|\alpha|!}{\alpha!}|y|^{|\alpha|} \leqq C(nh|y|)^N$$

でおさえられ，$N\to\infty$ のとき 0 に収束する．すなわち $\varphi(x)$ の Taylor 級数は K 上収束し，$\varphi(x+y)$ を表わす．∎

同様に，Ω が連結ならば，$\mathcal{E}^{(1)}(\Omega)$ は $\boldsymbol{C}^n$ 上の整関数を Ω に制限したもの全体からなることが証明される．特に，$\mathcal{D}^{\{1\}}(\Omega)=\mathcal{D}^{(1)}(\Omega)=\{0\}$ である．しかし，$s>1$ ならば，$\mathcal{D}^{(s)}(\Omega)$ および $\mathcal{D}^{\{s\}}(\Omega)$ は十分多くの関数を含む．次の補題はそれを証明するための準備である．

補題 2.1　$s>1$ のとき

$$\varphi(x)=\begin{cases}\exp(-x^{-1/(s-1)}), & x>0,\\ 0, & x\leqq 0,\end{cases} \tag{2.5}$$

で定義される関数 φ は $\mathcal{E}^{\{s\}}(\boldsymbol{R})$ に属するが，いかなる $\varepsilon>0$ に対しても $\mathcal{E}^{(s)}((-\varepsilon,\varepsilon))$ には属さない．

証明　$x>0$ とすれば，Cauchy の積分公式により，

$$\varphi^{(p)}(x)=\frac{p!}{2\pi i}\oint_{|z-x|=kx}\frac{\exp(-z^{-1/(s-1)})}{(z-x)^{p+1}}dz.$$

ただし，k は十分に小さい正数である．これから，

$$|\varphi^{(p)}(x)| \leqq p!|kx|^{-p}\sup_{|z-x|\leqq kx}|\exp(-z^{-1/(s-1)})|$$
$$\leqq p!|kx|^{-p}\exp\{-((1+k)x)^{-1/(s-1)}\cos((s-1)^{-1}\arcsin k)\}.$$

$x\to 0$ のとき，右辺は明らかに 0 に収束する．したがって φ は無限回可微分である．さらに，$L>0$ ならば，Stirling の公式を用いて

$$\sup_{0<t<\infty} t^{-p}\exp(-Lt^{-1/(s-1)})=\left(\frac{s-1}{Le}\right)^{(s-1)p}p^{(s-1)p}\leqq\left(\frac{s-1}{L}\right)^{(s-1)p}p!^{s-1}.$$

これより $\varphi\in\mathcal{E}^{\{s\}}(\boldsymbol{R})$ を得る．

$\varphi\notin\mathcal{E}^{(s)}((-\varepsilon,\varepsilon))$ を証明するため，反対に任意の $h>0$ に対し

$$|\varphi^{(p)}(x)|\leqq Ch^p p!^s,\qquad -\varepsilon<x<\varepsilon,$$

がなりたつ定数 C が存在したとする．$x>0$ に対し

$$\varphi(x)=\exp(-x^{-1/(s-1)})=\int_0^x\frac{(x-y)^{p-1}}{(p-1)!}\varphi^{(p)}(y)dy$$

ゆえ，$0<x<\varepsilon$ ならば，

$$\exp(-x^{-1/(s-1)}) \leqq Cp!^{-1}x^p h^p p!^s.$$

x が十分小さいとき，$p=[(hx)^{-1/(s-1)}]$ とおけば，右辺は Stirling の公式により

$$C(2\pi)^{(s-1)/2}[(hx)^{-1/(s-1)}]^{(s-1)/2}\exp\{-(s-1)[(hx)^{-1/(s-1)}]\}$$

をこえない．しかし，$h<(s-1)^{s-1}$ ならば，これは $x\to 0$ のとき $\exp(-x^{-1/(s-1)})$ より速く0に収束し，矛盾する．∎

$1<s<t$ のとき，明らかに

$$(2.6)\qquad \mathcal{E}^{(s)}(\Omega)\subset\mathcal{E}^{\{s\}}(\Omega)\subset\mathcal{E}^{(t)}(\Omega),\qquad \mathcal{D}^{(s)}(\Omega)\subset\mathcal{D}^{\{s\}}(\Omega)\subset\mathcal{D}^{(t)}(\Omega)$$

という包含関係がなりたつが，この補題は $\mathcal{E}^{(s)}(\Omega)$ と $\mathcal{E}^{\{s\}}(\Omega)$ が異なることを示している．$s<r<t$ となる r をとれば，補題により $\mathcal{E}^{\{r\}}(\Omega)$ $(\subset\mathcal{E}^{(t)}(\Omega))$ に入り $\mathcal{E}^{(r)}(\Omega)$ に入らない関数が存在し，$\mathcal{E}^{\{s\}}(\Omega)$ と $\mathcal{E}^{(t)}(\Omega)$ も異なる．さらに詳しく $\mathcal{E}^{(t)}(\Omega)$ に属するが，いかなる $s<t$ に対しても $\mathcal{E}^{\{s\}}(\Omega)$ に属さない関数の例を作ることもできる．

§2.2　可微分関数および超可微分関数の空間の位相

連続線型汎関数を論ずるには基礎となる(超)可微分関数の空間に局所凸位相を入れておかなければならない．その準備として，まず滑らかな境界をもつコンパクト集合 $K\subset\Omega$ 上の関数空間を考える．境界の滑らかさとしては実解析的から1回連続可微分までのどれをとってもよい．もっと弱く Lipschitz 連続な境界をもつ，あるいは K が Whitney の意味で正則なコンパクト集合と仮定するだけでも十分であるが，議論はめんどうになる．

このとき，$m=0,1,2,\cdots$ に対して，K の内部 $\operatorname{int}K$ 上の m 回連続可微分関数 φ であって，各導関数 $D^\alpha\varphi$, $|\alpha|\leqq m$, が K まで連続に拡張できるもの全体のなす線型空間を $C^m(K)$ で表わす．$\varphi\in C^m(K)$, $|\alpha|\leqq m$, のとき，$D^\alpha\varphi$ は K 上に拡張された連続関数を意味するものとする．$C^m(K)$ には

$$(2.7)\qquad \|\varphi\|_{C^m(K)}=\sup_{\substack{|\alpha|\leqq m\\ x\in K}}|D^\alpha\varphi(x)|$$

によってノルムを入れる．

命題2.1　$m=0,1,2,\cdots$ のとき，$C^m(K)$ は上のノルムに関して Banach 空間

をなす.

証明　ノルム空間をなすことはすぐにわかる. $m=0$ のときの完備性もよく知られている. したがって, $m>0$ の場合も, Cauchy 列 φ_j に対し, 各 $D^\alpha\varphi_j$, $|\alpha|\leqq m$, は $\psi^\alpha\in C(K)$ に一様収束する. これが K の内部において ψ^0 の導関数 $D^\alpha\psi^0$ に等しいことは微分と極限の順序交換定理からでる. ▮

K に対する仮定から, K は有限個の連結成分しかもたない. また, 同じ連結成分に含まれる任意の2点 x, y は K に含まれる C^1 級の曲線 Γ で結ぶことができ, しかもその弧長を距離 $|x-y|$ に一定の定数 C を掛けたものでおさえることができる. $\varphi\in C^1(K)$ ならば, このとき

$$\varphi(x)-\varphi(y)=\int_{-\Gamma}d\varphi=\int_{-\Gamma}\sum_{i=1}^{n}\frac{\partial\varphi}{\partial x_i}\frac{dx_i}{ds}ds \tag{2.8}$$

となる. $\Gamma\subset\operatorname{int}K$ ならば, 微積分学の基本定理であり, 一般の場合はその極限になるからである. 故に,

$$|\varphi(x)-\varphi(y)|\leqq nC\|\varphi\|_{C^1(K)}|x-y|.$$

特に, $C^1(K)$ の有界集合は同程度一様連続であり, Ascoli-Arzelà の定理により, $C^0(K)$ において原コンパクト (precompact＝全有界 (totally bounded)) である. 導関数 $D^\alpha\varphi$ について, 同様の考察をすれば, 次の命題が得られる.

命題 2.2　$0\leqq m<l<\infty$ のとき, 埋込み写像 $C^l(K)\to C^m(K)$ はコンパクト線型写像である. ——

K 上の無限回可微分関数の空間 $\mathcal{E}(K)=\bigcap_{m=0}^{\infty}C^m(K)$ は, 埋込み写像列

$$C^0(K)\longleftarrow C^1(K)\longleftarrow\cdots\longleftarrow C^m(K)\longleftarrow\cdots \tag{2.9}$$

に関する射影極限

$$\mathcal{E}(K)=\varprojlim_{m\to\infty}C^m(K) \tag{2.10}$$

の形に表わすことができる. $\mathcal{E}(K)$ にはこれによって, Banach 空間 $C^m(K)$ の射影極限としての局所凸位相を入れる. これは, すなわち, 半ノルムの列

$$\|\varphi\|_{C^m(K)}=\sup_{\substack{x\in K\\|\alpha|\leqq m}}|D^\alpha\varphi(x)| \tag{2.11}$$

によって定義される局所凸位相である. 命題2.2により $\mathcal{E}(K)$ は (FS) 空間をなす.

$\mathcal{E}(K)$ の関数であって K の境界においてすべての導関数が 0 となるものは，0 による拡張により $\boldsymbol{R}^n$ 上の無限回可微分関数で台が K に含まれるものと同一視することができる．このような関数全体の空間を $\mathcal{D}_K$ と書き，$\mathcal{E}(K)$ の線型部分空間としての位相を与える．(FS) 空間の閉線型部分空間として $\mathcal{D}_K$ もまた (FS) 空間をなす．

超可微分関数の空間に位相を入れるため，まず $h>0$ を固定して得られる関数空間

$$\mathcal{E}^{\{s\},h}(K)=\{\varphi\in\mathcal{E}(K)\mid \exists C\forall_\alpha \|D^\alpha\varphi\|_{C(K)}\leqq Ch^{|\alpha|}|\alpha|!^s\} \tag{2.12}$$

および

$$\mathcal{D}^{\{s\},h}{}_K=\{\varphi\in\mathcal{D}_K\mid \exists C\forall_\alpha \|D^\alpha\varphi\|_{C(K)}\leqq Ch^{|\alpha|}|\alpha|!^s\} \tag{2.13}$$

を考える．これらの空間は定義に現われる定数 C の下限

$$\|\varphi\|_{\mathcal{E}^{\{s\},h}(K)}=\sup_{\substack{x\in K\\ \alpha}}\frac{|D^\alpha\varphi(x)|}{h^{|\alpha|}|\alpha|!^s} \tag{2.14}$$

をノルムとする Banach 空間である．

$\mathcal{D}^{\{s\},h}{}_K$ は $\mathcal{E}^{\{s\},h}(K)$ の閉線型部分空間とみなされる．

命題 2.3 $h<k$ ならば，埋込み写像

$$\mathcal{E}^{\{s\},h}(K)\longrightarrow\mathcal{E}^{\{s\},k}(K), \tag{2.15}$$

$$\mathcal{D}^{\{s\},h}{}_K\longrightarrow\mathcal{D}^{\{s\},k}{}_K \tag{2.16}$$

はコンパクト線型写像である．

証明 B を $\mathcal{E}^{\{s\},h}(K)$ における単位球かつ ε を任意の正の数とする．$(h/k)^m<\varepsilon/2$ となるよう整数 m を十分大に選ぶ．Ascoli-Arzelà の定理によれば，有限個の関数 $\varphi_1,\cdots,\varphi_N\in B$ が存在し，任意の $\varphi\in B$ はある φ_j に対し

$$\|D^\alpha(\varphi-\varphi_j)\|_{C(K)}\leqq\varepsilon k^{|\alpha|}|\alpha|!^s,\qquad |\alpha|\leqq m,$$

をみたす．このとき，$\mathcal{E}^{\{s\},k}(K)$ のノルムに関して $\|(\varphi-\varphi_j)\|\leqq\varepsilon$ が成立する．したがって，(2.15) はコンパクトである．この部分写像として (2.16) もコンパクトである．∎

K 上の (s) 族の超可微分関数，$\{s\}$ 族の超可微分関数および K に台のある $\boldsymbol{R}^n$ 上の (s) 族の超可微分関数と $\{s\}$ 族の超可微分関数の空間はそれぞれ次のように表わされる：

$$\mathcal{E}^{(s)}(K) = \varprojlim_{h\to 0} \mathcal{E}^{\{s\},h}(K)\,; \tag{2.17}$$

$$\mathcal{E}^{\{s\}}(K) = \varinjlim_{h\to\infty} \mathcal{E}^{\{s\},h}(K)\,; \tag{2.18}$$

$$\mathcal{D}^{(s)}{}_K = \varprojlim_{h\to 0} \mathcal{D}^{\{s\},h}{}_K\,; \tag{2.19}$$

$$\mathcal{D}^{\{s\}}{}_K = \varinjlim_{h\to\infty} \mathcal{D}^{\{s\},h}{}_K. \tag{2.20}$$

これらの空間には右辺の Banach 空間の射影極限および帰納極限としての局所凸位相を与える．(2.17), (2.19) においては $h=1/i$, (2.18), (2.20) においては $h=i$, $i=1, 2, \cdots$, とし，Banach 空間列の極限におきかえることができる．したがって命題 2.3 により $\mathcal{E}^{(s)}(K)$ と $\mathcal{D}^{(s)}{}_K$ は (FS) 空間，$\mathcal{E}^{\{s\}}(K)$ と $\mathcal{D}^{\{s\}}{}_K$ は (DFS) 空間である．

以下 $*$ は空集合, (s) または $\{s\}$ を表わすものとし，$\mathcal{E}^*, \mathcal{D}^*$ はそれぞれ $\mathcal{E}, \mathcal{E}^{(s)}$ または $\mathcal{E}^{\{s\}}$，$\mathcal{D}, \mathcal{D}^{(s)}$ または $\mathcal{D}^{\{s\}}$ であるとする．ただし，同一の命題に現われる $*$ は同一の意味をもつと約束する．

このとき，開集合 Ω 上の $*$ 族の超可微分関数全体の空間は

$$\mathcal{E}^*(\Omega) = \varprojlim_{K\Subset\Omega} \mathcal{E}^*(K) \tag{2.21}$$

と表わされ，Ω の中にコンパクトな台をもつ $*$ 族の超可微分関数全体の空間は

$$\mathcal{D}^*(\Omega) = \varinjlim_{K\Subset\Omega} \mathcal{D}^*{}_K \tag{2.22}$$

と表わされる．ここで K は Ω の中の滑らかな境界をもつコンパクト集合全体を包含の順序で動くものとする．

ところで，

$$K_1 \Subset K_2 \Subset \cdots \Subset K_i \Subset \cdots, \qquad \bigcup_{i=1}^{\infty} K_i = \Omega \tag{2.23}$$

をみたす滑らかな境界をもつコンパクト集合の列 K_i をとれば，Ω の中の任意のコンパクト集合 K はどれかの K_i に含まれる．したがって，(2.21), (2.22) の極限は列 K_i に関する極限でおきかえることができる．念のため次の補題を証明しておく．

補題 2.2　任意の開集合 $\Omega\subset \boldsymbol{R}^n$ に対し (2.23) をみたす実解析的な境界をもつ

コンパクト集合の列 K_i が存在する.

証明 (2.23) をみたすコンパクト集合列 L_i はすぐに見つかる. 例えば

$$L_i = \{x \in \Omega \mid |x| \leqq i, \mathrm{dis}\,(x, \partial\Omega) \geqq i^{-1}\}$$

とすればよい. 次に, 各 i に対し, L_i では0の値をとり, ∂L_{i+1} では1の値をとる L_{i+1} 上の連続関数 $0 \leqq f(x) \leqq 1$ を作り, さらにこれを Weierstrass の定理 (§2.3 定理2.6) により実解析関数で近似する. 十分に近似をよくすれば, $-1/4 \leqq g(x) \leqq 5/4$ をみたす L_{i+1} 上の実解析関数 g であって, 集合 $\{x \in L_{i+1} \mid 1/4 < g(x) < 3/4\}$ が $\mathrm{int}\, L_{i+1} \setminus L_i$ に含まれるものが存在することがわかる. Sard の定理 (本講座 "多様体論" 定理7.1) により g の危点の像は測度0の集合である. したがって, ある $1/4 < a < 3/4$ に対して $\{x \mid g(x) = a\}$ は g の危点を一つも含まない. そこで,

$$K_i = \{x \in L_{i+1} \mid g(x) \leqq a\} \tag{2.24}$$

とすれば, これは $L_i \Subset K_i \Subset L_{i+1}$ をみたすコンパクト集合であって, 境界 $\partial K_i = \{x \mid g(x) = a\}$ は実解析的である. コンパクト集合列 K_i が求めるものとなる. ▮

定理 2.2 $\mathcal{E}(\Omega)$ および $\mathcal{E}^{(s)}(\Omega)$ は (FS) 空間, $\mathcal{D}(\Omega)$ および $\mathcal{D}^{(s)}(\Omega)$ は (LFS) 空間, $\mathcal{D}^{\{s\}}(\Omega)$ は (DFS) 空間である. 特に, これらの空間は完備有界型の Montel 空間である.

$\mathcal{D}^*(\Omega)$ における有界集合はある $\mathcal{D}^*{}_K$ における有界集合である. 特に $* = \{s\}$ のときは, ある $\mathcal{D}^{\{s\},h}{}_K$ における有界集合になる.

$\mathcal{E}^{\{s\}}(\Omega)$ は完備な半 Montel 空間であり, 特に半反射的である.

証明 $* = \phi$ または (s) のとき,

$$\mathcal{E}^*(\Omega) = \varprojlim_{i\to\infty} \mathcal{E}^*(K_i) \tag{2.25}$$

は (FS) 空間列の射影極限としてまた (FS) 空間になる (§1.3 定理1.29を見よ).

$* = \{s\}$ の場合は, $\mathcal{E}^*(K_i)$ は (DFS) 空間であり, 特に完備な Montel 空間をなす (§1.4 定理1.31, 1.35). したがって, 射影極限 $\mathcal{E}^*(\Omega)$ も完備な半 Montel 空間である (§1.3 命題1.4 および定理1.25).

一方, $* = \phi$ または (s) のときは明らかに埋込み写像

$$\mathcal{D}^*(K_i) \longrightarrow \mathcal{D}^*(K_{i+1}) \tag{2.26}$$

は閉線型部分空間の上への線型同相写像である．$*=\{s\}$ の場合も，$\mathcal{D}^{\{s\},h}{}_{K_i}$ は $\mathcal{D}^{\{s\},h}{}_{K_{i+1}}$ の閉線型部分空間であり，双対 Mittag-Leffler の補題(§1.4 定理 1.37)により，(2.26) はやはり閉線型部分空間の上への線型同相写像になる．すなわち，いずれの場合も

$$\mathcal{D}^*(\Omega) = \varinjlim_{i\to\infty} \mathcal{D}^*{}_{K_i} \tag{2.27}$$

は狭義の帰納極限である．これから有界集合に対する主張がでる．

$*=\phi$ または (s) の場合，(FS) 空間列 $\mathcal{D}^*{}_{K_i}$ の狭義の帰納極限 $\mathcal{D}^*(\Omega)$ は定義により (LFS) 空間である．$*=\{s\}$ の場合は，$\mathcal{D}^*(\Omega)$ は Hausdorff であるから，(DFS) 空間列の帰納極限として (DFS) 空間になる．これはまた，$\mathcal{D}^{\{s\}}(\Omega)=\varinjlim_{i\to\infty} \mathcal{D}^{\{s\},i}{}_{K_i}$ と表わすことによっても証明される．▌

注意　後に §2.4 において $\mathcal{E}^{\{s\}}(\Omega)$ は $(DLFS)$ 空間であることを証明する．

§2.3 超可微分関数の積，微分および正則化

はじめに(超)可微分関数の対 $\varphi(x), \psi(x)$ に対して各点ごとの積 $\varphi(x)\psi(x)$ を対応させる写像を考える．

補題 2.3　各点毎の積はそれぞれ写像

$$C^m(K)\times C^m(K) \longrightarrow C^m(K), \tag{2.28}$$

$$\mathcal{E}^{\{s\},h}(K)\times\mathcal{E}^{\{s\},k}(K) \longrightarrow \mathcal{E}^{\{s\},h+k}(K), \tag{2.29}$$

$$\mathcal{E}^{\{s\},h}(K)\times\mathcal{D}^{\{s\},k}{}_K \longrightarrow \mathcal{D}^{\{s\},h+k}{}_K \tag{2.30}$$

として連続であり，次の不等式がなりたつ：

$$\|\varphi\psi\|_{C^m(K)} \leqq 2^m\|\varphi\|_{C^m(K)}\|\psi\|_{C^m(K)}, \tag{2.31}$$

$$\|\varphi\psi\|_{\mathcal{E}^{\{s\},h+k}(K)} \leqq \|\varphi\|_{\mathcal{E}^{\{s\},h}(K)}\|\psi\|_{\mathcal{E}^{\{s\},k}(K)}. \tag{2.32}$$

証明　Leibniz の公式により

$$\|D^\alpha(\varphi\psi)\|_{C(K)} \leqq \sum_\beta \binom{\alpha}{\beta}\|D^\beta\varphi\|_{C(K)}\|D^{\alpha-\beta}\psi\|_{C(K)}. \tag{2.33}$$

ここで

$$\binom{\alpha}{\beta} = \binom{\alpha_1}{\beta_1}\cdots\binom{\alpha_n}{\beta_n} = \frac{\alpha_1!}{\beta_1!(\alpha_1-\beta_1)!}\cdots\frac{\alpha_n!}{\beta_n!(\alpha_n-\beta_n)!}.$$

(2.28) の場合は，これより $|\alpha|\leqq m$ に対して

$$\|D^\alpha(\varphi\psi)\|_{C(K)} \leqq \sum_\beta \binom{\alpha}{\beta} \|\varphi\|_{C^m(K)} \|\psi\|_{C^m(K)} = 2^{|\alpha|} \|\varphi\|_{C^m(K)} \|\psi\|_{C^m(K)}$$

を得る.

(2.29), (2.30) の場合は, 任意の α に対して

$$\begin{aligned}\|D^\alpha(\varphi\psi)\|_{C(K)} &\leqq \sum_\beta \binom{\alpha}{\beta} h^{|\beta|}|\beta|!^s k^{|\alpha-\beta|}|\alpha-\beta|!^s \|\varphi\|\|\psi\| \\ &\leqq \sum_\beta \binom{\alpha}{\beta} h^{|\beta|} k^{|\alpha-\beta|} |\alpha|!^s \|\varphi\|\|\psi\| \\ &= (h+k)^{|\alpha|}|\alpha|!^s \|\varphi\|\|\psi\|.\end{aligned}$$

$\psi \in \mathcal{D}^{\{s\},k}{}_K$ ならば, ψ の各導関数は K の境界 ∂K の上で消える. (2.33) は K を ∂K におきかえても成立するから, $\varphi\psi$ の各導関数も ∂K で消える. したがって, $\varphi\psi \in \mathcal{D}^{\{s\},h+k}{}_K$. ∎

$*=\phi$ または (s) のとき, 局所凸空間の射影極限の位相の定義により, 積はそれぞれ写像

(2.34) $$\mathcal{E}^*(K) \times \mathcal{E}^*(K) \longrightarrow \mathcal{E}^*(K),$$

(2.35) $$\mathcal{E}^*(K) \times \mathcal{D}^*{}_K \longrightarrow \mathcal{D}^*{}_K$$

としても連続であることがわかる.

$*=\{s\}$ のときも, 補題から (2.34) および (2.35) が各個連続であることは直ちに導かれる. ところで, $\mathcal{E}^{\{s\}}(K), \mathcal{D}^{\{s\}}{}_K$ は樽型の (DF) 空間であるから, §1.2 定理 1.21, 1.23 により, これらの双線型写像は連続である.

定理 2.3 各点ごとの積は双線型写像

(2.36) $$\mathcal{E}^*(\Omega) \times \mathcal{E}^*(\Omega) \longrightarrow \mathcal{E}^*(\Omega)$$

として連続である. また, 写像

(2.37) $$\mathcal{E}^*(\Omega) \times \mathcal{D}^*(\Omega) \longrightarrow \mathcal{D}^*(\Omega)$$

として亜連続である. $*=\{s\}$ の場合は, さらに写像

(2.38) $$\mathcal{D}^{\{s\}}(\Omega) \times \mathcal{D}^{\{s\}}(\Omega) \longrightarrow \mathcal{D}^{\{s\}}(\Omega)$$

として連続である.

証明 $\mathcal{E}^*(\Omega)$ の位相は $\mathcal{E}^*(K)$, $K \Subset \Omega$, の連続半ノルムで定義され, 積 $\varphi\psi$ のコンパクト集合 K 上の導関数は φ, ψ の K 上の導関数によって決定されるから,

(2.36) の連続性は (2.34) の連続性からわかる．

(2.35) の連続性により，各 $K \Subset \Omega$ に対し

$$\mathcal{E}^*(\Omega) \times \mathcal{D}^*_K \longrightarrow \mathcal{D}^*_K$$

の連続性は明らかである．$\mathcal{D}^*(\Omega)$ の有界集合はある $\mathcal{D}^*_K$ の有界集合であるから，(2.37) の亜連続性の半分がなりたつ．

一方，B を $\mathcal{E}^*(\Omega)$ の有界集合とすれば，B の関数を K に制限して得られる集合 B_K は $\mathcal{E}^*(K)$ において有界である．故に，(2.35) の連続性により，$\mathcal{D}^*(\Omega)$ 上の任意の連続半ノルム p に対し

$$p_K(\psi) = \sup\{p(\varphi\psi) \mid \varphi \in B_K\}$$

は $\mathcal{D}^*_K$ 上の連続半ノルムになる．これは，$\psi \mapsto \varphi\psi$, $\varphi \in B$, が $\mathcal{D}^*(\Omega)$ から $\mathcal{D}^*(\Omega)$ への写像として同程度連続であることを示している．

(2.37) の亜連続性により (2.38) も亜連続である．$\mathcal{D}^{\{s\}}(\Omega)$ は (DF) 空間であるから，(2.38) は連続である．∎

定義 2.2　(無限階の) 微分作用素

$$P(x, D) = \sum_{|\alpha|=0}^{\infty} a_\alpha(x) D^\alpha \tag{2.39}$$

が開集合 $\Omega \subset \boldsymbol{R}^n$ における **＊族の微分作用素**であるとは，係数 $a_\alpha(x)$ が $\mathcal{E}^*(\Omega)$ に属し次の条件をみたすことであると定義する[1]:

I : $* = \phi$ の場合，$\operatorname{supp} a_\alpha$ は局所有限である；

$\mathrm{II}_{(s)}$: $* = (s)$ ($\mathrm{II}_{\{s\}}$: $* = \{s\}$) の場合，各コンパクト集合 $K \subset \Omega$ に対して定数 L が存在し，任意の $k>0$ に対して定数 B が存在して (定数 k が存在し，任意の $L>0$ に対して定数 B が存在して)

$$\sup_{x \in K} |D^\beta a_\alpha(x)| \leqq B k^{|\beta|} |\beta|!^s \frac{L^{|\alpha|}}{|\alpha|!^s}. \tag{2.40}$$

定理 2.4　$P(x, D)$ が開集合 Ω における＊族の微分作用素ならば，任意の $\varphi \in \mathcal{E}^*(\Omega)$ に対し

$$P(x, D)\varphi(x) = \sum_{|\alpha|=0}^{\infty} a_\alpha(x) D^\alpha \varphi(x) \tag{2.41}$$

は $\mathcal{E}^*(\Omega)$ において絶対収束[2]する．特に，

---

1) 巻末追加をみよ．

2) $\mathcal{E}^*(\Omega)$ 上の任意の連続半ノルム p に対して $\sum p(a_\alpha(x) D^\alpha \varphi)$ が絶対収束することを意味する．

$$\mathrm{supp}\, P(x, D)\varphi \subset \mathrm{supp}\,\varphi, \tag{2.42}$$

かつ

$$P(x, D) : \mathcal{E}^*(\Omega) \longrightarrow \mathcal{E}^*(\Omega), \tag{2.43}$$

$$P(x, D) : \mathcal{D}^*(\Omega) \longrightarrow \mathcal{D}^*(\Omega) \tag{2.44}$$

は連続線型写像である．

証明　$*=\phi$ の場合はほとんど明らかである．

$\varphi \in \mathcal{E}^{\{s\},h}(K)$ ならば，$x \in K$ に対して

$$\begin{aligned}&|D^\beta(a_\alpha(x)D^\alpha\varphi(x))|\\ &\leqq \sum_\gamma \binom{\beta}{\gamma}|D^{\beta-\gamma}a_\alpha(x)\cdot D^{\alpha+\gamma}\varphi(x)|\\ &\leqq \sum_\gamma \binom{\beta}{\gamma} Bk^{|\beta-\gamma|}|\beta-\gamma|!^s \frac{L^{|\alpha|}}{|\alpha|!^s}\cdot h^{|\alpha+\gamma|}|\alpha+\gamma|!^s\|\varphi\|.\end{aligned}$$

ここで，$p=|\beta|$ とおく．$0\leqq q\leqq p$ に対して

$$\sum_{|\gamma|=q}\binom{\beta}{\gamma} \leqq \binom{p}{q}$$

となることに注意すると，

$$\begin{aligned}&\sup_{x\in K}|D^\beta(a_\alpha(x)D^\alpha\varphi(x))|\\ &\leqq B\|\varphi\|p!^s\sum_{0\leqq q\leqq p}\binom{p}{q}k^{p-q}h^q\frac{(p-q)!^s(|\alpha|+q)!^s}{p!^s|\alpha|!^s}(Lh)^{|\alpha|}\\ &\leqq B\|\varphi\|p!^s(h+k)^p 2^{(|\alpha|+p)s}(Lh)^{|\alpha|}\end{aligned}$$

と評価できる．すなわち，

$$\|a_\alpha(x)D^\alpha\varphi(x)\|_{\mathcal{E}^{\{s\},2^s(h+k)}(K)} \leqq B(2^sLh)^{|\alpha|}\|\varphi\|_{\mathcal{E}^{\{s\},h}(K)}. \tag{2.45}$$

さて，$\varphi\in\mathcal{E}^{(s)}(\Omega)$ のときは，任意のコンパクト集合 K および任意の $l>0$ に対して，$k>0$ を

$$2^{s+1}k \leqq l$$

となるように選び，次に $0<h\leqq k$ を

$$2^sLh \leqq \frac{1}{2} \tag{2.46}$$

となるように選べば，

$$\|a_\alpha(x)D^\alpha\varphi(x)\|_{\mathcal{E}^{\{s\},l}(K)} \leqq B\left(\frac{1}{2}\right)^{|\alpha|}\|\varphi\|_{\mathcal{E}^{\{s\},h}(K)}. \tag{2.47}$$

故に，(2.41) は絶対収束する．

$\varphi\in\mathcal{E}^{\{s\}}(\Omega)$ の場合は，任意のコンパクト集合 K 上 $h>0$ が存在して $\varphi\in\mathcal{E}^{\{s\},h}(K)$．(2.46) が成立するよう $L>0$ を選べば，$l=2^s(h+k)$ に対して (2.47) が成立する．

各 α に対して，明らかに $\mathrm{supp}\,(a_\alpha D^\alpha\varphi)\subset\mathrm{supp}\,\varphi$ がなりたち，極限関数の台が増大することはないから，(2.42) が成立する．

評価 (2.47) より $P(x,D):\mathcal{E}^{(s)}(K)\to\mathcal{E}^{(s)}(K)$ の連続性および $P(x,D):\mathcal{E}^{\{s\}}(K)\to\mathcal{E}^{\{s\}}(K)$ の列的連続性が従う．(*DFS*) 空間 $\mathcal{E}^{\{s\}}(K)$ は有界型であるから，後者も連続である．これから，射影極限 $\mathcal{E}^*(\Omega)$ における連続性がでる．

(2.47) と同様

$$\|a_\alpha(x)D^\alpha\varphi(x)\|_{\mathcal{D}^{\{s\},l}_K} \leqq B\left(\frac{1}{2}\right)^{|\alpha|}\|\varphi\|_{\mathcal{D}^{\{s\},h}_K} \tag{2.48}$$

も成立する．これから上と同様 $P(x,D):\mathcal{D}^*_K\to\mathcal{D}^*_K$ の連続性がわかる．帰納極限は連続性を保つから，(2.44) も連続である．▮

§2.1 において，超可微分関数の例を与えたが，もっと詳しく次の補題が成立する．

補題 2.4 単位球 $\{x\in\boldsymbol{R}^n\,|\,|x|<1\}$ の中に台をもち $J(x)\geqq 0$ かつ

$$\int_{\boldsymbol{R}^n}J(x)\,dx = 1 \tag{2.49}$$

をみたす超可微分関数 $J\in\mathcal{D}^*(\boldsymbol{R}^n)$ が存在する．

証明 任意の $s>1$ に対して，上の性質をもつ $J\in\mathcal{D}^{\{s\}}(\boldsymbol{R}^n)$ を作れば十分である．$\varphi(x)$ を補題 2.1 の関数としたとき，

$$J(x_1,\cdots,x_n) = c\prod_{i=1}^{n}\{\varphi((2n)^{-1/2}+x_i)\varphi((2n)^{-1/2}-x_i)\}$$

とすればよい．定理 2.3 により $J\in\mathcal{D}^{\{s\}}(\boldsymbol{R}^n)$ であって，作り方より明らかに $J(x)\geqq 0$ かつ $\mathrm{supp}\,J$ は単位球に含まれる．定数 c は (2.49) がなりたつように選ぶ．▮

$\varepsilon>0$ に対して

$$J_\varepsilon(x) = \varepsilon^{-n}J(x/\varepsilon) \tag{2.50}$$

とおく．J_ε は台が中心 0 半径 ε の球に含まれる外は補題 2.4 の J と同じ性質をもつ関数である．φ が (超) 関数であるとき，J_ε との畳み込み

$$J_\varepsilon\varphi(x) = J_\varepsilon * \varphi(x) = \int J_\varepsilon(x-y)\varphi(y)\,dy \tag{2.51}$$

を φ の**正則化**という．これを φ_ε とも書く．φ を $J_\varepsilon\varphi$ に対応させる作用素 J_ε を**軟化作用素**という．以上では J_ε の定義域をことさら明示しなかったが，そうすることによって，例えば次の結果を得る．

命題 2.4　φ が $\boldsymbol{R}^n$ の開集合 Ω 上可積分かつ Ω の中のコンパクト集合の中に台をもつならば，十分に小さい $\varepsilon>0$ に対して $J_\varepsilon\varphi \in \mathscr{D}^*(\Omega)$．さらに，$\varepsilon\to 0$ のとき，

(i)　$\varphi \in L^p(\Omega)$，$1 \leqq p < \infty$，ならば，

$$\|J_\varepsilon\varphi - \varphi\|_{L^p(\Omega)} \longrightarrow 0;$$

(ii)　$\varphi \in \mathscr{K}(\Omega)$ ならば，$\mathscr{K}(\Omega)$ の位相[1]で

$$J_\varepsilon\varphi \longrightarrow \varphi,$$

特に，$J_\varepsilon\varphi$ は φ に一様収束する；

(iii)　$\varphi \in \mathscr{D}^\dagger(\Omega)$ ならば，$\mathscr{D}^\dagger(\Omega)$ の位相で

$$J_\varepsilon\varphi \longrightarrow \varphi.$$

ただし，† は一般に * とは別の空集合，(t) または $\{t\}$ を表わす．

証明　(2.51) の積分は $\boldsymbol{R}^n$ 上の Lebesgue 積分として意味があり，Lebesgue の収束定理により，x の連続関数になる．さらに，積分記号下で微分することが可能であって

$$|D^\alpha J_\varepsilon\varphi(x)| = \left|\int D^\alpha J_\varepsilon(x-y)\varphi(y)\,dy\right|$$
$$\leqq \sup_x |D^\alpha J_\varepsilon(x)| \int |\varphi(y)|\,dy$$

と評価できる．また，明らかに $J_\varepsilon\varphi$ の台は $\mathrm{supp}\,\varphi$ の ε 近傍に含まれる．したがって，$\varepsilon>0$ が $\mathrm{supp}\,\varphi$ から Ω の境界までの距離より小ならば，$J_\varepsilon\varphi \in \mathscr{D}^*(\Omega)$．

(ii)　$\varphi \in \mathscr{K}(\Omega)$ のとき，ε が十分小ならば，$\mathrm{supp}\,J_\varepsilon\varphi$ は Ω の中の一定のコンパクト集合に含まれ，φ の一様連続性より

1) $\mathscr{K}(\Omega)$ には $K \Subset \Omega$ に台がある連続関数全体のなす Banach 空間 $\mathscr{K}_K$ の狭義帰納極限 $\varinjlim_{K \Subset \Omega} \mathscr{K}_K$ としての局所凸位相を与える．これについては現代数学演習叢書 3 "解析学の基礎" 第 3 章 §2 を見よ．

(2.52) $$J_\varepsilon\varphi(x)-\varphi(x)=\int(\varphi(x-\varepsilon y)-\varphi(x))J(y)\,dy$$

は 0 に一様収束する．故に，$\mathcal{K}(\Omega)$ の位相に関して $J_\varepsilon\varphi\to\varphi$.

(i) $$\int|J_\varepsilon(x-y)|dx=\int|J_\varepsilon(x-y)|dy=1$$

より，Fourier 解析等で常用の不等式を用いて

$$\|J_\varepsilon\varphi\|_{L^p(\boldsymbol{R}^n)}\leqq\|\varphi\|_{L^p(\boldsymbol{R}^n)}$$

を得る．$\mathcal{K}(\Omega)$ の位相は $L^p(\Omega)$ の位相より強く，かつ $\mathcal{K}(\Omega)$ は $L^p(\Omega)$ において稠密であるから，Banach-Steinhaus の論法により，任意のコンパクト台の $\varphi\in L^p(\Omega)$ に対して

$$\|J_\varepsilon\varphi-\varphi\|_{L^p(\Omega)}\longrightarrow 0.$$

(iii) $\dagger=\phi$ の場合，(2.52) を積分記号下で微分することにより

(2.53) $$D^\alpha(J_\varepsilon\varphi(x)-\varphi(x))=\int(D^\alpha\varphi(x-\varepsilon y)-D^\alpha\varphi(x))J(y)\,dy.$$

$D^\alpha\varphi$ の一様連続性により，これは $\varepsilon\to0$ のとき 0 に一様収束する．

$\dagger=(t)$ $(=\{t\})$ の場合，任意の $h>0$ (ある h) に対して定数 C が存在し

$$\sup|D^\alpha\varphi(x)|\leqq Ch^{|\alpha|}|\alpha|!^t.$$

したがって，これを積分して

$$\sup_x|D^\alpha\varphi(x-y)-D^\alpha\varphi(x)|\leqq Cn|y|h^{|\alpha|+1}(|\alpha|+1)!^t$$

を得る．$H>1$ ならば，定数 A が存在し，

$$(|\alpha|+1)^t\leqq AH^{|\alpha|}.$$

故に，定数 C' が存在して

$$\sup_x|D^\alpha\varphi(x-y)-D^\alpha\varphi(x)|\leqq C'|y|(Hh)^{|\alpha|}|\alpha|!^t$$

と評価される．これを (2.53) の右辺の評価に用いれば，$\varepsilon\to0$ のとき，

$$\sup_{\substack{x\\ \alpha}}\frac{|D^\alpha(J_\varepsilon\varphi(x)-\varphi(x))|}{(Hh)^{|\alpha|}|\alpha|!^t}\leqq C'\varepsilon\int J_\varepsilon(y)\,dy=C'\varepsilon\longrightarrow0.$$ ∎

定理 2.5 $1<s<t$, $1\leqq p<\infty$ のとき，包含関係

(2.54) $$\mathcal{D}^{(s)}(\Omega)\subset\mathcal{D}^{\{s\}}(\Omega)\subset\mathcal{D}^{(t)}(\Omega)\subset\mathcal{D}(\Omega)\subset\mathcal{K}(\Omega)\subset L^p(\Omega),$$

(2.55) $$\mathcal{D}^*(\Omega)\subset\mathcal{E}^*(\Omega),$$

(2.56) $$\mathcal{E}^{(s)}(\Omega)\subset\mathcal{E}^{\{s\}}(\Omega)\subset\mathcal{E}^{(t)}(\Omega)\subset\mathcal{E}(\Omega)\subset C(\Omega)\subset L^p{}_{\mathrm{loc}}(\Omega)$$

における各埋込み写像は線型連続かつ稠密な値域をもつ.

証明 これらの埋込み写像が連続であることは各空間の位相の定義から明らかである. (2.54) の埋込み写像の値域が稠密であることを証明するには, $J\in\mathcal{D}^{(s)}(\boldsymbol{R}^n)$ を用いて正則化し, $\varepsilon\to 0$ とすればよい.

$\mathcal{D}^*(\Omega)$ が $\mathcal{E}^*(\Omega)$ において稠密であることを証明するため, p を $\mathcal{E}^*(\Omega)$ 上の任意の連続半ノルムとする. 射影極限の位相の定義から, p はある $\mathcal{E}^*(K)$ 上の連続半ノルムをひきもどしたものである. 特に, $p(\varphi)$ は φ のコンパクト集合 K への制限によって定まる.

$L\subset\Omega$ を K のコンパクト近傍とし, L の定義関数の正則化 χ をとれば, ε が十分小のとき, $\chi\in\mathcal{D}^*(\Omega)$ かつ χ は K の近傍の上で 1 の値をとる. このとき, 任意の $\varphi\in\mathcal{E}^*(\Omega)$ に対し $\chi\varphi\in\mathcal{D}^*(\Omega)$ かつ $p(\varphi-\chi\varphi)=0$.

(2.56) の埋込み写像の値域が稠密であることは, (2.54) と (2.55) についての結果を組み合わせればよい. ▌

同じことは次の **Weierstrass の定理**の証明にも用いられる.

定理 2.6 $\mathcal{E}^*(\Omega)$ において多項式全体は列的に稠密な線型部分空間をなす.

証明 任意の $\varphi\in\mathcal{D}^*(\Omega)$ が $\mathcal{E}^*(\Omega)$ の位相に関し, いくらでも詳しく多項式で近似できることを証明すればよい. そのため, **Gauss-Weierstrass 核**

$$G_t(x)=\frac{1}{(4\pi t)^{n/2}}\exp\left(-\frac{|x|^2}{4t}\right) \tag{2.57}$$

との畳み込み

$$G_t\varphi(x)=G_t*\varphi(x)=\int G_t(x-y)\varphi(y)dy \tag{2.58}$$

を考える. $G_t(x)$ は非負の関数であって, 容易に示されるように

$$\int G_t(x)dx=1 \tag{2.59}$$

をみたす. さらに, 任意の $\varepsilon>0$ に対して

$$\int_{|x|>\varepsilon} G_t(x)dx\longrightarrow 0,\qquad t\searrow 0 \tag{2.60}$$

となる. 命題 2.4 (iii) の証明と同様の計算をすれば, これらより $t\searrow 0$ のとき, $\mathcal{E}^*(\boldsymbol{R}^n)$ の位相に関して $G_t\varphi\to\varphi$ となることがわかる.

一方, 任意の $t>0$ に対して $G_t(x)$ は x の整関数であり, これとコンパクト台

の可積分関数 $\varphi(x)$ との畳み込みもまた整関数になる．$G_t\varphi(x)$ の Taylor 級数は $\boldsymbol{C}^n$ のコンパクト集合上一様収束し，したがって $\mathcal{E}^*(\boldsymbol{R}^n)$ の位相に関しても $G_t\varphi$ に収束する．∎

定理 2.5 によって $\mathcal{D}^*(\Omega)$ は十分多くの関数を含むことがわかるが，この事実を応用する際は $\mathcal{D}^*(\Omega)$ の関数による 1 の分割が存在するという形で用いるのが便利である．

補題 2.5 K は(必ずしも滑らかな境界をもたない) $\boldsymbol{R}^n$ の中のコンパクト集合であり，開集合の族 Ω_j によって覆われているとする．このとき次の条件をみたす $\chi_j \in \mathcal{D}^*(\Omega_j)$ が存在する：

(i) $\chi_j(x) \geqq 0$;

(ii) 有限個の j を除いて $\chi_j(x) \equiv 0$;

(iii) K の近傍において $\sum \chi_j(x) = 1$.

証明 一般性を失うことなく Ω_j は K の有限被覆としてよい．このとき，条件 (ii) は自動的にみたされる．コンパクト台をもつ連続関数 $\psi_j \in C(\Omega_j)$ で (i), (iii) をみたすものを作ることは容易である．この ψ_j の正則化 $\chi_j = J_\varepsilon * \psi_j$ は，$\varepsilon > 0$ が十分小のとき，$\mathcal{D}^*(\Omega_j)$ に属し，(i), (iii) をみたす．∎

定理 2.7 $\boldsymbol{R}^n$ の開集合 Ω の開被覆 $(\Omega_j; j \in J)$ に対して次の性質をもつ関数の族 χ_l が存在する：

(i) 各 χ_l はある j に対して $\mathcal{D}^*(\Omega_j)$ に属する；

(ii) $\chi_l(x) \geqq 0$;

(iii) 台 $\operatorname{supp} \chi_l$ は局所有限である；

(iv) Ω 上 $\sum \chi_l(x) = 1$.

証明 Ω を覆うコンパクト集合列 $K_1 \Subset K_2 \Subset \cdots \subset \Omega$ をとる．上の補題により，K_k の近傍で 1 の値をとる非負関数 $\varphi_k \in \mathcal{D}^*(\operatorname{int} K_{k+1})$ が存在する．各 k に対し，コンパクト集合 K_{k+1} と開被覆 Ω_j に補題を適用して，有限個の非負関数 $\psi^k{}_j \in \mathcal{D}^*(\Omega_j)$ で K_{k+1} の近傍上 $\sum_j \psi^k{}_j(x) = 1$ となるものの存在がわかる．このとき，Ω 上で

$$\sum_{k,j} (\varphi_k(x) - \varphi_{k-1}(x)) \psi^k{}_j(x) = 1,$$

かつ各項は $\mathcal{D}^*(\Omega_j)$ に属する非負関数であって，台は局所有限である．∎

定理で得られる関数族を Ω の**開被覆** (Ω_j) **に従属する 1 の分割** (partition of unity subordinate to the open covering (Ω_j)) という.

§2.4　分布および超分布

定義 2.3　$\mathscr{D}(\Omega)$ 上の連続線型汎関数を Ω 上の**分布**といい, Ω 上の分布全体の線型空間すなわち $\mathscr{D}(\Omega)$ の双対空間を $\mathscr{D}'(\Omega)$ と書く. 同様に, $\mathscr{D}^{(s)}(\Omega)$ ($\mathscr{D}^{\{s\}}(\Omega)$) 上の連続線型汎関数を Ω 上の **(s) 族 ({s} 族) の超分布**といい, Ω 上の (s) 族 ({s} 族) の超分布全体の線型空間を $\mathscr{D}^{(s)\prime}(\Omega)$ ($\mathscr{D}^{\{s\}\prime}(\Omega)$) と書く.

分布は **Schwartz の超関数**, (s) 族の超分布は **Beurling の超関数**, また {s} 族の超分布は **Roumieu の超関数**とも呼ばれる. ——

これらを一括して扱うときには, これまで同様, $*$ でもって空集合, (s) または {s} を表わすことにし, Ω 上の分布あるいは超分布の空間を $\mathscr{D}^{*\prime}(\Omega)$ と書く. $\varphi\in\mathscr{D}^*(\Omega)$, $f\in\mathscr{D}^{*\prime}(\Omega)$ のとき, f の φ における値を $\langle\varphi, f\rangle$ と書く. また

$$\int_\Omega \varphi(x)f(x)\,dx=\langle\varphi, f\rangle \tag{2.61}$$

という記号も用いる. f は関数でないから, $f(x)$ に意味はないが, 関数概念の一般化としての分布および超分布を理解するには都合がよい記号である.

$\mathscr{D}^*(\Omega)$ は $\mathscr{D}^*{}_K$ の狭義の帰納極限として定義されたから, $\mathscr{D}^*(\Omega)$ 上の線型汎関数が連続であるのは, 各 $\mathscr{D}^*{}_K$ への制限が連続であることと同じである. さらに, $\mathscr{D}_K$ および $\mathscr{D}^{(s)}{}_K$ は (F) 空間であり, $\mathscr{D}^{\{s\}}{}_K$ は (DFS) 空間であるから, これらの上の線型汎関数が連続であるのは, 原点において列的連続であることである. 一方, $\mathscr{D}^*(\Omega)$ の元の列 φ_j が収束するのは, ある $\mathscr{D}^*{}_K$ において収束することと同じであることが証明されているから, 結局次の命題がなりたつ. すなわち,

開集合 Ω 上の $*$ 族の超分布とは, $\mathscr{D}^*(\Omega)$ 上の線型汎関数 $f:\mathscr{D}^*(\Omega)\to\boldsymbol{C}$ であって, $\mathscr{D}^*(\Omega)$ における任意の列 $\varphi_j\to 0$ に対して $\langle\varphi_j, f\rangle\to 0$ となるものである.

また, $\mathscr{D}^*{}_K$ における連続性を具体的に述べれば次のようになる.

I : $*=\phi$ の場合, 定数 m および C が存在して

(2.62) $$|\langle\varphi, f\rangle| \leqq C \sup_{\substack{x\in K\\|\alpha|\leqq m}} |D^\alpha\varphi(x)|, \qquad \varphi\in\mathcal{D}_K.$$

$\mathrm{II}_{(s)}: * = (s)$ の場合 ($\mathrm{II}_{\{s\}}: * = \{s\}$ の場合), 定数 h および C が存在して(任意の $h>0$ に対して定数 C が存在して)

(2.63) $$|\langle\varphi, f\rangle| \leqq C \sup_{\substack{x\in K\\\alpha}} \frac{|D^\alpha\varphi(x)|}{h^{|\alpha|}|\alpha|!^s}, \qquad \varphi\in\mathcal{D}^*{}_K.$$

したがって, 開集合 Ω 上の $*$ 族の超分布とは, $\mathcal{D}^*(\Omega)$ 上の線型汎関数であって, 任意のコンパクト集合 $K\subset\Omega$ に対して上の不等式をみたすものであるともいえる.

分布および超分布の空間 $\mathcal{D}^{*\prime}(\Omega)$ には, $\mathcal{D}^*(\Omega)$ の双対空間としての強位相, すなわち $\mathcal{D}^*(\Omega)$ の中の各有界集合上一様収束の位相を入れる. 定理2.2により $\mathcal{D}^*(\Omega)$ は Montel 空間であるから, これは $\mathcal{D}^*(\Omega)$ の中の各コンパクト集合上一様収束の位相といっても同じである. 特に, 列 $f_i\in\mathcal{D}^{*\prime}(\Omega)$ が収束するには, 各 $\varphi\in\mathcal{D}^*(\Omega)$ に対し $\langle\varphi, f_i\rangle$ が収束することが必要十分である. 定理2.2, 1.35 および1.36によれば, さらにくわしく次の定理を得る.

定理 2.8 $\mathcal{D}'(\Omega)$ および $\mathcal{D}^{(s)\prime}(\Omega)$ は $(DLFS)$ 空間, $\mathcal{D}^{\{s\}\prime}(\Omega)$ は (FS) 空間である. 特に, いずれも完備有界型の Montel 空間である. ——

$f(x)$ が Ω 上の局所可積分関数ならば, (2.61)の左辺は Lebesgue 積分として意味をもち, 明らかに $\mathcal{D}^*(\Omega)$ 上の連続線型汎関数になる. もっと一般に, Ω 上の符号つき正則測度も同様に $\mathcal{D}^{*\prime}(\Omega)$ の元をひきおこす. この対応は, 連続線型写像 $\mathcal{D}^*(\Omega)\hookrightarrow\mathcal{K}(\Omega)$ の双対写像と同じであり, 定理2.5により $\mathcal{D}^*(\Omega)$ は $\mathcal{K}(\Omega)$ の中で稠密であるから, この対応は単射である. これによって Ω 上の測度とその像である(超)分布を同一視し, 測度を(超)分布とみなす.

同様に, $\mathcal{D}^{(s)}(\Omega)\hookrightarrow\mathcal{D}(\Omega)$ の双対写像により, Ω 上の分布は Ω 上の超分布とみなせる. 定理1.15により次の定理を得る.

定理 2.9 $1<s<t$ のとき,

(2.64) $$\mathcal{K}'(\Omega)\hookrightarrow\mathcal{D}'(\Omega)\hookrightarrow\mathcal{D}^{(t)\prime}(\Omega)\hookrightarrow\mathcal{D}^{\{s\}\prime}(\Omega)\hookrightarrow\mathcal{D}^{(s)\prime}(\Omega)$$

という連続な埋込みがあり, 各写像の値域は稠密である. ——

これらがすべて相異なることは後に§2.8で示す.

定義 2.4 Ω' が Ω の開部分集合であるとき, $\mathcal{D}^*(\Omega')$ は連続に $\mathcal{D}^*(\Omega)$ に埋込

まれる．上と同様，この双対写像として写像

$$\rho_{\Omega'}{}^{\Omega}\colon \mathcal{D}^{*\prime}(\Omega) \longrightarrow \mathcal{D}^{*\prime}(\Omega')$$

が定まる．これを**制限写像**という．$\rho_{\Omega'}{}^{\Omega}(f)$ を f の Ω' への**制限**といい，$f|_{\Omega'}$ とも書く．

すなわち，f の Ω' への制限 $f|_{\Omega'}$ は

(2.65)
$$\langle\varphi, f|_{\Omega'}\rangle = \langle\varphi, f\rangle, \qquad \varphi\in\mathcal{D}^*(\Omega'),$$

で定義される Ω' 上の（超）分布である．

小さい開集合への制限をもつ点で関数と似ている．関数は，さらに局所的な振舞いによって全体が定まるという性質をもつ．この性質を抽象化して得られる概念が層である．

定義 2.5　位相空間 X 上の**層** $\mathcal{F}$ とは，X の各開集合 Ω に対応して定まる集合 $\mathcal{F}(\Omega)$ と $\Omega'\subset\Omega$ をみたす開集合の対に対応して定まる写像 $\rho_{\Omega'}{}^{\Omega}:\mathcal{F}(\Omega)\to\mathcal{F}(\Omega')$ の系であって次の性質をもつものをいう：

S 0　$\rho_{\Omega}{}^{\Omega}:\mathcal{F}(\Omega)\to\mathcal{F}(\Omega)$ は恒等写像であり，$\Omega''\subset\Omega'\subset\Omega$ が開集合の三つ組ならば，$\rho_{\Omega''}{}^{\Omega}=\rho_{\Omega''}{}^{\Omega'}\circ\rho_{\Omega'}{}^{\Omega}$；

S 1　$\{\Omega_j\}$ が開集合 Ω の開被覆であるとき，もし $f,g\in\mathcal{F}(\Omega)$ が各 Ω_j に対して $f|_{\Omega_j}=g|_{\Omega_j}$ をみたすならば，$f=g$．ここで $f|_{\Omega_j}=\rho_{\Omega_j}{}^{\Omega}(f)$；

S 2　$\{\Omega_j\}$ が開集合 Ω の開被覆であって，各 j に対して与えられた $f_j\in\mathcal{F}(\Omega_j)$ が，$\Omega_j\cap\Omega_k\neq\phi$ となるすべての対に対して

$$f_j|_{\Omega_j\cap\Omega_k} = f_k|_{\Omega_j\cap\Omega_k}$$

をみたすならば，$f_j=f|_{\Omega_j}$ となる $f\in\mathcal{F}(\Omega)$ がある．——

$\rho_{\Omega'}{}^{\Omega}$ は制限写像と呼ばれる．$\mathcal{F}(\Omega)$ はある代数系をなすことが普通で，その場合は制限写像もその代数系の準同型であることを要求する．代数系に応じて，群の層，加群の層，線型空間の層，環の層等という．われわれが扱うのは主として線型空間の層で，その場合は S 1 は $g=0$ に対してなりたてば十分である．

$\mathcal{E}^*(\Omega)$ と関数の定義域の制限によって定まる制限写像が線型空間の層 $\mathcal{E}^*$ をなすことは容易にたしかめられる．

定理 2.10　$\mathcal{D}^{*\prime}(\Omega)$，$\Omega\subset\boldsymbol{R}^n$，と制限写像 $\rho_{\Omega'}{}^{\Omega}$ は $\boldsymbol{R}^n$ 上の線型空間の層をなす．

証明　S 0 は明らかである．

S 1　任意の $\varphi\in\mathcal{D}^*(\Omega)$ をとる．補題 2.5 により，有限個の j を除き 0 となる

$\chi_j \in \mathscr{D}^*(\Omega_j)$ であって，$\operatorname{supp}\varphi$ の近傍の上で $\sum \chi_j(x)=1$ となるものがある．このとき

$$\langle \varphi, f\rangle = \langle \sum \chi_j\varphi, f\rangle = \sum \langle \chi_j\varphi, f\rangle = \sum \langle \chi_j\varphi, f_j\rangle = 0.$$

S2　$K\subset\Omega$ を任意のコンパクト集合とし，上と同様 $\chi_j \in \mathscr{D}^*(\Omega_j)$ を，有限個の j を除き 0 かつ K の近傍上 $\sum \chi_j(x)=1$ となるようにとる．このとき，台が K に含まれる $\varphi \in \mathscr{D}^*(\Omega)$ に対して

$$\langle \varphi, f\rangle = \sum \langle \chi_j\varphi, f_j\rangle \tag{2.66}$$

と定義する．これは 1 の分割 χ_j のとり方によらない．実際，χ_k' が上と同じ性質をもつならば，

$$\sum_j \langle \chi_j\varphi, f_j\rangle = \sum_j \langle \chi_j \sum_k \chi_k'\varphi, f_j\rangle = \sum_{j,k} \langle \chi_j\chi_k'\varphi, f_j\rangle$$
$$= \sum_{j,k} \langle \chi_j\chi_k'\varphi, f_k\rangle = \sum_k \langle \chi_k'\varphi, f_k\rangle.$$

(2.66) で定義される f は明らかに φ に関して線型である．これが $\mathscr{D}^*(\Omega)$ 上連続であることを示すには，任意のコンパクト集合 $K\subset\Omega$ に対し，$\mathscr{D}^*{}_K$ 上連続であることを示せばよい．ところで，χ_j を掛ける作用素は $\mathscr{D}^*{}_K$ から $\mathscr{D}^*(\Omega_j)$ への写像として連続であるから，これは明らかである．

さて，$\varphi \in \mathscr{D}^*(\Omega_k)$ ならば，$\chi_j\varphi \in \mathscr{D}^*(\Omega_j\cap\Omega_k)$．ゆえに，

$$\langle \varphi, f\rangle = \sum \langle \chi_j\varphi, f_j\rangle = \sum \langle \chi_j\varphi, f_k\rangle = \langle \varphi, f_k\rangle.$$

したがって，$f|_{\Omega_k}=f_k$．∎

層には，任意の実数値関数のなす層のように制限写像 $\rho_{\Omega'}{}^{\Omega}: \mathscr{F}(\Omega)\to\mathscr{F}(\Omega')$ が常に全射であるものもあれば，実解析関数の層のように Ω の各連結成分が Ω' を含むかぎり $\rho_{\Omega'}{}^{\Omega}$ が単射となるはなはだ固いものもある．前の性質をもつ層は**脆弱**[1]であるという．(超) 分布の層はこれより幾分弱く次の性質をもっている．一般にこの性質をもつ層を**軟らかい**という．

定理 2.11　F を開集合 Ω の中の相対閉集合とする．F の開近傍 $\Omega'\subset\Omega$ 上の $f\in\mathscr{D}^{*\prime}(\Omega')$ が任意に与えられたとき，$\tilde{f}\in\mathscr{D}^{*\prime}(\Omega)$ であって，F の開近傍 $\Omega''\subset\Omega'$ 上 $f|_{\Omega''}=\tilde{f}|_{\Omega''}$ となるものが存在する．

証明　Ω の開被覆 $\{\Omega', \Omega\setminus F\}$ に従属する 1 の分割 $\chi_l \in \mathscr{D}^*(\Omega)$ をとる．

---

1) フランス語 flasque の訳．私自身が以前軟弱と訳したことがあり，森本光生氏の著書等でも用いられている．しかし，脆弱の方が感じがでているように思う．

$$\chi=\sum_{\mathrm{supp}\,\chi_l\subset\Omega'}\chi_l$$

とすれば，$\chi\in\mathcal{E}^*(\Omega)$，$\mathrm{supp}\,\chi\subset\Omega'$ かつ F の開近傍 Ω'' 上 $\chi(x)=1$ となる．$\mathcal{D}^*(\Omega)$ 上の線型汎関数 $\tilde{f}$ を

$$\langle\varphi,\tilde{f}\rangle=\langle\chi\varphi,f\rangle,\qquad \varphi\in\mathcal{D}^*(\Omega),$$

で定義すれば，これが求めるものになる．実際，$K\subset\Omega$ を任意のコンパクト集合としたとき，χ をかける写像は $\mathcal{D}^*_K$ から $\mathcal{D}^*(\Omega')$ への連続線型写像であるから，$\tilde{f}$ は $\mathcal{D}^*(\Omega)$ 上連続である．$\varphi\in\mathcal{D}^*(\Omega'')$ ならば，明らかに $\langle\varphi,\tilde{f}\rangle=\langle\chi\varphi,f\rangle=\langle\varphi,f\rangle$. ∎

注意 どの族の(超)分布の層も脆弱ではない．反例については§2.8命題2.8を見よ．

$\mathcal{F}$ が層であるとき，$f\in\mathcal{F}(\Omega)$ を $\mathcal{F}$ の Ω 上の**切れ目**[1]という．層の公理S1により，加群の層の切れ目 $f\in\mathcal{F}(\Omega)$ に対しては $f|_{\Omega\setminus F}=0$ となる最小の閉集合 $F\subset\Omega$ がある．これを f の**台**といい，$\mathrm{supp}\,f$ と書く．$\mathcal{F}$ が関数の層であるとき，これが関数の台と一致することは容易にわかる．

S が Ω の部分集合であるとき，

$$\mathcal{F}_S(\Omega)=\{f\in\mathcal{F}(\Omega)\mid \mathrm{supp}\,f\subset S\} \tag{2.67}$$

と書く．また，コンパクト台をもつ切れ目全体の集合を $\mathcal{F}_c(\Omega)$ と書く．

局所凸空間 $\mathcal{E}^*(\Omega)$ の双対空間を $\mathcal{E}^{*\prime}(\Omega)$ と書く．これには双対空間としての強位相を入れる．定理2.5により，埋込み $\mathcal{D}^*(\Omega)\to\mathcal{E}^*(\Omega)$ は稠密な値域をもつ連続線型写像であるから，双対写像によって，$\mathcal{E}^{*\prime}(\Omega)\subset\mathcal{D}^{*\prime}(\Omega)$ とみなせる．この同一視の下で次の定理がなりたつ：

定理 2.12 $\mathcal{E}^{*\prime}(\Omega)$ は $\mathcal{D}^{*\prime}_c(\Omega)$ と一致する．さらに部分集合 $A\subset\mathcal{E}^{*\prime}(\Omega)$ が有界であるための必要十分条件は A が $\mathcal{D}^{*\prime}(\Omega)$ の部分集合として有界であると共に一定のコンパクト集合 $K\subset\Omega$ が存在して，すべての $f\in A$ の台 $\mathrm{supp}\,f$ が K に含まれることである．

証明 $f\in\mathcal{E}^{*\prime}(\Omega)$ とする．$K_1\Subset K_2\Subset\cdots\subset\Omega$ を Ω を被覆するコンパクト集合の列とする．もし $\mathrm{supp}\,f$ がコンパクトでなければ，どの j に対しても $\mathrm{supp}\,f\not\subset K_j$. したがって，$\mathrm{supp}\,\psi_j\cap K_j=\phi$ となる $\psi_j\in\mathcal{D}^*(\Omega)$ であって，$\langle\psi_j,f\rangle=j$ となるものがとれる．しかし，任意のコンパクト集合 $K\subset\Omega$ はある K_j に含まれることに注意すれば，$\mathcal{E}^*(\Omega)$ において $\psi_j\to0$. これは f の連続性に反する．

1) Section の訳．ふつう，断面または横断面と訳されている．

次に $A\subset\mathcal{E}^{*\prime}(\Omega)$ を有界集合とする．埋込み $\mathcal{E}^{*\prime}(\Omega)\hookrightarrow\mathcal{D}^{*\prime}(\Omega)$ は連続線型であるから，A は $\mathcal{D}^{*\prime}(\Omega)$ においても有界である．$\bigcup\{\operatorname{supp} f\,|\,f\in A\}$ を含むコンパクト集合 K が存在することを示すため，反対にこれが Ω の中のいかなるコンパクト集合にも含まれないと仮定する．K_j を上と同様なコンパクト集合列とし，次の三つの条件をみたす列 $f_j\in A$, $\varphi_j\in\mathcal{D}^*(\Omega)$ を構成する：

(i)　$\operatorname{supp}\varphi_j\cap K_j=\phi$;

(ii)　$\langle\varphi_j, f_k\rangle=0,\quad j>k$;

(iii)　$\langle\varphi_j, f_j\rangle\geqq j+\sum_{k=1}^{j-1}|\langle\varphi_k, f_j\rangle|$.

台が K_1 に含まれない $f_1\in A$ をとれば，(i), (iii) をみたす $\varphi_1\in\mathcal{D}^*(\Omega)$ がとれる．$k<j$ に対して f_k, φ_k がとれたとする．各々の $\operatorname{supp} f_k$ はコンパクトであるから，$L=K_j\cup\operatorname{supp} f_1\cup\cdots\cup\operatorname{supp} f_{j-1}$ はコンパクト集合である．帰謬法の仮定により，$\operatorname{supp} f_j\not\subset L$ となる $f_j\in A$ が存在する．このとき，(iii) がなりたつように $\varphi_j\in\mathcal{D}^*(\Omega\setminus L)$ をとれば，(i), (ii) もみたされる．

(i) により $\varphi=\sum\varphi_j$ は $\mathcal{E}^*(\Omega)$ で収束する．しかし，(ii), (iii) により

$$|\langle\varphi, f_j\rangle|\geqq -|\langle\varphi_1, f_j\rangle|-\cdots-|\langle\varphi_{j-1}, f_j\rangle|+|\langle\varphi_j, f_j\rangle|\geqq j.$$

これは $\{f_j\}$ が $\mathcal{E}^{*\prime}(\Omega)$ において有界であることに反する．

逆に，$A\subset\mathcal{D}^{*\prime}(\Omega)$ が有界かつ $\bigcup\{\operatorname{supp} f\,|\,f\in A\}$ を含むコンパクト集合 K があったとする．K の近傍で1の値をとる $\chi\in\mathcal{D}^*(\Omega)$ をとり，$f\in A$ に対して $\mathcal{E}^*(\Omega)$ 上の線型汎関数 $\tilde{f}$ を

$$\langle\varphi, \tilde{f}\rangle=\langle\chi\varphi, f\rangle,\qquad \varphi\in\mathcal{E}^*(\Omega),$$

によって定義する．χ をかける演算は $\mathcal{E}^*(\Omega)$ から $\mathcal{D}^*(\Omega)$ への写像として連続であるから，これは $\mathcal{E}^*(\Omega)$ 上連続である．$\varphi\in\mathcal{D}^*(\Omega)$ に対しては，$(1-\chi)\varphi\in\mathcal{D}^*(\Omega\setminus K)$ となることから

$$\langle\varphi, \tilde{f}\rangle=\langle\chi\varphi, f\rangle=\langle\varphi, f\rangle.$$

すなわち，$\tilde{f}$ は $\mathcal{E}^{*\prime}(\Omega)\subset\mathcal{D}^{*\prime}(\Omega)$ の埋込みの際 f に対応する $\mathcal{E}^{*\prime}(\Omega)$ の元である．

さて，任意の $\varphi\in\mathcal{E}^*(\Omega)$ に対して

$$\sup_{f\in A}|\langle\varphi, \tilde{f}\rangle|=\sup_{f\in A}|\langle\chi\varphi, f\rangle|<\infty.$$

定理 2.2 により $\mathcal{E}^*(\Omega)$ は少なくとも半反射的であるから，A は $\mathcal{E}^{*\prime}(\Omega)$ におい

て弱有界，したがって有界である．▌

$\mathcal{E}^{*\prime}$ は層をなすわけではないが，(2.67) の記号を流用し，$\operatorname{supp} f \subset S$ となる $f \in \mathcal{E}^{*\prime}(\Omega)$ 全体のなす線型部分空間を $\mathcal{E}^{*\prime}{}_S(\Omega)$ と書く．

定理 2.13 $F \subset \Omega$ が閉集合ならば，$\mathcal{D}^{*\prime}{}_F(\Omega)$ は $\mathcal{D}^{*\prime}(\Omega)$ の，$\mathcal{E}^{*\prime}{}_F(\Omega)$ は $\mathcal{E}^{*\prime}(\Omega)$ の閉線型部分空間をなす．

$K \subset \Omega$ がコンパクト集合ならば，局所凸空間として

$$\mathcal{E}^{*\prime}{}_K(\Omega) = \mathcal{D}^{*\prime}{}_K(\Omega). \tag{2.68}$$

特に，$\mathcal{E}^{*\prime}(\Omega)$ の有界集合 A 上 $\mathcal{E}^{*\prime}(\Omega)$ からの相対位相と $\mathcal{D}^{*\prime}(\Omega)$ からの相対位相は一致する．

証明 $\operatorname{supp} f \subset F$ とは任意の $\varphi \in \mathcal{D}^*(\Omega \setminus F)$ に対して $\langle \varphi, f \rangle = 0$ となることであるから，$\mathcal{D}^{*\prime}{}_F(\Omega)$ および $\mathcal{E}^{*\prime}{}_F(\Omega)$ はそれぞれ $\mathcal{D}^{*\prime}(\Omega)$ および $\mathcal{E}^{*\prime}(\Omega)$ における閉線型部分空間の族の共通部分集合として表わされる．

連続な埋込み $\mathcal{E}^{*\prime}(\Omega) \to \mathcal{D}^{*\prime}(\Omega)$ の制限として，埋込み $i: \mathcal{E}^{*\prime}{}_S(\Omega) \to \mathcal{D}^{*\prime}{}_S(\Omega)$ は常に連続である．$K \subset \Omega$ がコンパクトならば，K の近傍上 1 の値をとる $\chi \in \mathcal{D}^*(\Omega)$ が存在する．χ を掛ける線型写像 $\mathcal{E}^*(\Omega) \to \mathcal{D}^*(\Omega)$ は連続であるから，その双対写像 $T: \mathcal{D}^{*\prime}(\Omega) \to \mathcal{E}^{*\prime}(\Omega)$ も連続である．$f \in \mathcal{D}^{*\prime}{}_K(\Omega)$ ならば

$$\langle \varphi, Tf \rangle = \langle \chi\varphi, f \rangle = \langle \varphi, i^{-1}(f) \rangle, \qquad \varphi \in \mathcal{E}^*(\Omega).$$

故に，埋込みの逆写像 $i^{-1}: \mathcal{D}^{*\prime}{}_K(\Omega) \to \mathcal{E}^{*\prime}{}_K(\Omega)$ は連続である．▌

(2.68) の局所凸空間は開集合 Ω のとり方にもよらない．実際，Ω_1 を $K \Subset \Omega_1 \subset \Omega$ をみたす開集合とすれば，超分布の制限に伴う連続な全単射

$$\mathcal{D}^{*\prime}{}_K(\Omega) \longrightarrow \mathcal{D}^{*\prime}{}_K(\Omega_1) \tag{2.69}$$

があるが，一方，連続な制限写像 $\mathcal{E}^*(\Omega) \to \mathcal{E}^*(\Omega_1)$ の双対写像 $\mathcal{E}^{*\prime}(\Omega_1) \to \mathcal{E}^{*\prime}(\Omega)$ からひきおこされる連続な全単射

$$\mathcal{E}^{*\prime}{}_K(\Omega_1) \longrightarrow \mathcal{E}^{*\prime}{}_K(\Omega)$$

が (2.69) の逆写像となるからである．そこでこの空間を $\mathcal{E}^{*\prime}{}_K$ または $\mathcal{D}^{*\prime}{}_K$ と書く．

$K \subset L$ が二つのコンパクト集合であるとき，0 による拡張で，

$$\mathcal{E}^{*\prime}{}_K \subset \mathcal{E}^{*\prime}{}_L \tag{2.70}$$

とみなされるが，これらの空間は同じ $\mathcal{E}^{*\prime}(\Omega)$ の閉線型部分空間なのであるから，(2.70) の埋込みは閉線型部分空間の上への同型写像である．

定理 2.14 $F\subset\Omega$ が閉集合ならば，局所凸空間として

$$\mathcal{E}^{*\prime}{}_F(\Omega) = \varinjlim_{K\Subset\Omega} \mathcal{E}^{*\prime}{}_{K\cap F} \tag{2.71}$$

と狭義の帰納極限に表わすことができる．

証明 閉線型部分空間の埋込み

$$\mathcal{E}^{*\prime}{}_{K\cap F} \longrightarrow \mathcal{E}^{*\prime}{}_F(\Omega)$$

の帰納極限として

$$\varinjlim_{K\Subset\Omega} \mathcal{E}^{*\prime}{}_{K\cap F} \longrightarrow \mathcal{E}^{*\prime}{}_F(\Omega) \tag{2.72}$$

は連続な線型全単射となる．これが開写像であることを証明するため，Vを $\varinjlim \mathcal{E}^{*\prime}{}_{K\cap F}$ における 0 の絶対凸近傍の $\mathcal{E}^{*\prime}{}_F(\Omega)$ における像とする．すなわち，V は任意のコンパクト集合 $K\subset\Omega$ に対し $V\cap\mathcal{E}^{*\prime}{}_{K\cap F}$ が $\mathcal{E}^{*\prime}{}_{K\cap F}$ における 0 の近傍となっている絶対凸集合である．$\sum\chi_i(x)=1$ を Ω における $*$ 族の 1 の分割とする．$K_i=\operatorname{supp}\chi_i$ はコンパクトであるから，

$$V\cap\mathcal{E}^{*\prime}{}_{K_i\cap F} \supset B_i^\circ\cap\mathcal{E}^{*\prime}{}_{K_i\cap F} \tag{2.73}$$

となる絶対凸有界集合 $B_i\subset\mathcal{E}^*(\Omega)$ が存在する．そこで

$$B = \sum_{i=1}^{\infty} 2^i\chi_i B_i$$

とおけば，これは有界集合の局所有限和として $\mathcal{E}^*(\Omega)$ の有界集合になる．したがって，$B^\circ\cap\mathcal{E}^{*\prime}{}_F(\Omega)$ は $\mathcal{E}^{*\prime}{}_F(\Omega)$ における 0 の近傍である．これが V に含まれることを示すため任意に $f\in B^\circ\cap\mathcal{E}^{*\prime}{}_F(\Omega)$ をとる．f の台はコンパクトであるから，

$$f = \sum_{i=1}^{\infty}\chi_i f \tag{2.74}$$

は有限和である．ここで，$\chi_i f$ は χ_i を掛ける連続線型写像 $\mathcal{E}^*(\Omega)\to\mathcal{E}^*(\Omega)$ の双対写像として定義される χ_i と超分布 f の積である（§2.5 を見よ）．$f\in B^\circ\subset(2^i\chi_i B_i)^\circ$ より，$\chi_i f\in 2^{-i}B_i^\circ$．一方，明らかに $\operatorname{supp}\chi_i f\subset K_i\cap F$ ゆえ，(2.73) より $\chi_i f\in 2^{-i}V$ を得る．したがって，(2.74) により $f\in V$．これで (2.72) が開写像であることが証明された．▮

定理 2.15 $\mathcal{E}'(\Omega)$ および $\mathcal{E}^{(s)\prime}(\Omega)$ は (DFS) 空間，$\mathcal{E}^{\{s\}\prime}(\Omega)$ は (LFS) 空間，また $\mathcal{E}^{\{s\}}(\Omega)$ は $(DLFS)$ 空間である．特に，これらの空間はいずれも完備有界型の

Montel 空間である.

証明　定理 2.2 において $\mathcal{E}(\Omega)$ および $\mathcal{E}^{(s)}(\Omega)$ は (FS) 空間であることが示されているから，それらの強双対空間である $\mathcal{E}'(\Omega)$ および $\mathcal{E}^{(s)\prime}(\Omega)$ は (DFS) 空間である.

定理 2.8 により $\mathcal{D}^{\{s\}\prime}(\Omega)$ は (FS) 空間であるから，$K\subset\Omega$ がコンパクト集合ならば，$\mathcal{E}^{\{s\}\prime}{}_K=\mathcal{D}^{\{s\}\prime}{}_K$ はその閉線型部分空間として (FS) 空間である．したがって，$F=\Omega$ とした定理 2.14 により，$\mathcal{E}^{\{s\}\prime}(\Omega)$ は (LFS) 空間であることがわかる.

定理 2.2 により $\mathcal{E}^{\{s\}}(\Omega)$ は完備な半 Montel 空間であり，特に半反射的である．それ故，$\mathcal{E}^{\{s\}}(\Omega)$ が樽型であることを示せば，$\mathcal{E}^{\{s\}}(\Omega)$ は反射的であることがわかり，(LFS) 空間 $\mathcal{E}^{\{s\}\prime}(\Omega)$ の強双対空間として $(DLFS)$ 空間になる.

そのため，A を $\mathcal{E}^{\{s\}\prime}(\Omega)$ における任意の絶対凸有界集合とする．定理 2.12 により A は $\mathcal{D}^{\{s\}\prime}(\Omega)$ において有界であり，かつ $f\in A$ の台を含む共通のコンパクト集合 $K\subset\Omega$ がある．$\mathcal{D}^{\{s\}}(\Omega)$ が樽型であることにより

$$p^A(\varphi)=\sup_{f\in A}|\langle\varphi,f\rangle|$$

は $\mathcal{D}^{\{s\}}(\Omega)$ 上の連続半ノルムである．K の近傍上で 1 の値をとる $\chi\in\mathcal{D}^{\{s\}}(\Omega)$ をとれば，これは

$$p^A(\chi\varphi)=\sup_{f\in A}|\langle\chi\varphi,f\rangle|$$

に等しい．χ を掛ける線型写像: $\mathcal{E}^{\{s\}}(\Omega)\to\mathcal{D}^{\{s\}}(\Omega)$ は連続であるから，p^A は $\mathcal{E}^{\{s\}}(\Omega)$ 上の連続半ノルムになる．これで $\mathcal{E}^{\{s\}}(\Omega)$ は樽型であることが証明された. ▌

§2.5　分布および超分布に対する演算

定義 2.6　$a\in\mathcal{E}^*(\Omega)$，$f\in\mathcal{D}^{*\prime}(\Omega)$ に対して積 $af\in\mathcal{D}^{*\prime}(\Omega)$ を

(2.75)　$$\langle\varphi,af\rangle=\langle a\varphi,f\rangle,\qquad\varphi\in\mathcal{D}^*(\Omega),$$

によって定義する．——

定理 2.3 により $\varphi\in\mathcal{D}^*(\Omega)$ に $a\varphi\in\mathcal{D}^*(\Omega)$ を対応させる写像 T は連続線型である．$f\in\mathcal{D}^{*\prime}(\Omega)$ に対し $af\in\mathcal{D}^{*\prime}(\Omega)$ を対応させる写像はその双対写像 T': $\mathcal{D}^{*\prime}(\Omega)\to\mathcal{D}^{*\prime}(\Omega)$ に他ならない.

† も＊同様 ϕ, (t) または $\{t\}$ のいずれかであるとする．$\dagger\geqq *$ とは $\mathcal{E}^\dagger\supset\mathcal{E}^*$ であ

ることと定義する．すなわち，$1<s<t$ ならば，

$$(s) \leqq \{s\} \leqq (t) \leqq \phi. \tag{2.76}$$

$\dagger \geqq *$ ならば，$\mathscr{D}^*(\Omega) \hookrightarrow \mathscr{D}^\dagger(\Omega)$ かつこの埋込み写像は連続線型であると共に稠密な値域をもち，双対写像 $\mathscr{D}^{\dagger\prime}(\Omega) \hookrightarrow \mathscr{D}^{*\prime}(\Omega)$ をひきおこす．

$a \in \mathscr{E}^*(\Omega)$ かつ $\dagger \geqq *$ とする．このとき，a を掛ける写像 $\mathscr{D}^{*\prime}(\Omega) \to \mathscr{D}^{*\prime}(\Omega)$ と $\mathscr{D}^{\dagger\prime}(\Omega) \to \mathscr{D}^{\dagger\prime}(\Omega)$ は埋込み写像 $\mathscr{D}^{\dagger\prime}(\Omega) \hookrightarrow \mathscr{D}^{*\prime}(\Omega)$ と可換である．すなわち，$a \in \mathscr{E}^*(\Omega)$ と $f \in \mathscr{D}^{\dagger\prime}(\Omega)$ の積 af は $a \in \mathscr{E}^\dagger(\Omega)$，$f \in \mathscr{D}^{\dagger\prime}(\Omega)$ とみなしても，$a \in \mathscr{E}^*(\Omega)$，$f \in \mathscr{D}^{*\prime}(\Omega)$ とみなしても同一である．実際，

$$\begin{array}{ccc} \mathscr{D}^{\dagger\prime}(\Omega) & \hookrightarrow & \mathscr{D}^{*\prime}(\Omega) \\ {\scriptstyle a\times}\downarrow & & \downarrow{\scriptstyle a\times} \\ \mathscr{D}^{\dagger\prime}(\Omega) & \hookrightarrow & \mathscr{D}^{*\prime}(\Omega), \end{array} \qquad \begin{array}{ccc} \mathscr{D}^{*}(\Omega) & \hookrightarrow & \mathscr{D}^{\dagger}(\Omega) \\ {\scriptstyle a\times}\downarrow & & \downarrow{\scriptstyle a\times} \\ \mathscr{D}^{*}(\Omega) & \hookrightarrow & \mathscr{D}^{\dagger}(\Omega) \end{array} \tag{2.77}$$

において，左の図式の写像は右の図式の写像の双対写像であり，右の図式は明らかに可換であるからである．

さらに，f が関数ならば，af は各点ごとの積とも一致する．f が Ω 上の局所可積分関数ならば，すべての $\varphi \in \mathscr{D}^*(\Omega)$ に対して

$$\langle a\varphi, f\rangle = \int a(x)\varphi(x)\cdot f(x)dx = \int \varphi(x)\cdot a(x)f(x)dx$$

となるからである．

同様に，$a \in \mathscr{E}^*(\Omega)$ を掛ける写像は超分布の制限写像と可換であることがわかる．すなわち，$\Omega'' \subset \Omega' \subset \Omega$ を開部分集合とするとき，下の左の図式

$$\begin{array}{ccc} \mathscr{D}^{*\prime}(\Omega') & \xrightarrow{\rho_{\Omega''}{}^{\Omega'}} & \mathscr{D}^{*\prime}(\Omega'') \\ {\scriptstyle a\times}\downarrow & & \downarrow{\scriptstyle a\times} \\ \mathscr{D}^{*\prime}(\Omega') & \xrightarrow{\rho_{\Omega''}{}^{\Omega'}} & \mathscr{D}^{*\prime}(\Omega''), \end{array} \qquad \begin{array}{ccc} \mathscr{D}^{*}(\Omega'') & \hookrightarrow & \mathscr{D}^{*}(\Omega') \\ {\scriptstyle a\times}\downarrow & & \downarrow{\scriptstyle a\times} \\ \mathscr{D}^{*}(\Omega'') & \hookrightarrow & \mathscr{D}^{*}(\Omega') \end{array} \tag{2.78}$$

は右の図式の双対として可換である．

これは a を掛ける演算が局所的であることを示している．次の定義を用いるならば，$a \in \mathscr{E}^*(\Omega)$ を掛ける作用は Ω 上の超分布の層 $\mathscr{D}^{*\prime}$ からそれ自身への層準同型であるといいかえられる．

定義 2.7　$\mathscr{F}, \mathscr{G}$ を位相空間 X 上の層とするとき，**層準同型** $h: \mathscr{F} \to \mathscr{G}$ とは，X の各開集合 Ω に対して定まる準同型 $h(\Omega): \mathscr{F}(\Omega) \to \mathscr{G}(\Omega)$ であって，制限写像 $\rho_{\Omega'}{}^{\Omega}: \mathscr{F}(\Omega) \to \mathscr{F}(\Omega')$，$\mathscr{G}(\Omega) \to \mathscr{G}(\Omega')$ と可換なものをいう．——

$f \in \mathscr{D}^{*\prime}(\Omega)$ を固定したとき，$a \mapsto af$ が Ω 上の層準同型 $\mathscr{E}^* \to \mathscr{D}^{*\prime}$ となることも容易にわかる．一般に，層準同型 $h: \mathscr{F} \to \mathscr{G}$ に対しては

$$\text{supp}\, h(f) \subset \text{supp}\, f \tag{2.79}$$

がなりたつから，

$$\text{supp}\, af \subset \text{supp}\, a \cap \text{supp}\, f \tag{2.80}$$

が成立する．

定理 2.16　積はそれぞれ写像

$$\mathscr{E}^*(\Omega) \times \mathscr{D}^{*\prime}(\Omega) \longrightarrow \mathscr{D}^{*\prime}(\Omega), \tag{2.81}$$

$$\mathscr{E}^*(\Omega) \times \mathscr{E}^{*\prime}(\Omega) \longrightarrow \mathscr{E}^{*\prime}(\Omega), \tag{2.82}$$

$$\mathscr{D}^*(\Omega) \times \mathscr{D}^{*\prime}(\Omega) \longrightarrow \mathscr{E}^{*\prime}(\Omega) \tag{2.83}$$

として亜連続双線型写像である．

証明　これらの写像が双線型であることは明らかである．(2.81) が亜連続であることを証明するため，A を $\mathscr{E}^*(\Omega)$ の有界集合とする．定理 2.3 により，各点ごとの積 $\mathscr{E}^*(\Omega) \times \mathscr{D}^*(\Omega) \to \mathscr{D}^*(\Omega)$ は亜連続双線型写像であるから，$T_a\varphi = a\varphi$ で定義される写像 $T_a: \mathscr{D}^*(\Omega) \to \mathscr{D}^*(\Omega)$ は，a が A を動くとき同程度連続である．特に，$\mathscr{D}^*(\Omega)$ の各有界集合 B に対し，$C = \bigcup\{T_a(B) \mid a \in A\}$ は有界である．双対写像 T_a', $a \in A$, による B の極集合 B° の逆像は C の極集合 C° を含む．したがって，$a \in A$ を掛ける写像 $T_a': \mathscr{D}^{*\prime}(\Omega) \to \mathscr{D}^{*\prime}(\Omega)$ は同程度連続である．

次に，C を $\mathscr{D}^{*\prime}(\Omega)$ の絶対凸有界集合とする．$\mathscr{D}^{*\prime}(\Omega)$ の 0 の近傍の基本系として，$\mathscr{D}^*(\Omega)$ の絶対凸有界集合 B の極集合 B° 全体がとれる．$T_a'(C) \subset B^\circ$ とは

$$\langle B, T_a'(C) \rangle = \langle T_a(B), C \rangle$$

が単位円板に含まれることであり，$T_a(B) \subset C^\circ$ と同等である．$\mathscr{D}^*(\Omega)$ は樽型ゆえ，C° は 0 の近傍である．再び各点ごとの積 $\mathscr{E}^*(\Omega) \times \mathscr{D}^*(\Omega) \to \mathscr{D}^*(\Omega)$ の亜連続性を用いれば，$T_a(B) \subset C^\circ$ となる a 全体は $\mathscr{E}^*(\Omega)$ の 0 の近傍となることがわかる．こうして (2.81) の亜連続性が証明された．

同様に，定理 2.3 の (2.36) の (亜) 連続性から，(2.82) の亜連続性が，(2.37) の左辺の順序を逆転したものの亜連続性から，(2.83) の亜連続性が導かれる．∎

次に＊族の超分布に対して＊族の微分作用素

(2.84) $$P(x, D) = \sum_{|\alpha|=0}^{\infty} a_\alpha(x) D^\alpha$$

の作用を定義するため，**形式的双対作用素** $P'(x, D)$ に関する次の命題を準備する：

命題 2.5 $P(x, D)$ が (2.84) で表わされる $\Omega \subset \boldsymbol{R}^n$ 上の $*$ 族の微分作用素であるとき，$\varphi \in \mathcal{E}^*(\Omega)$ に対して

(2.85) $$P'(x, D)\varphi(x) = \sum_{|\alpha|=0}^{\infty} (-D)^\alpha (a_\alpha(x)\varphi(x))$$

は $\mathcal{E}^*(\Omega)$ において絶対収束し，Ω 上の $*$ 族の微分作用素となる．$\varphi \in \mathcal{D}^*(\Omega)$ のときは，(2.85) の右辺は $\mathcal{D}^*(\Omega)$ において絶対収束し，しかもこの収束は $\mathcal{D}^*(\Omega)$ の各有界集合上一様である．

証明 I：$*=\phi$ ならば，(2.84) は局所的に有限和であるから，命題の結論はほとんど自明である．

$*=(s)$ または $\{s\}$ の場合，$\|\varphi\|$ で $\mathcal{E}^{\{s\},h}(K)$ または $\mathcal{D}^{\{s\},h}{}_K$ のノルムを表わすことにすれば，$x \in K$ に対して，

$$\begin{aligned}
&|D^\beta(-D)^\alpha(a_\alpha(x)\varphi(x))| \\
&\leqq \sum_\gamma \binom{\alpha+\beta}{\gamma} |D^\gamma a_\alpha(x) D^{\alpha+\beta-\gamma}\varphi(x)| \\
&\leqq \sum_\gamma \binom{\alpha+\beta}{\gamma} Bk^{|\gamma|}|\gamma|!^s L^{|\alpha|}|\alpha|!^{-s} h^{|\alpha+\beta-\gamma|}|\alpha+\beta-\gamma|!^s\|\varphi\| \\
&\leqq B|\beta|!^s L^{|\alpha|}\|\varphi\| \sum_\gamma \binom{\alpha+\beta}{\gamma} k^{|\gamma|}h^{|\alpha+\beta-\gamma|}\frac{|\alpha+\beta-\gamma|!^s|\gamma|!^s}{|\alpha|!^s|\beta|!^s} \\
&\leqq B\|\varphi\|(2^s(h+k)L)^{|\alpha|}(2^s(h+k))^{|\beta|}|\beta|!^s.
\end{aligned}$$

$\mathrm{II}_{(s)}$：$*=(s)$ の場合は，任意の $l>0$ に対して，

(2.86) $$2^s(h+k)L < 1, \qquad 2^s(h+k) \leqq l$$

となるよう h, k を小さくとれば，(2.85) は $\mathcal{E}^{\{s\},l}(K)$ または $\mathcal{D}^{\{s\},l}{}_K$ のノルムに関して絶対収束することがわかる．

$\mathrm{II}_{\{s\}}$：$*=\{s\}$ の場合は，(2.86) がなりたつように L を十分に小にすれば，(2.85) は，$l=2^s(h+k)$ に対して，$\mathcal{E}^{\{s\},l}(K)$ または $\mathcal{D}^{\{s\},l}{}_K$ のノルムに関して絶対収束する．$\mathcal{D}^*(\Omega)$ の有界集合に属する φ に対して上の収束が一様であることは上の計算から明らかである．

$$P'(x, D) = \sum_{|\beta|=0}^{\infty} b_\beta(x) D^\beta$$

と展開すればその係数は

$$b_\beta(x) = \sum_{\alpha \geqq \beta} \binom{\alpha}{\beta} (-1)^{|\alpha|} D^{\alpha-\beta} a_\alpha(x)$$

と表わされる．したがって，$x \in K$ に対して

$$|D^\gamma b_\beta(x)| \leqq \sum_{\alpha} \binom{\alpha}{\beta} B k^{|\alpha-\beta+\gamma|} |\alpha-\beta+\gamma|!^s \frac{L^{|\alpha|}}{|\alpha|!^s}$$

$$\leqq B|\gamma|!^s |\beta|!^{-s} \sum_{\alpha} \binom{\alpha}{\beta} k^{|\alpha-\beta+\gamma|} L^{|\alpha|} 2^{s|\alpha+\gamma|}.$$

ところで，

(2.87)
$$2^s kL \leqq \frac{1}{2}$$

ならば，

$$\sum_{\alpha \geqq \beta} \binom{\alpha}{\beta} (2^s kL)^{|\alpha|} = \prod_{i=1}^{n} \frac{(2^s kL)^{\beta_i}}{(1-2^s kL)^{\beta_i+1}} \leqq 2^n (2^{s+1} kL)^{|\beta|}$$

ゆえ，

$$|D^\gamma b_\beta(x)| \leqq 2^n B (2^s k)^{|\gamma|} |\gamma|!^s \frac{(2^{s+1} L)^{|\beta|}}{|\beta|!^s}.$$

いずれの場合にせよ，k または L を十分小さくすれば，(2.87) の条件が満たされるから，$P'(x, D)$ もまた＊族の微分作用素である．▌

定義 2.8　$f \in \mathcal{D}^{*\prime}(\Omega)$ に対して，Ω 上の＊族の微分作用素 $P(x, D)$ の作用を

(2.88)
$$\langle P'(x, D)\varphi, f \rangle = \langle \varphi, P(x, D) f \rangle, \qquad \varphi \in \mathcal{D}^*(\Omega),$$

によって定義する．

定理 2.17　Ω 上の＊族の微分作用素 $P(x, D)$ はそれぞれ写像

(2.89)
$$P(x, D):\ \mathcal{D}^{*\prime}(\Omega) \longrightarrow \mathcal{D}^{*\prime}(\Omega),$$

(2.90)
$$P(x, D):\ \mathcal{E}^{*\prime}(\Omega) \longrightarrow \mathcal{E}^{*\prime}(\Omega)$$

として連続線型である．$P(x, D)$ が (2.84) と表わされるならば，任意の $f \in \mathcal{D}^{*\prime}(\Omega)$ ($\in \mathcal{E}^{*\prime}(\Omega)$) に対して，

(2.91)
$$P(x, D) f(x) = \sum_{|\alpha|=0}^{\infty} a_\alpha(x) D^\alpha f(x)$$

と $\mathcal{D}^{*\prime}(\Omega)$ ($\mathcal{E}^{*\prime}(\Omega)$) において絶対収束する和に表わされる．

さらに，Ω 上

$$P(x, D):\ \mathcal{D}^{*\prime} \longrightarrow \mathcal{D}^{*\prime} \tag{2.92}$$

は層準同型をなす．

証明 命題2.5および定理2.4によって $P'(x, D)$ は，$\mathcal{D}^*(\Omega) \to \mathcal{D}^*(\Omega)$ および $\mathcal{E}^*(\Omega) \to \mathcal{E}^*(\Omega)$ の連続線型写像であるから，その双対写像 (2.89), (2.90) は連続線型である．掛算の場合と全く同様に (2.92) が層準同型であることもわかる．

$f \in \mathcal{D}^{*\prime}(\Omega)$ を任意の元，$B \subset \mathcal{D}^*(\Omega)$ を任意の絶対凸有界集合としたとき，

$$\sum_\alpha p^B(a_\alpha(x) D^\alpha f) = \sum_\alpha \sup\{|\langle(-D)^\alpha(a_\alpha(x)\varphi(x)), f\rangle| \mid \varphi \in B\}$$

は命題2.5により有限である．すなわち (2.91) の右辺は絶対収束する．命題2.5によれば，さらに，$\varphi \in B$ に関して一様に $\sum_{|\alpha| \leqq m} (-D)^\alpha(a_\alpha(x)\varphi(x)) \to P'(x, D)\varphi(x)$. これより，(2.91) の右辺は左辺に強収束することがわかる．

最後に $f \in \mathcal{E}^{*\prime}(\Omega)$ のとき，(2.84) の各項が層準同型になっていることに注意すれば，(2.91) の各項は一定のコンパクト集合 K に含まれることがわかる．したがって定理2.13により，(2.91) は $\mathcal{E}^{*\prime}(\Omega)$ の位相でも絶対収束する．▮

$*$ 族の微分作用素 $P(x, D)$ は $*$ 族の可微分関数にも作用し，$*$ 族の超分布にも作用する．また同じ $P(x, D)$ が別の $\dagger$ 族の微分作用素でもあり，f が $*$ 族の超分布でもあり，$\dagger$ 族の超分布でもあるとき，$P(x, D)f$ の二つの定義が一致するかどうかは一応たしかめておく必要がある．定理2.17によれば，(2.84) の展開の各項 $a_\alpha(x) D^\alpha$ について証明しておけば十分である．超分布に対する微分作用素の定義によれば，これは D^α と $a_\alpha(x)$ を掛ける作用素の積になる．後者については既知である．$\varphi \in \mathcal{D}^*(\Omega)$，$f \in \mathcal{E}^*(\Omega)$ のとき，部分積分により

$$\langle(-D)^\alpha\varphi, f\rangle = \langle\varphi, D^\alpha f\rangle.$$

したがって $f \in \mathcal{E}^*(\Omega)$ に対する二つの定義は一致する．$\dagger > *$ のとき，$\mathcal{D}^*(\Omega)$ は $\mathcal{D}^\dagger(\Omega)$ において稠密ゆえ，$f, g \in \mathcal{D}^{\dagger\prime}(\Omega)$ について，すべての $\varphi \in \mathcal{D}^\dagger(\Omega)$ に対して

$$\langle(-D)^\alpha\varphi, f\rangle = \langle\varphi, g\rangle$$

がなりたつことと，すべての $\varphi \in \mathcal{D}^*(\Omega)$ に対してなりたつことは同等である．

定義 2.9 $\Omega, \Omega_1, \Omega_2$ を

$$\Omega = \Omega_1 - \Omega_2 = \{x_1 - x_2 \mid x_1 \in \Omega_1,\ x_2 \in \Omega_2\} \tag{2.93}$$

をみたす $\boldsymbol{R}^n$ の開集合とする．このとき，$\varphi \in \mathcal{D}^*(\Omega_2)$，$f \in \mathcal{D}^{*\prime}(\Omega)$ あるいは

$\varphi\in\mathcal{D}^*(\Omega_1)$, $f\in\mathcal{E}^{*\prime}(-\Omega_2)$ あるいは $\varphi\in\mathcal{E}^*(\Omega)$, $f\in\mathcal{E}^{*\prime}(\Omega_2)$ に対して

$$(2.94)\qquad (\varphi*f)(x)=\int\varphi(x-y)f(y)\,dy=\langle\varphi(x-\cdot),f\rangle$$

で定義される関数を φ と f の**畳み込み**という.

定理 2.18　(2.93) の仮定の下で, 畳み込みは次の写像として亜連続双線型写像である:

$$(2.95)\qquad \mathcal{D}^*(\Omega_2)\times\mathcal{D}^{*\prime}(\Omega)\longrightarrow\mathcal{E}^*(\Omega_1);$$

$$(2.96)\qquad \mathcal{D}^*(\Omega_1)\times\mathcal{E}^{*\prime}(-\Omega_2)\longrightarrow\mathcal{D}^*(\Omega);$$

$$(2.97)\qquad \mathcal{E}^*(\Omega)\times\mathcal{E}^{*\prime}(\Omega_2)\longrightarrow\mathcal{E}^*(\Omega_1).$$

証明　他の場合も本質的な差はないから (2.95) についてのみ証明する. 証明の基礎となるのは, 任意の $\varphi(x)\in\mathcal{D}^*(\Omega_2)$ に対し $\varphi(x-y)$ が, 次の意味で, y の関数である $\mathcal{D}^*(\Omega)$ の元を値とする, x に関する Ω_1 上の $*$ 族の超可微分関数になっていることである:

(i)　$\mathcal{D}^*(\Omega)$ 上の任意の連続半ノルム q に対して,

$$q\left(\frac{\partial^\alpha\varphi(x+te_i-\cdot)-\partial^\alpha\varphi(x-\cdot)}{t}-\partial^{\alpha+e_i}\varphi(x-\cdot)\right)\longrightarrow 0,\quad t\to 0,$$

ただし, e_i は i 番目の座標のみ 1, 他の座標はすべて 0 である単位ベクトルである;

(ii)　q はやはり $\mathcal{D}^*(\Omega)$ 上の任意の連続半ノルムとする.

I : $*=\phi$ の場合, 任意のコンパクト集合 $K_1\subset\Omega_1$, $m\in\boldsymbol{N}$ に対して有限の定数 C が存在し

$$(2.98)\qquad \sup_{\substack{x\in K_1\\|\alpha|\leqq m}} q(\partial^\alpha\varphi(x-\cdot))\leqq C.$$

$\mathrm{II}_{(s)}$: $*=(s)$ ($\mathrm{II}_{\{s\}}$: $*=\{s\}$) の場合, 任意のコンパクト集合 $K_1\subset\Omega_1$, 任意の $h>0$ に対し定数 C が存在して (定数 h と C が存在して)

$$(2.99)\qquad \sup_{x\in K_1} q(\partial^\alpha\varphi(x-\cdot))\leqq Ch^{|\alpha|}|\alpha|!^s.$$

この証明には, x がコンパクト集合 $K_1\subset\Omega_1$ にあるとき, y の関数として supp $\varphi(x-y)$ は Ω の中のコンパクト集合 $K=K_1-\operatorname{supp}\varphi$ に入っていることを用いる. q を $\mathcal{D}^*{}_K$ に制限したものは, I の場合, ある m に対し

$$(2.100)\qquad q(\varphi)\leqq C\sup_{\substack{y\\|\beta|\leqq m}}|\partial^\beta\varphi(y)|,$$

$\mathrm{II}_{(s)}$ の場合，ある h に対し

$$q(\varphi) \leqq C \sup_{\substack{y \\ \beta}} \frac{|\partial^\beta \varphi(y)|}{h^{|\beta|}|\beta|!^s} \tag{2.101}$$

となる定数 C がある．$\mathrm{II}_{\{s\}}$ の場合は $h>0$ を任意として q をさらに $\mathcal{D}^{\{s\},h}{}_K$ に制限したものについて (2.101) がなりたつ定数 C がとれる．

(i) を証明するため，x の ε 近傍はすべて K_1 に含まれるとする．$|t|<\varepsilon$ のとき，平均値の定理により

$$\begin{aligned}
&\sup_y \left|\partial_y{}^\beta\left(\frac{\partial^\alpha\varphi(x+te_i-y)-\partial^\alpha\varphi(x-y)}{t}-\partial^{\alpha+e_i}\varphi(x-y)\right)\right| \\
&= \sup_y |\partial^{\alpha+\beta+e_i}\varphi(x+t\theta e_i-y)-\partial^{\alpha+\beta+e_i}\varphi(x-y)| \\
&\leqq |t| \sup_x |\partial^{\alpha+\beta+2e_i}\varphi(x)|.
\end{aligned}$$

$\mathcal{D}^*(\Omega_1)$ の微分可能性 ((2.45) 式を見よ) を用いれば，これから (i) が得られる．

(ii) の証明は，I の場合，任意の m に対して

$$\sup_{\substack{x \\ |\alpha|\leqq m}} \sup_{\substack{y \\ |\beta|\leqq m}} |\partial_x{}^\alpha \partial_y{}^\beta \varphi(x-y)| \leqq \sup_{\substack{x \\ |\gamma|\leqq 2m}} |\partial^\gamma\varphi(x)| < \infty$$

となることから，$\mathrm{II}_{(s)}$ の場合，任意の h に対して，($\mathrm{II}_{\{s\}}$ の場合，ある h に対して)

$$\sup_{\substack{x \\ \alpha}} \sup_{\substack{y \\ \beta}} \frac{|\partial_x{}^\alpha \partial_y{}^\beta \varphi(x-y)|}{h^{|\alpha|}|\alpha|!^s h^{|\beta|}|\beta|!^s} \leqq \sup_{\substack{x \\ \gamma}} \frac{|\partial^\gamma\varphi(x)|}{(2^{-s}h)^{|\gamma|}|\gamma|!^s} < \infty$$

となることから得られる．

さて，$f \in \mathcal{D}^{*\prime}(\Omega)$ ならば，(i) より $\varphi * f$ が可微分関数であり，

$$\partial^\alpha(\varphi * f) = (\partial^\alpha\varphi) * f$$

となることが，(ii) より $\varphi * f \in \mathcal{E}^*(\Omega_1)$ となることが従う．

畳み込みは明らかに双線型であり，上の証明から各個連続であることも直ちにわかる．$\mathcal{D}^*(\Omega_2)$，$\mathcal{D}^{*\prime}(\Omega)$ 等は樽型であるから，畳み込みは亜連続である．∎

掛算の場合と同様，二つの(超)分布 f, g の畳み込み $f*g$ を双対性を用いて

$$\langle\varphi, f*g\rangle = \langle\varphi*\check{f}, g\rangle \tag{2.102}$$

によって定義する．ただし，$\check{f}(x)=f(-x)$ である．定理 2.18 の双対として次の定理が得られる：

定理 2.19 (2.93) の仮定の下で畳み込みは次の写像として亜連続双線型写像

である：

$$\mathcal{D}^{*\prime}(-\Omega)\times\mathcal{E}^{*\prime}(\Omega_1)\longrightarrow\mathcal{D}^{*\prime}(\Omega_2); \tag{2.103}$$

$$\mathcal{E}^{*\prime}(\Omega_2)\times\mathcal{D}^{*\prime}(\Omega)\longrightarrow\mathcal{D}^{*\prime}(\Omega_1); \tag{2.104}$$

$$\mathcal{E}^{*\prime}(-\Omega_2)\times\mathcal{E}^{*\prime}(\Omega_1)\longrightarrow\mathcal{E}^{*\prime}(\Omega). \tag{2.105}$$

——

これらの畳み込みの定義は，定義できるかぎりつじつまが合っていて同じものになるのであるが，その証明は読者にゆずる．

(2.95) または (2.96) を用いて超分布の**正則化**

$$J_\varepsilon f(x)=J_\varepsilon * f(x) \tag{2.106}$$

が定義できる．ここで J_ε は§2.3で定義した正則化の核である．

定理 2.20 $f\in\mathcal{E}^{*\prime}(\Omega)$ ならば，$J_\varepsilon f$ は $\varepsilon\to 0$ のとき $\mathcal{E}^{*\prime}(\Omega)$ の位相に関して f に収束する．

証明 ε が十分小さいとき $J_\varepsilon f$ の台は Ω の中の一定のコンパクト集合に含まれる．一方，§2.3命題2.4(iii)により，任意の $\varphi\in\mathcal{D}^*(\Omega)$ に対し

$$\langle\varphi, J_\varepsilon f\rangle=\langle J_\varepsilon\varphi, f\rangle\longrightarrow\langle\varphi, f\rangle.$$

したがって，定理2.13により $\mathcal{E}^{*\prime}(\Omega)$ において $J_\varepsilon f\to f$. ▌

定理 2.21 任意の $*,\dagger$ について

$$\mathcal{E}^{\dagger}(\Omega)\subset\mathcal{D}^{*\prime}(\Omega), \tag{2.107}$$

$$\mathcal{E}^{*\prime}(\Omega)\subset\mathcal{D}^{*\prime}(\Omega), \tag{2.108}$$

$$\mathcal{D}^{\dagger}(\Omega)\subset\mathcal{E}^{*\prime}(\Omega) \tag{2.109}$$

は連続線型かつ稠密な値域をもつ埋込みである．

証明 値域が稠密であることのみを証明する．定理2.20により $\mathcal{D}^*(\Omega)$ は $\mathcal{E}^{*\prime}(\Omega)$ において稠密である．$\mathcal{D}^{\dagger}(\Omega)$ は $\mathcal{D}^*(\Omega)$ を含むか，あるいは定理2.5により $\mathcal{D}^*(\Omega)$ の稠密部分集合である．したがって，(2.109) の埋込みは稠密な値域をもつ．

$\mathcal{D}^*(\Omega)\subset\mathcal{E}^*(\Omega)$ が稠密な値域をもつ連続な埋込みであって，両者共に反射的局所凸空間であることを用いると (2.108) についての結果が得られる．(2.107) については以上の結果から明らかである．▌

§2.6 Paley-Wiener 型の定理

Hörmander にしたがって，関数および超関数 f の **Fourier 変換**を

(2.110) $$\hat{f}(\xi)=\mathcal{F}f(\xi)=\int_{\boldsymbol{R}^n}e^{-i\langle x,\xi\rangle}f(x)\,dx$$

によって定義する．ここで，x,ξ は $\boldsymbol{R}^n$ を動く変数で，

(2.111) $$\langle x,\xi\rangle=\sum_{i=1}^{n}x_i\xi_i$$

とする．f がコンパクト台の（超）関数であれば，$\hat{f}$ は $\boldsymbol{C}^n$ 上の整関数に解析接続できる．これを f の **Fourier-Laplace 変換**という．このように表わされる整関数を特徴づけるのが Paley-Wiener 型の定理である．

複素変数は $\zeta=\xi+i\eta$ と書く．ξ,η はそれぞれ実部および虚部を表わす．

f の台は**凸**コンパクト集合 $K\subset\boldsymbol{R}^n$ に含まれるとする．このとき，K の**支持関数**を

(2.112) $$H_K(\zeta)=\sup_{x\in K}\operatorname{Im}\langle x,\zeta\rangle=\sup_{x\in K}\langle x,\eta\rangle$$

によって定義する．

$f\in\mathcal{D}^{*\prime}{}_K(\boldsymbol{R}^n)$ の Fourier-Laplace 変換

(2.113) $$\hat{f}(\zeta)=\langle e^{-i\langle x,\zeta\rangle},f\rangle$$

が整関数になることは見やすい．x の関数として $e^{-i\langle x,\zeta\rangle}\in\mathcal{E}^*(\boldsymbol{R}^n)$ ゆえ，(2.113) の右辺は各 $\zeta\in\boldsymbol{C}^n$ に対して意味がある．さらに，$e^{-i\langle x,\zeta\rangle}$ は $\zeta\in\boldsymbol{C}^n$ を変数とし，$\mathcal{E}^*(\boldsymbol{R}^n)$ に値をもつ関数として整型である．実際，Taylor 展開

$$e^{-i\langle x,\zeta\rangle}=\sum_{j=0}^{\infty}\frac{(-i\langle x,\zeta\rangle)^j}{j!}$$

は，各項の $\mathcal{E}^{\{1\},h}(\{|x|\leqq d\})$ におけるノルムが

$$\sup_{\substack{|x|\leqq d\\ \alpha}}\frac{|D^\alpha(-i\langle x,\zeta\rangle^j/j!)|}{h^{|\alpha|}|\alpha|!}\leqq\sup_{\substack{|x|\leqq d\\ \alpha}}\frac{|x|^{j-|\alpha|}|\zeta|^j}{h^{|\alpha|}|\alpha|!(j-|\alpha|)!}\leqq\sup_{\alpha}\frac{1}{h^{|\alpha|}d^{|\alpha|}}\frac{(2d|\zeta|)^j}{j!}$$

と評価されるから，ζ が $\boldsymbol{C}^n$ のコンパクト集合にあるとき ζ に関して一様に $\mathcal{E}^{\{1\}}(\boldsymbol{R}^n)$ の位相，それゆえ，任意の $\mathcal{E}^*(\boldsymbol{R}^n)$ の位相に関して絶対収束する．したがって，(2.113) は積分記号の下で微分することができて，ζ の整関数となる．

定理 2.22 (Paley-Wiener)　$K\subset\boldsymbol{R}^n$ を凸コンパクト集合とする．$\boldsymbol{C}^n$ 上の整関数 $\hat{\varphi}(\zeta)$ がある $\varphi\in\mathcal{D}^*{}_K$ の Fourier-Laplace 変換であるための必要十分条件は $\hat{\varphi}(\zeta)$ が $\boldsymbol{C}^n$ 上次の不等式をみたすことである：

I：$*=\phi$ の場合，任意の $L>0$ に対して定数 C が存在し

$$|\hat{\varphi}(\zeta)| \leqq C(1+|\zeta|)^{-L}\exp H_K(\zeta); \tag{2.114}$$

$\mathrm{II}_{(s)}$: $*=(s)$ の場合，任意の $L>0$ に対して定数 C が存在し ($\mathrm{II}_{\{s\}}$: $*=\{s\}$ の場合，定数 L と C が存在し)，

$$|\hat{\varphi}(\zeta)| \leqq C\exp\{-(L|\zeta|)^{1/s}+H_K(\zeta)\}. \tag{2.115}$$

このとき，φ は $\hat{\varphi}$ の**逆 Fourier 変換**

$$\mathcal{F}^{-1}\hat{\varphi}(x) = \int_{R^n}\hat{\varphi}(\xi)e^{i\langle x,\xi\rangle}d\!\!\bar{}\,\xi \tag{2.116}$$

に等しい．ここで

$$d\!\!\bar{}\,\xi = (2\pi)^{-n}d\xi_1\cdots d\xi_n. \tag{2.117}$$

また，列 $\varphi_j \in \mathcal{D}^*{}_K$ が 0 に収束することと，I の場合，任意の $L>0$ に対して

$$(1+|\zeta|)^L\exp(-H_K(\zeta))\hat{\varphi}_j(\zeta) \tag{2.118}$$

が，$\mathrm{II}_{(s)}$ の場合，任意の $L>0$ に対して ($\mathrm{II}_{\{s\}}$ の場合，ある L に対して)

$$\exp\{(L|\zeta|)^{1/s}-H_K(\zeta)\}\hat{\varphi}_j(\zeta) \tag{2.119}$$

が，$\boldsymbol{C}^n$ または $\boldsymbol{R}^n$ 上一様に 0 に収束することは同等である．

証明 必要性 (2.110) の f を $D^\alpha\varphi$ におきかえ，部分積分して得られる公式

$$(D^\alpha\varphi)^\wedge(\zeta) = \zeta^\alpha\hat{\varphi}(\zeta)$$

により

$$|\zeta^\alpha\hat{\varphi}(\zeta)| \leqq \int_K e^{\mathrm{Im}\langle x,\zeta\rangle}dx\cdot\sup_x|D^\alpha\varphi(x)|$$
$$\leqq |K|\exp H_K(\zeta)\cdot\sup_x|D^\alpha\varphi(x)|.$$

I の場合はこれから明らか．$\mathrm{II}_{(s)}, \mathrm{II}_{\{s\}}$ の場合は

$$\sup_x|D^\alpha\varphi(x)| \leqq \|\varphi\|_{\mathcal{D}^{\{s\},h}_K}h^{|\alpha|}|\alpha|!^s$$

と評価されることから

$$|\hat{\varphi}(\zeta)| \leqq |K|\|\varphi\|\inf_\alpha\left(\frac{h^{|\alpha|}|\alpha|!^s}{|\zeta^\alpha|}\right)\exp H_K(\zeta).$$

後に証明する (2.152) および，$|\alpha|=p$ をみたすある α に対して $|\zeta^\alpha| \geqq (|\zeta|/\sqrt{n})^p$ となることに注意すれば，(2.115) が得られる．逆に次の不等式がなりたつことに注意しておく：

$$\sup_p\frac{t^p}{p!^s} \leqq \left(\sum_{p=0}^\infty\frac{t^{p/s}}{p!}\right)^s = \exp(st^{1/s}). \tag{2.120}$$

列 φ_j が 0 に収束するとする．I, $\mathrm{II}_{(s)}$ の場合は各ノルム $\|\varphi_j\|_{\mathcal{E}^{m}{}_K}$, $\|\varphi_j\|_{\mathcal{D}^{(s)},h_K}$ が 0 に収束することから，(2. 114), (2. 115) の定数 C が 0 に収束する．$\mathrm{II}_{\{s\}}$ の場合はあるノルム $\|\varphi_j\|_{\mathcal{D}^{\{s\}},h_K}$ が 0 に収束することから，ある $L>0$ に対し (2. 115) の定数 C が 0 に収束する．すなわち (2. 118), (2. 119) の関数は $\boldsymbol{C}^n$ 上一様収束する．

十分性　(2. 116) によって $\varphi(x)=\mathcal{F}^{-1}\hat{\varphi}(x)$ を定義する．これを積分記号下で微分することにより

$$D^\alpha\varphi(x)=\int_{\boldsymbol{R}^n}\xi^\alpha\hat{\varphi}(\xi)e^{i\langle x,\xi\rangle}d\xi$$

を得る．したがって，

$$\sup_{x\in\boldsymbol{R}^n}|D^\alpha\varphi(x)|\leqq(2\pi)^{-n}\|\xi^\alpha\hat{\varphi}(\xi)\|_{L^1(\boldsymbol{R}^n)}.$$

I の場合は，$L>|\alpha|+n$ にとり，(2. 114) を用いる．

$$\|\xi^\alpha\hat{\varphi}(\xi)\|_{L^1}\leqq\sup\frac{|\xi^\alpha|}{(1+|\xi|)^{|\alpha|}}\sup|(1+|\xi|)^L\hat{\varphi}(\xi)|\|(1+|\xi|)^{|\alpha|-L}\|_{L^1}$$

の右辺は $|\alpha|$ のみに依存した有限の数である．$\mathrm{II}_{(s)}, \mathrm{II}_{\{s\}}$ の場合は $0<M<L$ をとる．(2. 115) により

$$\|\xi^\alpha\hat{\varphi}(\xi)\|_{L^1}\leqq\sup\frac{|\xi^\alpha|}{\exp(M|\xi|)^{1/s}}\sup|\exp(L|\xi|)^{1/s}\hat{\varphi}(\xi)|$$
$$\times\|\exp\{(M|\xi|)^{1/s}-(L|\xi|)^{1/s}\}\|_{L^1}$$

の右辺の第 2, 第 3 の因子は有限である．さらに，$|\xi^\alpha|\leqq M^{-|\alpha|}(M|\xi|)^{|\alpha|}$ かつ

$$\sup_{0<t<\infty}t^p\exp(-t^{1/s})=\left(\frac{sp}{e}\right)^{sp}\leqq s^{sp}p!^s \tag{2. 121}$$

となることに注意すれば，φ は $\mathcal{E}^*(\boldsymbol{R}^n)$ に属することがわかる．

supp $\varphi\subset K$ を証明するため，(2. 116) の積分面を $i\eta$ だけ平行移動する．$\hat{\varphi}(\xi+i\eta)$ の絶対値は $\eta\in\boldsymbol{R}^n$ に関係のない定数 C_1 を用いて $C_1(1+|\xi|)^{-n-1}\exp H_K(i\eta)$ でおさえることができるから，これは可能であって

$$|\varphi(x)|=\left|\int_{\boldsymbol{R}^n}\hat{\varphi}(\xi+i\eta)e^{i\langle x,\xi+i\eta\rangle}d\xi\right|$$
$$\leqq C_1'\exp\{H_K(i\eta)-\langle x,\eta\rangle\}$$

となる．x が K に属さないときは，ある実単位ベクトル η_0 に対して

$$\langle x,\eta_0\rangle-H_K(i\eta_0)=\langle x,\eta_0\rangle-\sup_{y\in K}\langle y,\eta_0\rangle=\delta>0.$$

したがって，上の不等式で，$\eta=t\eta_0$, $t>0$, とし，$t\to\infty$ にすれば

$$|\varphi(x)|\leqq C_1'e^{-\delta t}\longrightarrow 0.$$

特に，$\hat{\varphi}$ の逆 Fourier 変換は $L^1(\boldsymbol{R}^n)$ に属する関数である．これから $\hat{\varphi}$ は φ の Fourier 変換であることがわかる（本講座 "Fourier 解析" を見よ）．

上の計算で，$D^\alpha\varphi$ を評価するとき，$\hat{\varphi}$ の $\boldsymbol{R}^n$ での評価しか使わなかった．したがって，列 $\varphi_j\in\mathcal{D}^*_K$ に対し，(2.118) または (2.119) の関数が $\boldsymbol{R}^n$ 上一様に 0 に収束するならば，φ_j は 0 に収束する．∎

定理 2.23 (Paley-Wiener)　K を $\boldsymbol{R}^n$ の中の凸コンパクト集合とするとき，$\boldsymbol{C}^n$ 上の整関数 $\hat{f}(\zeta)$ に対する次の三つの条件は互いに同等である：

(a)　$\hat{f}(\zeta)$ はある $f\in\mathcal{D}^{*\prime}{}_K(\boldsymbol{R}^n)$ の Fourier-Laplace 変換である；

(b)　I : $*=\phi$ の場合，定数 L と C が存在し

$$|\hat{f}(\xi)|\leqq C(1+|\xi|)^L,\qquad \xi\in\boldsymbol{R}^n. \tag{2.122}$$

$\text{II}_{(s)}$: $*=(s)$ の場合，定数 L と C が存在し（$\text{II}_{\{s\}}$: $*=\{s\}$ の場合，任意の $L>0$ に対し，定数 C が存在し）

$$|\hat{f}(\xi)|\leqq C\exp(L|\xi|)^{1/s},\qquad \xi\in\boldsymbol{R}^n. \tag{2.123}$$

かつ，いずれの場合にも任意の $\varepsilon>0$ に対して

$$|\hat{f}(\zeta)|\leqq C_\varepsilon\exp\{H_K(\zeta)+\varepsilon|\zeta|\},\qquad \zeta\in\boldsymbol{C}^n, \tag{2.124}$$

となる定数 C_ε が存在する；

(c)　I の場合，定数 L および C が存在し

$$|\hat{f}(\zeta)|\leqq C(1+|\zeta|)^L\exp H_K(\zeta),\qquad \zeta\in\boldsymbol{C}^n. \tag{2.125}$$

$\text{II}_{(s)}$ の場合，定数 L および C が存在し（$\text{II}_{\{s\}}$ の場合，任意の $L>0$ に対し定数 C が存在し），

$$|\hat{f}(\zeta)|\leqq C\exp\{(L|\zeta|)^{1/s}+H_K(\zeta)\},\qquad \zeta\in\boldsymbol{C}^n. \tag{2.126}$$

$f\in\mathcal{D}^{*\prime}{}_K(\boldsymbol{R}^n)$ にその Fourier-Laplace 変換 $\hat{f}$ を対応させる写像は単射である．また，列 $f_j\in\mathcal{D}^{*\prime}{}_K(\boldsymbol{R}^n)$ が 0 に収束することと，I の場合，ある L に対して

$$(1+|\zeta|)^{-L}\exp(-H_K(\zeta))\hat{f}_j(\zeta), \tag{2.127}$$

が，$\text{II}_{(s)}$ の場合，ある L に対して（$\text{II}_{\{s\}}$ の場合，任意の $L>0$ に対して）

$$\exp\{-(L|\zeta|)^{1/s}-H_K(\zeta)\}\hat{f}_j(\zeta) \tag{2.128}$$

が $\boldsymbol{C}^n$ または $\boldsymbol{R}^n$ 上一様に 0 に収束することは同等である．

証明　(a) $\Longrightarrow$ (b)　$f\in\mathcal{D}^{*\prime}{}_K(\boldsymbol{R}^n)\subset\mathcal{E}^{*\prime}(\boldsymbol{R}^n)$ ゆえ，滑らかな境界をもつコンパ

クト集合 K_1 が存在し，I の場合，定数 L と C が存在し

$$(2.129)\qquad |\langle\varphi, f\rangle| \leqq C \sup_{\substack{|\alpha|\leqq L\\ x\in K_1}} |D^\alpha\varphi(x)|, \qquad \varphi\in\mathcal{E}^*(\boldsymbol{R}^n),$$

$\mathrm{II}_{(s)}$ の場合，定数 h と C が存在し ($\mathrm{II}_{\{s\}}$ の場合，任意の $h>0$ に対し定数 C が存在し)

$$(2.130)\qquad |\langle\varphi, f\rangle| \leqq C \sup_{\substack{\alpha\\ x\in K_1}} \frac{|D^\alpha\varphi(x)|}{h^{|\alpha|}|\alpha|!^s}, \qquad \varphi\in\mathcal{E}^*(\boldsymbol{R}^n).$$

$\varphi(x)$ として $e^{-i\langle x,\xi\rangle}$ をとれば，(2.122), (2.123) が得られる．(2.122) については明らかである．(2.123) については (2.120) に注意して，(2.130) の右辺を

$$C\sup\frac{|\xi^\alpha|}{h^{|\alpha|}|\alpha|!^s} \leqq C\sup\frac{|\xi|^{|\alpha|}}{h^{|\alpha|}|\alpha|!^s} \leqq C\exp\left(s\left(\frac{|\xi|}{h}\right)^{1/s}\right)$$

と評価する．

(2.124) を示すには，$\varepsilon>0$ に対して，K_ε を K からの距離が高々 ε の点全体の集合とし，K の近傍で 1 かつ台が K_ε に含まれる $\chi\in\mathcal{D}^*(\boldsymbol{R}^n)$ をとる．f が (2.130) をみたすときは，$\chi\in\mathcal{D}^{\{s\},h/2}(\boldsymbol{R}^n)$ となるように選んでおく．§2.3 補題 2.3 により，任意の $\varphi\in\mathcal{E}^{(s)}(\boldsymbol{R}^n)$ に対し

$$|\langle\varphi, f\rangle| = |\langle\chi\varphi, f\rangle| \leqq C_1 \sup_{\substack{\alpha\\ x\in K_\varepsilon}} \frac{|D^\alpha\varphi(x)|}{(h/2)^{|\alpha|}|\alpha|!^s}.$$

したがって，$\varphi(x)=e^{-i\langle x,\zeta\rangle}$ とおくことにより

$$|\hat{f}(\zeta)| \leqq C_1 \sup_{\substack{\alpha\\ x\in K_\varepsilon}} \frac{|\zeta^\alpha|}{(h/2)^{|\alpha|}|\alpha|!^s} e^{\mathrm{Im}\langle x,\zeta\rangle}$$

$$\leqq C_1 \exp\left\{s\left(\frac{2|\zeta|}{h}\right)^{1/s} + H_{K_\varepsilon}(\zeta)\right\}$$

を得る．$H_{K_\varepsilon}(\zeta)\leqq H_K(\zeta)+\varepsilon|\zeta|$ ゆえ，(2.124) がなりたつ．

(b) $\Longrightarrow$ (c) $\eta_0\in\boldsymbol{R}^n$ を任意の単位ベクトルとし，$\delta_0=H_K(i\eta_0)=\sup_{x\in K}\langle x, \eta_0\rangle$ とおく．任意の $\xi\in\boldsymbol{R}^n$ に対し，上半平面 $\mathrm{Im}\, z\geqq 0$ で定義された整型関数

$$(2.131)\qquad F(z) = \hat{f}(\xi+z\eta_0)$$

を考える．これは，I の場合，ある定数 L, C に対し

$$(2.132)\qquad |F(x)| \leqq C(1+|\xi+x\eta_0|)^L, \qquad x\in\boldsymbol{R},$$

$\mathrm{II}_{(s)}$ の場合，ある定数 L, C に対し ($\mathrm{II}_{\{s\}}$ の場合，任意の $L>0$ に対し定数 C が

存在して)

$$(2.133)\qquad |F(x)| \leqq C\exp(L|\xi+x\eta_0|)^{1/s}, \qquad x\in \boldsymbol{R},$$

をみたし，かついずれの場合も任意の $\varepsilon>0$ に対し

$$(2.134)\qquad |F(z)| \leqq C_\varepsilon \exp\{\delta_0 \operatorname{Im} z+\varepsilon|\xi|+\varepsilon|z|\}, \qquad \operatorname{Im} z \geqq 0,$$

となる定数 C_ε がある．

$\xi=x_0\eta_0+\xi'$ を η_0 方向と η_0 と直交する成分への分解とすれば，$z=x+iy$ に対し

$$|\xi+z\eta_0| = (|x+x_0|^2+|y|^2+|\xi'|^2)^{1/2}.$$

特に，$\operatorname{Im} z\geqq 0$ において，$(1+|\xi+z\eta_0|)^L$ と $m(z)=(z+x_0+(1+|\xi'|)i)^L$ は同じ大きさをもつ．すなわち，絶対値の比は正の下限と有限な上限をもつ．かつこれらの下限，上限は η_0 および ξ によらず一定にとれる．したがって，I の場合，上半平面 $\operatorname{Im} z\geqq 0$ で定義された整型関数 $e^{i\delta_0 z}m(z)^{-1}F(z)$ は，(2.132)により実軸 $\operatorname{Im} z=0$ 上有界であり，かつ(2.134)により，任意の $\varepsilon>0$ に対し高々 $e^{\varepsilon|z|}$ の大きさをもつ．故に，Phragmén-Lindelöf の定理により，上半平面上で有界である．すなわち，(2.132)の定数 C に一定の絶対定数を掛けた定数を C', C'' として

$$|F(z)| \leqq C'|e^{-i\delta_0 z}m(z)| \leqq C''(1+|\xi+z\eta_0|)^L \exp H_K(\xi+z\eta_0)$$

と評価される．任意の $\zeta\in \boldsymbol{C}^n$ は $\xi+z\eta_0$ の形に書きあらわされるから，これで(2.125)の証明ができた．

(2.133)と(2.134)から(2.126)を導くには，$m(z)=\exp\{\sec(\pi/2s)(-iL(z+x_0+|\xi'|i))^{1/s}\}$ を用いて同様の計算をすればよい．このときは，定数 C ばかりでなく，L も s に応じて定まる絶対定数との積におきかえる必要がある．

(c) $\Longrightarrow$ (a)　$\hat{f}(\zeta)$ を(2.125)または(2.126)をみたす整関数とする．$\varphi\in \mathcal{D}^*(\boldsymbol{R}^n)$ ならば，(超)可微分関数に対する Paley-Wiener の定理により φ の Fourier-Laplace 変換 $\hat{\varphi}$ は，I の場合，任意の $L_1>0$ に対して定数 C_1 が存在して

$$(2.135)\qquad |\hat{\varphi}(\zeta)| \leqq C_1(1+|\zeta|)^{-L_1} \exp H_{K_1}(\zeta)$$

を，$\mathrm{II}_{(s)}$ の場合，任意の $L_1>0$ に対して定数 C_1 が存在して($\mathrm{II}_{\{s\}}$ の場合，定数 L_1 および C_1 が存在して)

$$(2.136)\qquad |\hat{\varphi}(\zeta)| \leqq C_1 \exp\{-(L_1|\zeta|)^{1/s}+H_{K_1}(\zeta)\}$$

をみたす．ただし K_1 は $\operatorname{supp}\varphi$ の凸包である．したがって L_1 を十分大きく選んでおけば(L を十分小さく選んでおけば)，

(2.137)

$$|\hat{\varphi}(\zeta)\hat{f}(-\zeta)| \leqq CC_1(1+|\zeta|)^{L-L_1}\exp\{H_{K_1}(\zeta)+H_K(-\zeta)\}$$

または

$$\leqq CC_1\exp\{(L|\zeta|)^{1/s}-(L_1|\zeta|)^{1/s}\}\exp\{H_{K_1}(\zeta)+H_K(-\zeta)\}$$

の右辺は $\boldsymbol{R}^n$ 上可積分となる．それ故，積分

(2.138) $$\langle\varphi, f\rangle = \int_{\boldsymbol{R}^n}\hat{\varphi}(\xi)\hat{f}(-\xi)d\xi$$

は $\mathcal{D}^*(\boldsymbol{R}^n)$ 上の線型汎関数 f を定義する．列 φ_j が $\mathcal{D}^*(\boldsymbol{R}^n)$ において 0 に収束すれば，$\hat{\varphi}_j(\zeta)$ の評価 (2.135) または (2.136) に現われる定数 C_1 が 0 に収束する．したがって，(2.138) で定義される汎関数 f も 0 に収束する．すなわち，f は連続である．

$\mathrm{supp}\, f\subset K$ を示すため，はじめ K_1 は K と交わらない凸コンパクト集合とし，$\varphi\in\mathcal{D}^*{}_{K_1}$，とする．$K$ と K_1 の距離より小さい $\delta>0$ をとれば，単位ベクトル $\eta_0\in\boldsymbol{R}^n$ が存在して

$$H_{K_1}(i\eta_0)+H_K(-i\eta_0) = \sup_{x\in K_1}\langle x, \eta_0\rangle-\inf_{x\in K}\langle x, \eta_0\rangle < -\delta$$

となる．それ故，$\zeta=\xi+it\eta_0$，$t>0$，に対して (2.137) の第 2 因子

$$\exp\{H_{K_1}(\xi+it\eta_0)+H_K(-\xi-it\eta_0)\} \leqq e^{-\delta t}.$$

したがって，(2.138) の積分面を $\boldsymbol{R}^n+it\eta_0$ に平行移動しても被積分関数は ξ に関する一定の可積分関数と $e^{-\delta t}$ の積でおさえることができ積分の値は変らない．そこで $t\to\infty$ とすれば，積分は 0 に収束する．

$\varphi\in\mathcal{D}^*(\boldsymbol{R}^n)$ の台 $\mathrm{supp}\,\varphi$ が K と交わらなければ，適当に 1 の分割を掛けることにより，φ を有限和 $\sum\varphi_i$ の形に表わし，かつ各 φ_i の台 $\mathrm{supp}\,\varphi_i$ の凸包は K と交わらないようにすることができる．したがって，$\langle\varphi, f\rangle=\sum\langle\varphi_i, f\rangle=0$.

f の Fourier-Laplace 変換が $\hat{f}$ と一致することを示すため，f の正則化 $J_\epsilon * f$ を考える．ただし，J_ϵ は §2.3 で定義した正則化の核である．(2.138) により任意の $x_0\in\boldsymbol{R}^n$ に対し

$$J_\epsilon * f(x_0) = \langle J_\epsilon(x_0-x), f(x)\rangle = \int e^{-i\langle x,\xi\rangle}\hat{J}_\epsilon(-\xi)\hat{f}(-\xi)d\xi$$

が成立する．$J_\epsilon(x_0-x)$ の Fourier-Laplace 変換が $e^{-i\langle x_0,\zeta\rangle}\hat{J}_\epsilon(-\zeta)$ となるからである．$J_\epsilon * f$ と $\hat{J}_\epsilon\hat{f}$ は共に可積分関数であるから，これは $\hat{J}_\epsilon(\xi)\hat{f}(\xi)$ が $J_\epsilon * f$ の

Fourier 変換に等しいことを示している．$\varepsilon\to 0$ としたとき，$J_\varepsilon * f$ は $\mathcal{E}^{*\prime}(\boldsymbol{R}^n)$ の位相で f に収束する(定理 2.20)．したがって，その Fourier 変換 $\hat{J}_\varepsilon(\xi)\hat{f}(\xi)$ は各点ごとに f の Fourier 変換に収束する．一方，$\hat{J}_\varepsilon(\xi)$ は明らかに各点ごとに 1 に収束するから，f の Fourier 変換は $\boldsymbol{R}^n$ 上 $\hat{f}(\xi)$ と一致する．これらは共に整関数であるから $\boldsymbol{C}^n$ 上でも一致する．

Fourier-Laplace 変換が単射であることは Weierstrass の定理により $e^{-i\langle x,\xi\rangle}$, $\xi\in\boldsymbol{R}^n$, の 1 次結合が $\mathcal{E}^*(\boldsymbol{R}^n)$ の中で稠密であることからわかる．さて，列 $f_j\in\mathcal{D}^{*\prime}{}_K(\boldsymbol{R}^n)$ が 0 に収束するとしよう．定理 2.13 により f_j は $\mathcal{E}^{*\prime}(\boldsymbol{R}^n)$ においても 0 に収束する．$\mathcal{E}(\boldsymbol{R}^n)$ および $\mathcal{E}^{(s)}(\boldsymbol{R}^n)$ は (FS) 空間であるから，その上の連続線型汎関数列 f_j が 0 に収束するのは，ある 0 の近傍上一様に 0 に収束することである(§1.4 定理 1.35 の後の注意)．(2.129) または (2.130) の右辺の上限は連続半ノルムの基底をなすから，このことは (2.129) または (2.130) において，L または h を適当に選んだとき，f_j に対応する定数 C_j が 0 に収束することと同等である．(a) $\Longrightarrow$ (b) の証明によれば，これから (2.127) または (2.128) が $\boldsymbol{R}^n$ 上一様に 0 に収束することが従う．

定理 2.13 の証明により，$*=\{s\}$ の場合も，コンパクト集合 $K_1\Supset K$ をとれば，f_j は $\mathcal{E}^{\{s\}}(K_1)$ 上の連続線型汎関数 $\tilde{f}_j$ に自然に拡張され，強双対空間 $(\mathcal{E}^{\{s\}}(K_1))'$ の元の列として $\tilde{f}_j$ は 0 に収束する．これは，任意の $h>0$ に対し $\tilde{f}_j$ を Banach 空間 $\mathcal{E}^{\{s\},h}(K_1)$ に制限したものが，双対空間のノルムに関して 0 に収束することである．(2.130) の右辺の上限は $\mathcal{E}^{\{s\},h}(K_1)$ のノルムであるから，(2.130) において f_j に対応する定数 C は 0 に収束する．したがって，$\varphi=e^{-i\langle x,\xi\rangle}$ とおくことにより，(2.128) は各 $L>0$ に対し $\boldsymbol{R}^n$ 上一様に 0 に収束することがわかる．

次に，(b) $\Longrightarrow$ (c) の証明によれば，(2.122) または (2.123) の定数 C が与えられたとき，(2.125) または (2.126) の定数は (2.124) の定数 C_ε によらず，C の絶対定数倍で評価される．したがって，(2.127) または (2.128) が $\boldsymbol{R}^n$ 上一様に 0 に収束することから，$\boldsymbol{C}^n$ 上一様に 0 に収束することが導かれる．ただし，定数 L は適当にとりかえる必要がある．

さらに，(c) $\Longrightarrow$ (a) の証明によれば，このとき f_j は $\mathcal{D}^*(\boldsymbol{R}^n)$ の任意の有界集合上一様に 0 に収束する．▌

ここでは，台がコンパクトでない超分布に対する Fourier 変換の一般論を展開する余裕はないが，次節の準備として次の定理だけを証明しておく．

定理 2.24 f を $\hat{f}(\xi) \in L^1(\boldsymbol{R}^n)$ の逆 Fourier 変換で与えられる $\boldsymbol{R}^n$ 上の連続関数とする．$P(D)$ が $*$ 族の定数係数超微分作用素であり，$P(\xi)\hat{f}(\xi)$ が定理 2.23 の条件をみたす整関数に解析接続できるならば，$P(D)f \in \mathcal{E}^{*\prime}(\boldsymbol{R}^n)$ かつ

$$(P(D)f)^{\wedge}(\xi) = P(\xi)\hat{f}(\xi), \qquad \xi \in \boldsymbol{R}^n, \tag{2.139}$$

が成立する．

証明 任意の $\varphi \in \mathcal{D}^*(\boldsymbol{R}^n)$ に対して

$$\langle \varphi, P(D)f \rangle = \langle P(-D)\varphi, f \rangle = \int P(-\xi)\hat{\varphi}(\xi) \cdot \hat{f}(-\xi) đ\xi$$

$$= \int \hat{\varphi}(\xi) \cdot P(-\xi)\hat{f}(-\xi) đ\xi.$$

定理 2.23 の (c) $\Longrightarrow$ (a) の部分の証明によれば，これより $P(D)f$ はその Fourier 変換が $P(\xi)\hat{f}(\xi)$ に等しい $\mathcal{E}^{*\prime}(\boldsymbol{R}^n)$ の元であることがわかる．∎

§2.7 分布および超分布の構造定理

§2.4 および §2.5 において連続関数および測度は分布であること，および $*$ 族の微分作用素は $*$ 族の超分布を同じ $*$ 族の超分布にうつすことを示した．この節では，これによって $*$ 族の超分布がつくされること，すなわち，$*$ 族の任意の超分布は，少なくとも局所的には，ある測度あるいは任意の $\dagger > *$ に対しある $\dagger$ 族の超可微分関数に $*$ 族の定数係数微分作用素を施したものとして表わされることを証明する．

はじめに，$*$ 族の定数係数微分作用素の特徴づけを与える．

補題 2.6 $s>1$ とするとき，$\boldsymbol{C}^n$ 上の整関数

$$P(\zeta) = \sum_{|\alpha|=0}^{\infty} a_\alpha \zeta^\alpha \tag{2.140}$$

に対する次の二つの条件は互いに同等である：

(a) 定数 L および C が存在して（任意の $L>0$ に対して定数 C が存在して）

$$|a_\alpha| \leqq CL^{|\alpha|}|\alpha|!^{-s}; \tag{2.141}$$

(b) 定数 L および C が存在して（任意の $L>0$ に対して定数 C が存在して）

$$|P(\zeta)| \leqq C \exp\{(L|\zeta|)^{1/s}\}, \qquad \zeta \in \boldsymbol{C}^n. \tag{2.142}$$

$n=1$ のときは，さらに次の条件と同等である：

(c)　$P(\zeta)$ は Hadamard の分解

$$P(\zeta) = a\zeta^{n(0)} \prod_{p=n(0)+1}^{\infty} \left(1-\frac{\zeta}{c_p}\right) \tag{2.143}$$

をもち，ある定数 L および C に対して(任意の $L>0$ に対して定まる定数 C に対して)，

$$N(\rho) = \int_0^\rho \frac{n(\lambda)-n(0)}{\lambda} d\lambda \leqq (L\rho)^{1/s}+\log C. \tag{2.144}$$

ただし，$n(\lambda)$ は $|c_p|\leqq\lambda$ をみたす重複度をこめた零点 c_p の個数である．

証明　(a) $\Longrightarrow$ (b)　(2.120) により

$$\sum |a_\alpha\zeta^\alpha| \leqq C \sum_{|\alpha|=0}^{\infty} \frac{L^{|\alpha|}|\zeta^\alpha|}{(2L|\zeta|)^{|\alpha|}} \cdot \sup_\alpha \frac{(2L|\zeta|)^{|\alpha|}}{|\alpha|!^s}$$
$$\leqq 2^n C \exp\{s(2L|\zeta|)^{1/s}\}.$$

(b) $\Longrightarrow$ (a)　Cauchy の積分公式により

$$|a_\alpha| = \frac{1}{(2\pi)^n}\left|\int_{|\zeta_1|=\rho_1}\cdots\int_{|\zeta_n|=\rho_n} \frac{P(\zeta)}{\zeta_1^{\alpha_1+1}\cdots\zeta_n^{\alpha_n+1}} d\zeta_1\cdots d\zeta_n\right|$$
$$\leqq \inf_{0<\rho_1,\cdots,\rho_n<\infty} \frac{C\exp\{(L|\rho|)^{1/s}\}}{\rho_1^{\alpha_1}\cdots\rho_n^{\alpha_n}}$$
$$\leqq C(\sqrt{n}\,L)^{|\alpha|} \inf_{0<t<\infty} t^{-|\alpha|}\exp(t^{1/s}).$$

(2.121) と Stirling の公式により $C(\sqrt{2\pi|\alpha|})^s(\sqrt{n}\,Ls^{-s})^{|\alpha|}|\alpha|!^{-s}$ をこえない．

(c) $\Longrightarrow$ (b)　条件 (c) は原点における零点の重複度 $n(0)$ と関係がなく，また $P(\zeta)$ が条件 (b) をみたすことと $P(\zeta)/\zeta^{n(0)}$ が同じ条件をみたすことは同等である．したがって，一般性を失うことなく $P(0)=1$ としてよい．このとき，まず (2.144) から

$$\sum_{p=1}^{\infty} \frac{1}{|c_p|} < \infty, \tag{2.145}$$

$$\lim_{\rho\to\infty} \rho^{-1} n(\rho) = 0 \tag{2.146}$$

が導かれることを示そう．$\rho<\infty$ のとき，部分積分により

$$\int_0^\rho \lambda^{-2} n(\lambda) d\lambda = \rho^{-1}N(\rho) + \int_0^\rho \lambda^{-2}N(\lambda)d\lambda.$$

$\rho\to\infty$ のとき，右辺は仮定により有限の値に収束し，したがって，左辺も収束

する．同様に

$$(2.147)\qquad \sum_{|c_p|\leqq\rho}\frac{1}{|c_p|}=\int_0^\rho \lambda^{-1}dn(\lambda)=\rho^{-1}n(\rho)+\int_0^\rho \lambda^{-2}n(\lambda)d\lambda.$$

$\rho\to\infty$ のとき，右辺第2項は有限の値に収束するのであるから，もし左辺が無限大になるならば，$\rho^{-1}n(\rho)$ も無限大になる．しかし，これは第2項の積分が有限の極限値をもつことに反する．それ故，(2.145) がなりたつ．(2.147) の両辺が収束することから，$\rho^{-1}n(\rho)$ は有限の極限値をもつ．もし，これが0でなければ，右辺第2項の積分はやはり無限大となる．こうして (2.146) も証明された．

(2.145) により無限積 (2.143) は絶対収束する．われわれの仮定の下で

$$\log\sup_{|\zeta|=\rho}|P(\zeta)|\leqq\sum_{p=1}^{\infty}\log\left(1+\frac{\rho}{|c_p|}\right)=\int_0^\infty \log\left(1+\frac{\rho}{\lambda}\right)dn(\lambda).$$

$\sigma<\infty$ とすれば，部分積分により

$$\int_0^\sigma \log\left(1+\frac{\rho}{\lambda}\right)dn(\lambda)=\log\left(1+\frac{\rho}{\sigma}\right)n(\sigma)+\frac{\rho N(\sigma)}{\sigma+\rho}+\int_0^\sigma\frac{\rho N(\lambda)}{(\lambda+\rho)^2}d\lambda.$$

$\sigma\to\infty$ のとき，右辺第1項，第2項は (2.146), (2.144) により0に収束する．したがって

$$\log\sup_{|\zeta|=\rho}|P(\zeta)|\leqq\int_0^\infty\frac{\rho((L\lambda)^{1/s}+\log C)}{(\lambda+\rho)^2}d\lambda$$
$$=\frac{\Gamma(1+1/s)\Gamma(1-1/s)}{\Gamma(2)}(L\rho)^{1/s}+\log C.$$

(b) $\Longrightarrow$ (c)　やはり一般性を失うことなく $P(0)=1$ としてよい．このとき，Jensen の公式(本講座 "Fourier 解析" 116 ページを見よ)により

$$N(\rho)=\frac{1}{2\pi}\int_0^{2\pi}\log|P(\rho e^{i\theta})|d\theta.$$

故に，(2.142) より (2.144) が導かれる．

$$Q(\zeta)=\prod_{p=1}^{\infty}\left(1-\frac{\zeta}{c_p}\right)$$

とおく．$Q(\zeta)$ は $P(\zeta)$ と同じ零点をもち，(c) $\Longrightarrow$ (b) の証明からわかるように (2.142) の評価をもつ整関数である．

$$Q(\zeta)=\prod_{|c_p|\leqq 2\rho}\left(1-\frac{\zeta}{c_p}\right)\prod_{|c_p|>2\rho}\left(1-\frac{\zeta}{c_p}\right)$$

と分けて，第2因子を (c) ⟹ (b) の証明と同様に評価すれば，

$$|Q(\zeta)| \geqq \prod_{|c_p|\leqq 2|\zeta|}\left|1-\frac{\zeta}{c_p}\right| \exp\{-(L|\zeta|)^{1/s}+\log C\}$$

を得る．

(2.145)' より，円環 $\rho_j-1\leqq|\zeta|\leqq\rho_j+1$ の中に一つも零点を含まないような数列 $\rho_j\to\infty$ が存在することがわかる．このような ρ_j の一つを ρ とする．ζ が円周 $|\zeta|=\rho$ にあるとき，

$$\prod_{|c_p|\leqq 2|\zeta|}\left|1-\frac{\zeta}{c_p}\right| \geqq \left(\frac{1}{2\rho}\right)^{n(2\rho)}.$$

ここで

$$n(2\rho)\log 2 \leqq \int_{2\rho}^{4\rho}\frac{n(\lambda)}{\lambda}d\lambda \leqq N(4\rho)$$

に注意すれば，任意の $\varepsilon>0$ に対し

$$|Q(\zeta)| \geqq C_1 \exp\{-(L_1\rho)^{1/s+\varepsilon}\}$$

となる $\rho=\rho_j$ によらない定数 L_1, C_1 があることがわかる．したがって，$R(\zeta)=P(\zeta)/Q(\zeta)$ は決して0の値をとらない整関数であって，上のような円周 $|\zeta|=\rho$ の上では

$$|R(\zeta)| \leqq C_2 \exp(L_2\rho)^{1/s+\varepsilon}$$

と評価される．$R(\zeta)=\exp r(\zeta)$ と表わせば，

$$\operatorname{Re} r(\zeta) \leqq (L_2\rho)^{1/s+\varepsilon}+\log C_2.$$

$1/s+\varepsilon<1$ となるよう十分 ε を小さくとっておけば，これから $r(\zeta)$ は定数であることが導かれる．実際，

$$r(\zeta)=\sum_{m=0}^{\infty} b_m\zeta^m$$

を整関数 $r(\zeta)$ の Taylor 展開としたとき，$\operatorname{Re} r(\rho e^{i\theta})$ の Fourier 展開より

$$b_m\rho^m=\frac{1}{\pi}\int_0^{2\pi}\operatorname{Re} r(\rho e^{i\theta})e^{-im\theta}d\theta$$

を得る．故に

$$|b_m|\rho^m \leqq \frac{1}{\pi}\int_0^{2\pi}|\operatorname{Re} r(\rho e^{i\theta})|d\theta.$$

一方，$b_0=0$ より

$$\frac{1}{\pi}\int_0^{2\pi}\mathrm{Re}\, r(\rho e^{i\theta})d\theta = 0.$$

これを合わせて

$$|b_m|\rho^m \leqq \frac{2}{\pi}\int_0^{2\pi}(\mathrm{Re}\, r(\rho e^{i\theta}))_+ d\theta$$
$$\leqq 4\{(L_2\rho)^{1/s+\varepsilon}+\log C_2\}$$

を得る．$\rho=\rho_j\to\infty$ とすれば，$m>0$ に対し $|b_m|=0$ となることがわかる．

以上により，$P(\zeta)=Q(\zeta)$ が証明された．▌

補題の条件は

(2.148) $$P(D)=\sum_{|\alpha|=0}^{\infty} a_\alpha D^\alpha$$

で定義される定数係数の無限階の微分作用素 $P(D)$ が $*$ 族の微分作用素になるための必要十分条件である．条件 (c) より，$l_p=$定数 $(l_p\to 0)$ ならば，

(2.149) $$P_0(D)=\prod_{p=1}^{\infty}\left(1+\frac{l_pD}{p^s}\right)$$

は (s) 族 ($\{s\}$ 族) の微分作用素になることがわかる．

条件 (b) は $|P(\zeta)|$ の上からの評価であるが，(2.149) で定義される $P_0(D)$ については次のように下からも評価することができる．

補題 2.7 任意の $0<B<s$ に対し，定数 $A>0$ が存在し

(2.150) $$\left|\prod_{p=1}^{\infty}\left(1+\frac{\zeta}{p^s}\right)\right| \geqq A\exp(B|\zeta|^{1/s}),\qquad \mathrm{Re}\,\zeta\geqq 0.$$

証明 $\mathrm{Re}\,\zeta\geqq 0$ ならば，$|1+\zeta/p^s|\geqq 1$ ゆえ，

(2.151) $$\left|\prod_{p=1}^{\infty}\left(1+\frac{\zeta}{p^s}\right)\right| \geqq \sup_p \prod_{q=1}^{p}\left|1+\frac{\zeta}{q^s}\right| \geqq \sup_p \frac{|\zeta|^p}{p!^s}.$$

ところで，$q\leqq t\leqq q+1$ ならば，$t^p/p!$ は $p=q$ のとき最大値をとる．$e^t=\sum t^p/p!$ の最初の $2q+2$ 項を最大項 $t^q/q!$ でおきかえ，その後の項を公比 1/2 の幾何級数でおさえれば，

$$e^t \leqq \frac{(2q+3)t^q}{q!}$$

と評価できる．したがって，

(2.152) $$\sup_p \frac{t^p}{p!} \geqq \frac{e^t}{2t+3},\qquad 0<t<\infty.$$

これを (2.151) に適用すれば,

$$\left|\prod_{p=1}^{\infty}\left(1+\frac{\zeta}{p^s}\right)\right| \geqq (2|\zeta|^{1/s}+3)^{-s}\exp(s|\zeta|^{1/s}).$$

この右辺を (2.150) の右辺で下から評価することは容易である. ▮

補題 2.8 $\varepsilon(\rho)\geqq 0$ は $0\leqq\rho<\infty$ で定義された連続増加関数であって, $\rho\to\infty$ のとき $\varepsilon(\rho)/\rho\to 0$ をみたすとする. このとき,

(2.153) $$\left|\prod_{p=1}^{\infty}\left(1+\frac{l_p\zeta}{p^s}\right)\right| \geqq A\exp\{\varepsilon(|\zeta|)^{1/s}\}, \qquad \mathrm{Re}\,\zeta\geqq 0,$$

をみたす数列 $l_p\searrow 0$ および $A>0$ が存在する.

証明 $0\leqq t<\infty$ に対して

(2.154) $$E(t)=\sup_p\frac{t^p}{p!^s}=\sup_p\prod_{q=1}^{p}\frac{t}{q^s}$$

とおけば, 補題 2.7 の証明により

(2.155) $$E(t)\geqq A\exp(Bt^{1/s}).$$

故に, $B^{-s}\varepsilon(\rho)$ を改めて $\varepsilon(\rho)$ とおき, (2.151) の証明を用いるならば, 十分大きい ρ に対して

(2.156) $$E(\varepsilon(\rho))\leqq\sup_p\prod_{q=1}^{p}\frac{l_q\rho}{q^s}$$

となる $l_p\searrow 0$ が存在することを証明すればよいことがわかる.

必要があれば, $\varepsilon(\rho)$ をそれより大きい関数でおきかえることにより, 一般性を失うことなく

(2.157) $$\varepsilon(\rho)\nearrow\infty \quad かつ \quad \frac{\varepsilon(\rho)}{\rho}\searrow 0$$

と仮定してよい. さらに, 区間 $[0,1]$ では原点を通る直線でおきかえることにより, $\varepsilon(0)=0$ と仮定してよい. こうすれば, $\varepsilon(\rho)$ は $[0,\infty)$ をそれ自身にうつす連続全射となる. l_p を次の方程式の解の一つとする:

(2.158) $$\varepsilon\left(\frac{p^s}{l_p}\right)=p^s, \qquad p=1,2,\cdots,$$

(2.157) により $p^s/l_p\nearrow\infty$ かつ $l_p=\varepsilon(p^s/l_p)/(p^s/l_p)\searrow 0$ となる. また, 明らかに

(2.159) $$\rho\geqq\frac{p^s}{l_p} \text{ かつ } q\leqq p \Longrightarrow \varepsilon(\rho)\leqq l_q\rho$$

がなりたつ．

(2.154)の右辺の最大は $p^s \leqq t \leqq (p+1)^s$ のとき，ちょうど p で達せられるから，$p^s \leqq \varepsilon(\rho) \leqq (p+1)^s$ のとき，すなわち $p^s/l_p \leqq \rho \leqq (p+1)^s/l_{p+1}$ のとき，

$$E(\varepsilon(\rho)) = \prod_{q=1}^{p} \frac{\varepsilon(\rho)}{q^s} \leqq \prod_{q=1}^{p} \frac{l_q \rho}{q^s} \leqq \sup_p \prod_{q=1}^{p} \frac{l_q \rho}{q^s}.$$

これで(2.156)の証明ができた．▌

次が目標の分布および超分布の構造定理である．

定理 2.25　次の条件は互いに同等である：

(a)　$f \in \mathcal{D}^{*\prime}(\Omega)$；

(b)　Ω_1 を任意の相対コンパクト開部分集合としたとき，Ω_1 上の有限測度 $f_\alpha \in C_0(\Omega_1)'$ が存在して

(2.160)
$$f|_{\Omega_1} = \sum_\alpha D^\alpha f_\alpha.$$

ただし，I：$* = \phi$ の場合，f_α は有限個の α を除きすべて 0.

$\mathrm{II}_{(s)}$：$* = (s)$ の場合（$\mathrm{II}_{\{s\}}$：$* = \{s\}$ の場合），定数 L と C が存在して（任意の $L>0$ に対して定数 C が存在して）

(2.161)
$$\|f_\alpha\|_{C_0(\Omega_1)'} \leqq \frac{CL^{|\alpha|}}{|\alpha|!^s};$$

(c)　Ω_1 を任意の相対コンパクト開部分集合かつ $\dagger > *$ としたとき，$*$ 族の定数係数微分作用素 $P(D)$ と $g \in \mathcal{E}^\dagger(\Omega_1)$（$* = \phi$ のときは $g \in C(\Omega_1)$）を用いて

(2.162)
$$f|_{\Omega_1} = P(D)g$$

と表わされる．

証明　(c) $\Longrightarrow$ (b)　$\Omega_1 \Subset \Omega_2 \Subset \Omega$ となるよう開部分集合 Ω_2 を選んでおき，Ω_2 に対して(c)を適用する．

$$P(D) = \sum_{|\alpha|=0}^{\infty} a_\alpha D^\alpha$$

が(c)での微分作用素ならば，g は Ω_1 上の有界連続関数であるから

$$f_\alpha = a_\alpha g|_{\Omega_1}$$

に対して(b)が成立する．

(b) $\Longrightarrow$ (a)　任意のコンパクト集合 $K \subset \Omega$ に対して，$K \subset \Omega_1 \Subset \Omega$ となる開部分集合 Ω_1 をとり(b)を適用する．$\varphi \in \mathcal{D}^*{}_K$ に対して

$$(2.163)\qquad \langle\varphi, f\rangle = \langle\varphi, f|_{\Omega_1}\rangle = \sum_{|\alpha|=0}^{\infty}\langle(-D)^\alpha\varphi, f_\alpha\rangle$$

の右辺は絶対収束し $\mathcal{D}^*{}_K$ 上の連続線型汎関数を与える．実際，Iの場合は有限和ゆえ明らかであり，$\text{II}_{(s)}$ および $\text{II}_{\{s\}}$ の場合は

$$\sum_{|\alpha|=0}^{\infty}|\langle(-D)^\alpha\varphi, f_\alpha\rangle| \leqq \sum_{|\alpha|=0}^{\infty} h^{|\alpha|}|\alpha|!^s\|\varphi\|_{\mathcal{D}^{\{s\}},h_K}\|f_\alpha\|_{C_0(\Omega_1)'}$$

$$\leqq C\|\varphi\|_{\mathcal{D}^{\{s\}},h_K}\sum_{|\alpha|=0}^{\infty}(hL)^{|\alpha|}$$

において $hL<1$ とすることができるから，(2.163)は各 φ ごとに絶対収束する．(2.163)の有限部分和は明らかに $\mathcal{D}^*{}_K$ 上の連続線型汎関数であるから，Banach-Steinhausの定理により極限である級数の和(2.163)もまた連続線型汎関数である．

(a) $\Longrightarrow$ (c)　$\bar{\Omega}_1$ の近傍で1の値をとる $\chi\in\mathcal{D}^*(\Omega)$ をとり，χf をあらためて f とする．0による拡張により $f\in\mathcal{D}^{*\prime}{}_K(\boldsymbol{R}^n)$ とみなされる．ただし，K は $\operatorname{supp} f$ の凸包である．(超)分布に対するPaley-Wienerの定理により，f のFourier変換 $\hat{f}$ は次の評価をみたす:

Iの場合，定数 L と C が存在し

$$(2.164)\qquad |\hat{f}(\xi)| \leqq C\prod_{i=1}^{n}(1+|\xi_i|)^L, \qquad \xi\in\boldsymbol{R}^n;$$

$\text{II}_{(s)}$ の場合，定数 L と C が存在し

$$(2.165)\qquad |\hat{f}(\xi)| \leqq C\prod_{i=1}^{n}\exp(L|\xi_i|)^{1/s}, \qquad \xi\in\boldsymbol{R}^n;$$

$\text{II}_{\{s\}}$ の場合，任意の $L>0$ に対し定数 C が存在し(2.165)をみたす．これは補題2.8の条件をみたす $\varepsilon(\rho)$ が存在して

$$(2.166)\qquad |\hat{f}(\xi)| \leqq \prod_{i=1}^{n}\exp\{\varepsilon(|\xi_i|)^{1/s}\}, \qquad \xi\in\boldsymbol{R}^n,$$

となることと同じである．定理2.23の評価をこのように各変数ごとの評価の積におきかえることは容易である．

Iの場合，$m>L+1$ となる整数 m をとり

$$(2.167)\qquad P(D) = P_0(D_1)\cdots P_0(D_n),$$

$$(2.168)\qquad P_0(D) = (1+iD)^m$$

とすれば，(2.164)により

$$\hat{g}(\xi)=\frac{\hat{f}(\xi)}{P(\xi)}\in L^1(\boldsymbol{R}^n). \tag{2.169}$$

$g(x)\in C_0(\boldsymbol{R}^n)$ を $\hat{g}(\xi)$ の逆 Fourier 変換とすれば，$\hat{g}(\xi)$ は $g(x)$ の Fourier 変換に等しく

$$\hat{f}(\xi)=P(\xi)\hat{g}(\xi),\qquad \xi\in\boldsymbol{R}^n, \tag{2.170}$$

が成立する．したがって，定理 2.24 により $\boldsymbol{R}^n$ 上

$$f(x)=P(D)g(x) \tag{2.171}$$

が成立する．これを Ω_1 に制限して (2.162) を得る．

$\mathrm{II}_{(s)}$ の場合は，$\{s\}$ が (s) より大きい最小の指数である．補題 2.7 により，$l>0$ を十分大きくとれば，ある $A>0$ に対し

$$\left|\prod_{p=1}^{\infty}\left(1+\frac{il\xi}{p^s}\right)\right|\geqq A\exp\{2(L|\xi|)^{1/s}\},\qquad \xi\in\boldsymbol{R}^n, \tag{2.172}$$

となる．そこで

$$P_0(D)=\prod_{p=1}^{\infty}\left(1+\frac{ilD}{p^s}\right) \tag{2.173}$$

とし，(2.167), (2.169) により $P(D), \hat{g}(\xi)$ を定義すれば，

$$|\hat{g}(\xi)|\leqq A^{-n}C\prod\exp\{-(L|\xi_i|)^{1/s}\},\qquad \xi\in\boldsymbol{R}^n, \tag{2.174}$$

がなりたつ．定理 2.22 と同じ計算をすれば，$\hat{g}(\xi)$ の逆 Fourier 変換 g は $\mathcal{E}^{\{s\}}(\boldsymbol{R}^n)$ に属することが証明される．

$\mathrm{II}_{\{s\}}$ の場合，任意の $\dagger>\{s\}$ に対し，$\dagger>\{t\}>\{s\}$ となる t がとれる．$\hat{f}(\xi)\exp(\sum|\xi_i|^{1/t})$ も任意の $L>0$ に対して (2.165) の評価をみたすから，

$$\left|\hat{f}(\xi)\exp\left(\sum_{i=1}^{n}|\xi_i|^{1/t}\right)\right|\leqq\prod_{i=1}^{n}\exp\{\varepsilon(|\xi_i|)^{1/s}\},\qquad \xi\in\boldsymbol{R}^n, \tag{2.175}$$

となる補題 2.8 の条件をみたす $\varepsilon(\rho)$ がとれる．これに対して補題 2.8 を適用し，(2.153) のなりたつ数列 $l_p\searrow 0$ をとれば，

$$P_0(D)=\prod_{p=1}^{\infty}\left(1+\frac{il_pD}{p^s}\right) \tag{2.176}$$

と変えるだけで，あとは $\mathrm{II}_{(s)}$ の場合と同様に証明できる．ただし，$g\in\mathcal{E}^{\{t\}}(\boldsymbol{R}^n)\subset\mathcal{E}^{\dagger}(\boldsymbol{R}^n)$ となる．▌

§2.8　分布および超分布の接続

開集合 Ω で定義された分布および超分布がいかなる条件の下で Ω を含む開集合 $\tilde{\Omega}$ 上の分布および超分布に接続できるかという問題を考察する．特に，超曲面の片側で定義された可測関数 $f(x)$ がその超曲面をこえて分布あるいは超分布として拡張できるための十分条件を x が超曲面に近づくときの $f(x)$ の絶対値の増大度に対する制限の形で与える．

$\tilde{\Omega}$ における Ω の境界を S と書く．S はある程度の滑らかさをもっているとする．もし $f\in\mathcal{D}^{*\prime}(\Omega)$ が $\tilde{f}\in\mathcal{D}^{*\prime}(\tilde{\Omega})$ に拡張されるならば，S の各点 x の近傍 $\Omega_x\Subset\tilde{\Omega}$ において $\tilde{f}$ に対し定理2.25を適用することができて，Ω_x 上の測度 f_α が存在し

$$\tilde{f}|_{\Omega_x}=\sum_\alpha D^\alpha f_\alpha \tag{2.177}$$

と表わされる．f_α に Ω の定義関数を掛けたものを g_α とすれば，g_α も f_α と同様のノルムの制限をもち，

$$\tilde{g}_x=\sum_\alpha D^\alpha g_\alpha \tag{2.178}$$

がまた $f|_{\Omega\cap\Omega_x}$ の Ω_x 上への拡張となる．$\{\Omega_x\,|\,x\in S\}\cup\{\Omega\}\cup\{\tilde{\Omega}\setminus\bar{\Omega}\}$ に伴う1の分割 χ_j を用いて

$$\tilde{g}=\sum\chi_j\tilde{g}_{x(j)} \tag{2.179}$$

とすれば，これは $\tilde{\Omega}\setminus\bar{\Omega}$ 上で0となる f の拡張になる．ここで，$\mathrm{supp}\,\chi_j\subset\Omega_x$ のとき $\tilde{g}_{x(j)}=\tilde{g}_x$，$\mathrm{supp}\,\chi_j\subset\Omega$ のとき $\tilde{g}_{x(j)}=f$，$\mathrm{supp}\,\chi_j\subset\tilde{\Omega}\setminus\bar{\Omega}$ のとき $\tilde{g}_{x(j)}=0$ とする．すなわち次の命題が得られたことになる．

命題2.6　$f\in\mathcal{D}^{*\prime}(\Omega)$ が $\tilde{f}\in\mathcal{D}^{*\prime}(\tilde{\Omega})$ に拡張できるならば，f は $\tilde{\Omega}\setminus\bar{\Omega}$ で0となる拡張 $\tilde{g}\in\mathcal{D}^{*\prime}(\tilde{\Omega})$ をもつ．——

また，$\tilde{g}_x$ が $f|_{\Omega\cap\Omega_x}$ の拡張でありさえすれば，(2.179)の $\tilde{g}$ は f の拡張になるから，次の命題も成立する．

命題2.7　$f\in\mathcal{D}^{*\prime}(\Omega)$ が $\tilde{f}\in\mathcal{D}^{*\prime}(\tilde{\Omega})$ に拡張できるための必要十分条件は，Ω の境界 S の各点 x の近傍において f が拡張可能なことである．——

すなわち，f の拡張可能性は f の S の近傍における振舞いのみによって定まり，$\tilde{\Omega}$ のとり方にはよらない．

S の各点 x は $\tilde{\Omega}$ の内点であるから，$\tilde{f}$ の連続性から次の定理の必要性は明ら

かである．

定理 2.26 $f\in\mathcal{D}^{*\prime}(\Omega)$ が $\tilde{f}\in\mathcal{D}^{*\prime}(\tilde{\Omega})$ に拡張できるためには，Ω の境界 S の各点 x に対して $\tilde{\Omega}$ におけるコンパクト近傍 K が存在し，次の条件がなりたつことが必要十分である：

I：$*=\phi$ の場合，定数 m と C が存在して

$$(2.180)\qquad |\langle\varphi, f\rangle| \leqq C\sup_{\substack{x\\|\alpha|\leqq m}} |D^\alpha\varphi(x)|,\qquad \varphi\in\mathcal{D}^*(\Omega),\qquad \operatorname{supp}\varphi\subset K;$$

$\text{II}_{(s)}$：$*=(s)$ の場合（$\text{II}_{\{s\}}$：$*=\{s\}$ の場合），定数 h および C が存在して（任意の $h>0$ に対して定数 C が存在して）

$$(2.181)\qquad |\langle\varphi, f\rangle| \leqq C\sup_{\substack{x\\\alpha}} \frac{|D^\alpha\varphi(x)|}{h^{|\alpha|}|\alpha|!^s},\qquad \varphi\in\mathcal{D}^*(\Omega),\qquad \operatorname{supp}\varphi\subset K.$$

証明 十分の証明　定理の条件は f が $\mathcal{D}^*_K$ の線型部分空間 $\{\varphi\in\mathcal{D}^*_K\,|\,\operatorname{supp}\varphi\subset\Omega\}$ 上連続な線型汎関数であることを意味する（$*=\phi$ または (s) のときは明らか．$*=\{s\}$ のときは双対 Mittag-Leffler の補題（§1.4 定理 1.37）を用いる．詳細は略す）．これを Hahn-Banach の定理を用いて $\mathcal{D}^*_K$ 上の連続線型汎関数に拡張したものは $\operatorname{int}K$ における f の拡張になる．▌

定理 2.26 を用いれば，分布および超分布は一般には拡張できないことが示される．簡単のため 1 次元の場合を考える．

命題 2.8 $f(x)$ は $\boldsymbol{R}_+=\{x\in\boldsymbol{R}\,|\,x>0\}$ で定義された局所可積分関数であるとする．

I. 任意の $n\in\boldsymbol{N}$ に対して，$c>0$ および $\delta>0$ が存在し

$$(2.182)\qquad f(x)\geqq cx^{-n},\qquad 0<x<\delta,$$

をみたすならば，f は 0 をこえて分布として接続することはできない．

$\text{II}_{(s)}$. 任意の $L>0$ に対し，$c>0$ および $\delta>0$ が存在し（$\text{II}_{\{s\}}$. $L>0$, $c>0$, $\delta>0$ が存在し）

$$(2.183)\qquad f(x)\geqq c\exp\left(\frac{L}{x}\right)^{1/(s-1)},\qquad 0<x<\delta,$$

をみたすならば，f は 0 をこえて (s) 族の超分布（$\{s\}$ 族の超分布）として接続することはできない．

証明 命題 2.7 により一般性を失うことなく $f(x)\geqq 0$, $x\in\boldsymbol{R}_+$ としてよい．

I. もし接続可能ならば，定理2.26により定数 m と C が存在して，すべての $\varphi\in\mathcal{D}((0,1))$ に対して (2.180) が成立する．$\varphi_0(x)$ として $[0,1/2]$ に台をもち，$x\geqq 0$ が十分小のとき x^{m+1} に等しい m 回連続微分可能関数をとり，$0<\varepsilon<1/4$ に対して

$$\varphi_\varepsilon(x)=\int J_\varepsilon(x-y-2\varepsilon)\varphi_0(y)dy$$

と定義する．ただし J_ε は§2.3の正則化の核である．$\varphi_\varepsilon\in\mathcal{D}((0,1))$ かつ (2.180) の右辺は ε に関係のない定数でおさえられる．しかし，$0<x<\delta_0$ かつ ε が十分小ならば，$\varphi_\varepsilon(x)$ は $\varepsilon\to 0$ のとき単調に増大し x^{m+1} に収束する．したがって，

$$\langle\varphi_\varepsilon,f\rangle\geqq\int_0^{\delta_0}\varphi_\varepsilon(x)f(x)dx\longrightarrow\int_0^{\delta_0}x^{m+1}f(x)dx.$$

しかし，(2.182) において $n>m+2$ とすれば，右辺は発散する．これは (2.180) に矛盾する．

$\mathrm{II}_{(s)}$. §2.1補題2.1を用いれば，$[0,1/2]$ に台をもち，$x\geqq 0$ が十分に小さいとき $\exp(-(L_0/x)^{1/(s-1)})$ に等しく，かつ

$$\sup_x|D^\alpha\varphi_0(x)|\leqq Bh^{|\alpha|}|\alpha|!^s$$

をみたす定数 B の存在する関数 φ_0 を作ることができる．あとはIの場合と同様である．

$\mathrm{II}_{\{s\}}$. $L_0<L$ として上の関数 φ_0 を作り，今度は $\varphi_\varepsilon(x)=\varphi_0(x-\varepsilon)$ とすればよい．▌

逆に次の定理が成立する．

定理 2.27　Ω' を $\boldsymbol{R}^{n-1}$ の開集合，S を Ω' 上の連続関数 $\mathring{x}_n(x')$ を用いて $x_n=\mathring{x}_n(x')$ で定義される超曲面であるとする．$\Omega=\{x=(x',x_n)\,|\,x'\in\Omega',x_n>\mathring{x}_n(x')\}$ 上の可測関数 $f(x)$ が次の条件をみたすならば，$f(x)$ は $*$ 族の超分布として S をこえて接続することができる：

I：$*=\phi$ の場合，任意のコンパクト集合 $K'\subset\Omega'$ に対して定数 L および C が存在して

$$\sup_{x'\in K'}|f(x',x_n)|\leqq C(x_n-\mathring{x}_n(x'))^{-L};\tag{2.184}$$

$\mathrm{II}_{(s)}$：$*=(s)$ の場合 ($\mathrm{II}_{\{s\}}$：$*=\{s\}$ の場合)，任意のコンパクト集合 $K'\subset\Omega'$ に

対して定数 L および C が存在して(さらに $L>0$ に対して定数 C が存在して)

$$\sup_{x'\in K'}|f(x',x_n)| \leqq C\exp\left(\frac{L}{x_n-\mathring{x}_n(x')}\right)^{1/(s-1)}. \tag{2.185}$$

証明 I の場合, L より大きい正の整数 m をとり, $\varepsilon>0$ とする. $v(x)$ を $x\leqq 0$ または $x\geqq\varepsilon$ では 0 に等しく, $0<x<\varepsilon/2$ では $x^{m-1}/(m-1)!$ に等しく, $x>0$ で無限回微分可能な関数とする. このとき, Dirac の δ 関数と $[\varepsilon/2,\varepsilon]$ に台のある無限回可微分関数 w を用いて

$$\left(\frac{d}{dx}\right)^m v(x) = \delta(x)+w(x) \tag{2.186}$$

と表わされる. さて, $x'\in K'$ となる $(x',x_n)\in\Omega$ に対して

$$g(x',x_n) = \int_0^\infty f(x',x_n+t)v(t)dt \tag{2.187}$$

と定義すれば, 仮定によりこれは S の近傍で有界な可測関数になる. それ故, $x_n<\mathring{x}_n(x')$ に対して 0 として g を拡張して得られる関数 $\tilde{g}$ も局所可積分関数である. (2.186) より

$$\left(-\frac{\partial}{\partial x_n}\right)^m g(x',x_n) = f(x',x_n)+\int_0^\infty f(x',x_n+t)w(t)dt$$

を得るが, 右辺第 2 項は $w(t)$ の台が $t\geqq\varepsilon/2$ にあることより $x_n>\mathring{x}_n-\varepsilon/2$ まで自然に拡張される. 左辺の g に上の拡張 $\tilde{g}$ を用いれば, これによって f もまた同じ領域 $x_n>\mathring{x}_n-\varepsilon/2$ まで拡張できることがわかる.

$\mathrm{II}_{(s)}, \mathrm{II}_{\{s\}}$ の場合も, $x\leqq 0$ または $x\geqq\varepsilon$ で 0 に等しい関数 $v(x)$ であって, ある $*$ 族の微分作用素 $P(d/dx)$ と $[\varepsilon/2,\varepsilon]$ に台のある連続関数 $w(x)$ に対して

$$P\left(\frac{d}{dx}\right)v(x) = \delta(x)+w(x) \tag{2.188}$$

となり, かつ積分 (2.187) が S の近傍で有界となるものがあれば, 上と同じ証明で f の接続可能性がいえる.

このような関数 v の存在を証明するため次の補題を用意する.

補題 2.9 $*=(s)$ のときは $l_p=l>0$, $*=\{s\}$ のときは $l_p\searrow 0$ とし,

$$P(\zeta) = (1+\zeta)^2\prod_{p=1}^\infty\left(1+\frac{l_p\zeta}{p^s}\right) \tag{2.189}$$

とおく. このとき $\mathrm{Re}\, z<0$ に対して

$$U(z) = \frac{1}{2\pi i}\int_0^\infty e^{z\zeta}P(\zeta)^{-1}d\zeta \tag{2.190}$$

で定義される関数 $U(z)$ は Riemann 領域 $\{z\neq 0 \mid -\pi/2<\arg z<5\pi/2\}$ まで解析接続され，その上で，

$$P\left(\frac{d}{dz}\right)U(z) = \frac{-1}{2\pi i}\frac{1}{z} \tag{2.191}$$

をみたす．さらに，$0\leqq \arg z\leqq 2\pi$ ならば，

$$\left|\frac{d^pU(z)}{dz^p}\right| \leqq \frac{1}{4}h_p p!^s, \qquad p = 0, 1, 2, \cdots. \tag{2.192}$$

ただし，$h_p=(l_1\cdots l_p)^{-1}$ である．

ここで

$$u(x) = U(x+i0)-U(x-i0) \tag{2.193}$$

とおけば，これは

$$\left|\frac{d^pu(x)}{dx^p}\right| \leqq \frac{1}{2}h_p p!^s \tag{2.194}$$

および

$$P\left(\frac{d}{dx}\right)u(x) = \delta(x) \tag{2.195}$$

をみたす関数であって，$x<0$ に対して $u(x)=0$ かつ

$$u(x) \geqq 0, \qquad \int_{-\infty}^\infty u(x)dx = 1 \tag{2.196}$$

をみたす．さらに，

$$N^*(t) = \sup_p \log \frac{t^p}{h_p p!^{s-1}} \tag{2.197}$$

とおけば

$$u(x) \leqq \frac{1}{2}\exp\left(-N^*\left(\frac{1}{x}\right)\right), \qquad x > 0. \tag{2.198}$$

証明　§2.7補題2.6の証明と同じ計算により，$\zeta\notin(-\infty, 0]$ に対し

$$\log P(\zeta) = \log(1+\zeta)^2 + \int_0^\infty \log\left(1+\frac{\zeta}{\lambda}\right)dn(\lambda)$$

$$= \log(1+\zeta)^2 + \zeta\int_0^\infty \frac{N(\lambda)}{(\lambda+\zeta)^2}d\lambda$$

となる．ただし，$n(\lambda)$ は λ をこえない p^s/l_p の個数であり，

$$N(\rho)=\int_0^\rho \frac{n(\lambda)}{\lambda}d\lambda$$

とする．

故に，$0\leqq\theta<\pi$ を固定したとき，$|\arg\zeta|\leqq\theta$ に関して一様に

$$\begin{aligned}|\log F(\zeta)| &\leqq |\log(1+\zeta)^2|+|\zeta|\int_0^{|\zeta|}\frac{N(\lambda)d\lambda}{|\lambda+\zeta|^2}+|\zeta|\int_{|\zeta|}^\infty\frac{N(\lambda)d\lambda}{|\lambda+\zeta|^2}\\ &\leqq |\log(1+\zeta)^2|+C_\theta\frac{1}{|\zeta|}\int_0^{|\zeta|}N(\lambda)d\lambda+C_\theta'|\zeta|\int_{|\zeta|}^\infty\frac{N(\lambda)d\lambda}{\lambda^2}.\end{aligned}$$

(2.144) の評価を用いれば，これから，任意の $\varepsilon>0$ に対して

$$|P(\zeta)^{-1}|\leqq C_{\theta,\varepsilon}e^{\varepsilon|\zeta|},\qquad |\arg\zeta|\leqq\theta,$$

となる定数 $C_{\theta,\varepsilon}$ が存在することがわかる．

それ故，積分 (2.190) は $\operatorname{Re}z<0$ に対して絶対収束する．さらに，積分の値をかえることなく，積分路を正の実軸から順次 0 から $\infty e^{i\alpha}$，$-\pi<\alpha<\pi$，に至る半直線まで回転することができる．したがって，関数 $U(z)$ は Riemann 領域 $-\pi/2<\arg z<5\pi/2$ まで解析接続される．

§2.7 補題 2.6 により $P(d/dx)$ は $*$ 族の微分作用素であり，整型関数の位相で収束する積分 (2.190) はもちろん $*$ 族の超可微分関数の位相で収束するから，積分記号下で $P(d/dx)$ を施すことができて，$\operatorname{Re}z<0$ に対し

$$\begin{aligned}P\left(\frac{d}{dz}\right)U(z)&=\frac{1}{2\pi i}\int_0^\infty P\left(\frac{d}{dz}\right)e^{z\zeta}P(\zeta)^{-1}d\zeta\\ &=\frac{1}{2\pi i}\int_0^\infty e^{z\zeta}d\zeta=\frac{-1}{2\pi i}\frac{1}{z}\end{aligned}$$

がなりたつ．右辺も Riemann 領域 $-\pi/2<\arg z<5\pi/2$ 上の整型関数であるから，この等式はその上で成立する．

(2.192) を証明するため，まず $\operatorname{Im}z>0$ とする．このときは正の虚軸を積分路にとることができて，上と同様に

$$\frac{d^p}{dz^p}U(z)=\frac{1}{2\pi}\int_0^\infty e^{iz\eta}(i\eta)^pP(i\eta)^{-1}d\eta \tag{2.199}$$

を得る．$0\leqq\eta<\infty$ に対して

$$|\eta|^p \prod_{q=1}^{\infty}\left|1+\frac{l_q i\eta}{q^s}\right|^{-1} \leqq \prod_{q=1}^{p}\frac{q^s}{l_q} = h_p p!^s$$

となることに注意すれば,

$$\left|\frac{d^p}{dz^p}U(z)\right| \leqq h_p p!^s \frac{1}{2\pi}\int_0^{\infty}|1+i\eta|^{-2}d\eta = \frac{h_p p!^s}{4}.$$

Lebesgue の収束定理を用いれば, 同じ評価は Im $z\geqq 0$ で成立することがわかる.

Im $z\leqq 0$ に対しては, 負の虚軸を積分路にとり同じ計算をすればよい.

(2.194) は (2.192) より明らかである. (2.192) の証明により

$$u(x) = \frac{1}{2\pi}\int_{-\infty}^{\infty} e^{ix\eta}P(i\eta)^{-1}d\eta$$

となることもわかる. すなわち, $u(x)$ は可積分関数 $P(i\eta)^{-1}$ の逆 Fourier 変換である. これに対し定理 2.24 を適用することにより (2.195) を得る.

$x<0$ に対して $u(x)=0$ となることは定義から明らかである. $P(i\eta)^{-1}$ の各因子

$$\left(1+\frac{l_p i\eta}{p^s}\right)^{-1} = \frac{p^s}{l_p}\int_0^{\infty} e^{-p^s l_p^{-1}x}e^{-ix\eta}dx$$

は正定値関数であるから, それらの積である $P(i\eta)^{-1}$ も正定値関数であり, その逆 Fourier 変換である $u(x)$ は非負である. さらに, 全積分は $P(i\eta)^{-1}$ の 0 における値 1 に等しい.

最後に, $x>0$ に対して

$$u(x) = \int_0^x \frac{(x-y)^{p-1}}{(p-1)!}u^{(p)}(y)dy$$

となること, および (2.194) を用いれば

$$u(x) \leqq \inf_p \frac{x^p}{p!}\frac{1}{2}h_p p!^s = \frac{1}{2}\exp\left(-N^*\left(\frac{1}{x}\right)\right).$$ ∎

補題 2.10 $t>0$ で定義された関数 $f(t)$ が, 定数 L および C に対して (任意の $L>0$ に対してある定数 C が存在して)

(2.200) $$|f(t)| \leqq C\exp\left(\frac{L}{t}\right)^{1/(s-1)}, \quad t>0,$$

をみたすならば, $l_p=l>0$ (列 $l_p\searrow 0$) が存在して $f(t)\exp(-N^*(1/t))$ が有界となる.

証明 はじめの場合, (2.152) により

$$\exp N^*\left(\frac{1}{t}\right) = \sup_p \frac{l^p}{t^p p!^{s-1}} \geqq \left(2\left(\frac{l}{t}\right)^{1/(s-1)}+3\right)^{-(s-1)} \exp\left((s-1)\left(\frac{l}{t}\right)^{1/(s-1)}\right).$$

l を十分大にすれば，この右辺は $|f(t)|$ の定数倍より大きくすることができる．

あとの場合も

$$\exp N^*\left(\frac{1}{t}\right) = \sup_p \prod_{q=1}^{p} \frac{l_q}{tq^{s-1}}$$

ゆえ，§2.7 補題 2.8 の証明により $|f(t)| \exp(-N^*(1/t))$ が有界となる $l_p \searrow 0$ の存在がわかる．▮

定理の証明つづき 条件 (2.185) の左辺を $t=x_n-\mathring{x}_n(x')$ の関数とみなし，補題 2.10 を適用して l_p を選び，次に補題 2.9 によって $P(d/dx)$ および $u(x)$ を構成する．このとき，定理 2.27 の証明に必要な (2.188) をみたす関数 $v(x)$ は $u(x)$ に $(-\infty, \varepsilon/2]$ では 1，$[\varepsilon, \infty)$ では 0 に等しい $*$ 族の超可微分関数を掛けることによって得られる．▮

命題 2.7 により定理 2.27 の条件 (2.184), (2.185) は $x_n-\mathring{x}_n(x')$ が十分小さいときなりたてば十分であることに注意する．

§2.9 超可微分関数および超分布のテンソル積

Ω', Ω'' をそれぞれ $\boldsymbol{R}^{n'}, \boldsymbol{R}^{n''}$ の開集合とし，Ω', Ω'' の点を x, y で表わす．この節の目的は $\varphi(x) \in \mathcal{D}^*(\Omega')$, $\psi(y) \in \mathcal{D}^*(\Omega'')$ に対してテンソル積 $\varphi(x)\otimes\psi(y) \in \mathcal{D}^*(\Omega'\times\Omega'')$ を，$f(x) \in \mathcal{D}^{*\prime}(\Omega')$, $g(y) \in \mathcal{D}^{*\prime}(\Omega'')$ に対してテンソル積 $f(x)\otimes g(y) \in \mathcal{D}^{*\prime}(\Omega'\times\Omega'')$ を定義することである．

線型空間のテンソル積については既知とする．

$\boldsymbol{R}^n$ の部分集合 K が**弱い錐条件**をみたすとは，任意の $x \in K$ に対して x の近傍 $U\cap K$, $\boldsymbol{R}^n$ の単位ベクトル e および $\varepsilon_0>0$ が存在し，任意の $0<\varepsilon<\varepsilon_0$ に対し $(U\cap K)+\varepsilon e$ が K の内部に含まれることであると定義する．

命題 2.9 Ω' 上の関数のなす線型空間 $\mathcal{F}$ と Ω'' 上の関数のなす線型空間 $\mathcal{G}$ のテンソル積 $\mathcal{F}\otimes\mathcal{G}$ は $\varphi\in\mathcal{F}$ および $\psi\in\mathcal{G}$ の積 $\varphi(x)\psi(y)$ として表わされる $\Omega'\times\Omega''$ 上の関数の 1 次結合全体のなす線型空間と同型である．

証明 $\sum_{i=1}^{m}\varphi_i\otimes\psi_i \in \mathcal{F}\otimes\mathcal{G}$ に $\sum_{i=1}^{m}\varphi_i(x)\psi_i(y)$ を対応させる写像が線型単射であることを証明すればよい．線型であることは明らかである．単射であることを示

すため，関数として $\sum\varphi_i(x)\psi_i(y)=0$ になったと仮定する．一般性を失うことなく φ_i は1次独立であるとしてよい．このとき，m 個の点 $x_1, \cdots, x_m\in\Omega'$ がとれて $\det(\varphi_i(x_j))\neq 0$ となる．上の式で x に x_j を代入したものに $(\varphi_i(x_j))$ の逆行列を掛ければ $\psi_i(y)\equiv 0$ が結論される．▮

以下命題の同型を用いて $\mathscr{F}\otimes\mathscr{G}$ を関数の積の1次結合のなす線型空間と同一視する．

定理 2.28　$\Omega'\subset \boldsymbol{R}^{n'}$，$\Omega''\subset \boldsymbol{R}^{n''}$ を開集合，$K'\subset \boldsymbol{R}^{n'}$，$K''\subset \boldsymbol{R}^{n''}$ を弱い錐条件をみたすコンパクト集合とする．このとき

$$\mathscr{E}^*(\Omega')\otimes\mathscr{E}^*(\Omega'')\subset\mathscr{E}^*(\Omega'\times\Omega''), \tag{2.201}$$

$$\mathscr{D}^*{}_{K'}\otimes\mathscr{D}^*{}_{K''}\subset\mathscr{D}^*{}_{K'\times K''}, \tag{2.202}$$

$$\mathscr{D}^*(\Omega')\otimes\mathscr{D}^*(\Omega'')\subset\mathscr{D}^*(\Omega'\times\Omega'') \tag{2.203}$$

はそれぞれ稠密な線型部分空間をなす．また $\varphi(x), \psi(y)$ に $\varphi(x)\psi(y)$ を対応させる双線型写像は (2.201), (2.202) の場合連続，(2.203) の場合亜連続である．

証明　Weierstrass の定理 2.6 により $\mathscr{E}^*(\Omega'\times\Omega'')$ において多項式は稠密であるから，それらを含む $\mathscr{E}^*(\Omega')\otimes\mathscr{E}^*(\Omega'')$ は稠密である．

$\varphi\in\mathscr{D}^*{}_{K'\times K''}$ の台が $K'\times K''$ の内部に含まれているならば，$\operatorname{supp}\varphi$ の Ω', Ω'' への射影 L', L'' は $\operatorname{int}K'$, $\operatorname{int}K''$ に含まれるコンパクト集合であり，L', L'' の近傍で1の値をとる $\chi'\in\mathscr{D}^*(\operatorname{int}K')$，$\chi''\in\mathscr{D}^*(\operatorname{int}K'')$ が存在する．φ_j を $\mathscr{E}^*(\operatorname{int}K'\times\operatorname{int}K'')$ の位相に関して φ に収束する多項式の列とすれば，$\chi'(x)\chi''(y)\varphi_j(x, y)\in\mathscr{D}^*{}_{K'}\otimes\mathscr{D}^*{}_{K''}$ は $\mathscr{D}^*{}_{K'\times K''}$ の位相で φ に収束する．

$K'\times K''$ が弱い錐条件をみたすことから，このような φ は $\mathscr{D}^*{}_{K'\times K''}$ の中の稠密線型部分空間をなすことが導かれる．実際，錐条件に現われる有限個の近傍 U_i で $K'\times K''$ を覆い，$K'\times K''$ の近傍で $\sum\psi_j=1$ となる $\psi_j\in\mathscr{D}^*(U_i)$ をとる．任意の $\varphi\in\mathscr{D}^*{}_{K'\times K''}$ を $\sum\psi_j\varphi$ と分割すれば，各 $\psi_j\varphi$ は $U_i\cap(K'\times K'')$ に台のある関数であるから，錐条件に現われた方向に少し平行移動すれば $\mathscr{D}^*(\operatorname{int}K'\times\operatorname{int}K'')$ に属する関数となる．一方，定理 2.18 の証明において平行移動は $\mathscr{D}^*{}_{K'\times K''}$ の位相に関して連続であることが示されている．$\mathscr{D}^*(\Omega')\otimes\mathscr{D}^*(\Omega'')$ が $\mathscr{D}^*(\Omega'\times\Omega'')$ において稠密であることの証明も同様である．

連続性は積の連続性の定理 2.3 より明らかである．▮

$\mathscr{F}, \mathscr{G}$ をそれぞれ Ω', Ω'' 上の超分布の線型空間とする．$\mathscr{F}, \mathscr{G}$ は $\mathscr{D}^*(\Omega')$,

$\mathcal{D}^*(\Omega'')$ 上の関数空間であるから，テンソル積 $\mathcal{F}\otimes\mathcal{G}$ は $f\in\mathcal{F}$，$g\in\mathcal{G}$ に対して

$$(2.204)\qquad (f\otimes g)(\varphi,\psi)=\langle\varphi,f\rangle\langle\psi,g\rangle,\qquad \varphi\in\mathcal{D}^*(\Omega'),\quad \psi\in\mathcal{D}^*(\Omega''),$$

で定義される積 $f\otimes g$ によって生成される $\mathcal{D}^*(\Omega')\times\mathcal{D}^*(\Omega'')$ 上の関数空間と同一視される．(2.204) で定義される $f\otimes g$ は明らかに $\mathcal{D}^*(\Omega')\times\mathcal{D}^*(\Omega'')$ 上双線型であるからテンソルの積の定義により $f\otimes g$ はまた $\mathcal{D}^*(\Omega')\otimes\mathcal{D}^*(\Omega'')$ 上の線型汎関数とみなすことができる．

定理 2.29 $f\in\mathcal{D}^{*\prime}(\Omega')$，$g\in\mathcal{D}^{*\prime}(\Omega'')$ のとき (2.204) で定義される $\mathcal{D}^*(\Omega')\otimes\mathcal{D}^*(\Omega'')$ 上の線型汎関数 $f\otimes g$ は一意的に $\mathcal{D}^{*\prime}(\Omega'\times\Omega'')$ の元に拡張される．

証明 $\mathcal{D}^*(\Omega')\otimes\mathcal{D}^*(\Omega'')$ は $\mathcal{D}^*(\Omega'\times\Omega'')$ において稠密であるから一意性は明らか．拡張の存在を示すには $K'\subset\Omega'$，$K''\subset\Omega''$ を弱い錐条件をみたす任意のコンパクト集合としたとき，$f\otimes g$ を $\mathcal{D}^*_{K'}\otimes\mathcal{D}^*_{K''}$ に制限したものが $\mathcal{D}^*_{K'\times K''}$ の位相に関して連続であることを証明すればよい．(2.202) の稠密性により $f\otimes g$ は $\mathcal{D}^*_{K'\times K''}$ 上の連続線型汎関数に一意的に拡張され，一方 $K'\times K''$ の形のコンパクト集合は $\Omega'\times\Omega''$ の中のコンパクト集合の基本系をなすからである．

f, g の連続性により，

I : $*=\phi$ の場合，定数 m, C', C'' が存在して

$$(2.205)\qquad |\langle\varphi,f\rangle|\leqq C'\sup_{\substack{x\\|\alpha|\leqq m}}|D^\alpha\varphi(x)|,\qquad \varphi\in\mathcal{D}^*_{K'},$$

$$(2.206)\qquad |\langle\psi,g\rangle|\leqq C''\sup_{\substack{y\\|\beta|\leqq m}}|D^\beta\psi(y)|,\qquad \psi\in\mathcal{D}^*_{K''};$$

$\mathrm{II}_{(s)}$: $*=(s)$ の場合 ($\mathrm{II}_{\{s\}}$: $*=\{s\}$ の場合)，定数 h, C', C'' が存在して (任意の $h>0$ に対して定数 C', C'' が存在して)

$$(2.207)\qquad |\langle\varphi,f\rangle|\leqq C'\sup_{x,\alpha}\frac{|D^\alpha\varphi(x)|}{h^{|\alpha|}|\alpha|!^s},\qquad \varphi\in\mathcal{D}^*_{K'},$$

$$(2.208)\qquad |\langle\psi,g\rangle|\leqq C''\sup_{y,\beta}\frac{|D^\beta\psi(y)|}{h^{|\beta|}|\beta|!^s},\qquad \psi\in\mathcal{D}^*_{K''}$$

と評価される．

$\chi\in\mathcal{D}^*_{K'}\otimes\mathcal{D}^*_{K''}$ とする．I の場合

$$|\langle\chi,f\otimes g\rangle|=\left|\int\!\!\int\chi(x,y)f(x)g(y)dxdy\right|$$

$$\leqq C' \sup_{\substack{x \\ |\alpha| \leqq m}} \left| D_x{}^\alpha \int \chi(x, y) g(y) dy \right|$$

$$= C' \sup_{\substack{x \\ |\alpha| \leqq m}} \left| \int D_x{}^\alpha \chi(x, y) g(y) dy \right|$$

$$\leqq C'C'' \sup_{\substack{x, y \\ |\alpha| \leqq m \\ |\beta| \leqq m}} |D_x{}^\alpha D_y{}^\beta \chi(x, y)|.$$

$\mathrm{II}_{(s)}$ および $\mathrm{II}_{\{s\}}$ の場合も同様に

$$|\langle \chi, f \otimes g \rangle| \leqq C' \sup_{x, \alpha} \frac{\left| D_x{}^\alpha \int \chi(x, y) g(y) dy \right|}{h^{|\alpha|} |\alpha|!^s}$$

$$\leqq C'C'' \sup_{\substack{x, y \\ \alpha, \beta}} \frac{|D_x{}^\alpha D_y{}^\beta \chi(x, y)|}{h^{|\alpha+\beta|} |\alpha|!^s |\beta|!^s}.$$

ここで

(2.209)　$$|\alpha|!^s |\beta|!^s \geqq 2^{-|\alpha+\beta|s} |\alpha+\beta|!^s$$

に注意すれば，いずれの場合も $f \otimes g$ は $\mathcal{D}^*{}_{K' \times K''}$ の位相に関し連続であることがわかる．▮

この定理によって $f \otimes g$ を $\mathcal{D}^{*\prime}(\Omega' \times \Omega'')$ の元に拡張したものも同じ記号 $f \otimes g$ を用いて表わし，**超分布 f, g のテンソル積**という．記号 $\otimes$ は省略するときもある．$\chi \in \mathcal{D}^*(\Omega' \times \Omega'')$ に対しては

(2.210)　$$\langle \chi, f \otimes g \rangle = \iint \chi(x, y) f(x) g(y) dx dy$$

という記号も用いる．次の定理はこの2重積分が重複積分に等しいことを示している．

定理 2.30 (Fubini の定理)　$\chi \in \mathcal{D}^*(\Omega' \times \Omega'')$，$f \in \mathcal{D}^{*\prime}(\Omega')$ かつ $g \in \mathcal{D}^{*\prime}(\Omega'')$ であるとき，

(2.211)　$$\iint \chi(x, y) f(x) g(y) dx dy = \int \left(\int \chi(x, y) f(x) dx \right) g(y) dy$$

$$= \int \left(\int \chi(x, y) g(y) dy \right) f(x) dx.$$

ただし，第2項は各 y を固定して x のみの関数とみなした $\chi(x, y)$ における $f(x)$ の値が y の関数として $\mathcal{D}^*(\Omega'')$ に属し，その関数における $g(y)$ の値の意

味であり，第3項も x と y をとりかえて同様の意味をもつものとする．

証明 超分布の畳み込みの存在の証明に使ったように，$\chi\in\mathcal{D}^*(\Omega'\times\Omega'')$ は $\mathcal{D}^*(\Omega')$ に値をもつ $\mathcal{D}^*(\Omega'')$ に属する関数，あるいは $\mathcal{D}^*(\Omega'')$ に値をもつ $\mathcal{D}^*(\Omega')$ に属する関数とみなすことができるから，(2.211) の各項は意味がついて，$\chi(x,y)\in\mathcal{D}^*(\Omega'\times\Omega'')$ に関する連続線型汎関数となる．一方，$\mathcal{D}^*(\Omega'\times\Omega'')$ の稠密な線型部分空間である $\mathcal{D}^*(\Omega')\otimes\mathcal{D}^*(\Omega'')$ の上では明らかに (2.211) の等式がなりたつ．したがって，すべての $\chi\in\mathcal{D}^*(\Omega'\times\Omega'')$ に対して等式がなりたつ．∎

次の命題は超分布の台およびテンソル積の定義から容易に証明される．

命題 2.10 $f\in\mathcal{D}^{*\prime}(\Omega')$, $g\in\mathcal{D}^{*\prime}(\Omega'')$ に対して

$$\operatorname{supp}(f\otimes g)=\operatorname{supp}f\times\operatorname{supp}g. \tag{2.212}$$

——

$h\in\mathcal{D}^{*\prime}(\Omega'\times\Omega'')$ が直積集合 $\Omega'\times\Omega''$ 上の超分布ならば，$\mathcal{D}^*(\Omega')\times\mathcal{D}^*(\Omega'')$ 上の双線型写像

$$\iint\varphi(x)\psi(y)h(x,y)dxdy \tag{2.213}$$

は定理 2.28 により亜連続である．したがって $\varphi\in\mathcal{D}^*(\Omega')$ を固定すれば ψ に関する Ω'' 上の超分布

$$\int\varphi(x)h(x,y)dx \tag{2.214}$$

を定める．$\varphi\in\mathcal{D}^*(\Omega')$ に対してこの超分布 $\int\varphi h dx$ を対応させる写像は連続である．L. Schwartz は逆にすべての連続線型写像 $T:\mathcal{D}(\Omega')\to\mathcal{D}'(\Omega'')$ はある分布 $h\in\mathcal{D}'(\Omega'\times\Omega'')$ を用いて (2.214) の形に表わされることを示した．h を T の**核**という．この核定理は $\mathcal{D}^*(\Omega')$ から $\mathcal{D}^{*\prime}(\Omega'')$ への連続線型写像に対しても成立するのであるが，残念ながら紙数の関係でここでその証明を与えることはできない．

§2.10 線型部分多様体に台のある超分布の構造

§2.7 において＊族の超分布 f はすべて局所的にある測度 g に＊族の超微分作用素 $P(D)$ を施した $P(D)g$ に等しいこと，あるいは族＊に応じたノルムの制限をもつ測度の族 (f_α) を用いて $\sum D^\alpha f_\alpha$ と表わされることを示したが，g および f_α の台については関心をもたなかった．それでは，f の台がある閉集合 F に含

まれるとき，g あるいは f_α の台も F に含まれるように g および $P(D)$，あるいは f_α をとることができるであろうか．

この節では，F が線型部分多様体の場合に，実際台が F に含まれる f_α を用いて $f=\sum D^\alpha f_\alpha$ と表わされることを証明する．特に，F が1点の集合 $\{0\}$ であるとき，F に台のある測度は δ 関数の定数倍しかない．したがって，$\{0\}$ にのみ台のある $*$ 族の超分布はすべて δ 関数に $*$ 族の超微分作用素 $P(D)$ を施したものとして表わされることになる．

本節を通じ F は

(2.215)　$$F=\{(x,0)\in \boldsymbol{R}^n \mid x\in \boldsymbol{R}^{n'}\}$$

で定義される $\boldsymbol{R}^n$ の線型部分多様体とする．§2.9 と同様，$\boldsymbol{R}^n$ の点は $x\in\boldsymbol{R}^{n'}$ と $y\in\boldsymbol{R}^{n''}$ を用いて (x,y) と表わす．Ω が $\boldsymbol{R}^n$ の開集合であるとき

(2.216)　$$\Omega'=\Omega\cap F$$

を $\boldsymbol{R}^{n'}$ の中の開集合とみなし，$\mathcal{D}^*(\Omega')$ 等は Ω' 上の n' 変数の関数空間を表わすものとする．

次の定理は F に台のある Ω 上の超分布全体

(2.217)　$$\mathcal{D}^{*\prime}{}_F(\Omega)=\{f\in\mathcal{D}^{*\prime}(\Omega)\mid \operatorname{supp} f\subset F\}$$

を特徴づける．

定理 2.31　F を (2.215) で定義される線型部分多様体とする．このとき，任意の $f(x,y)\in\mathcal{D}^{*\prime}{}_F(\Omega)$ は，以下に述べる条件をみたす $f_\beta(x)\in\mathcal{D}^{*\prime}(\Omega')$ を用いてただひと通りに，$\mathcal{D}^{*\prime}(\Omega)$ において絶対収束する和

(2.218)　$$f(x,y)=\sum_\beta f_\beta(x)\otimes D^\beta\delta(y)$$

として書き表わされる．

I : $*=\phi$ の場合，任意の相対コンパクト開集合 $\Omega'_1\subset\Omega'$ 上に制限したとき，f_β は有限個のものを除いてすべて0である；

$\mathrm{II}_{(s)}$: $*=(s)$ ($\mathrm{II}_{\{s\}}$: $*=\{s\}$) の場合，任意のコンパクト集合 $K'\subset\Omega'$ に対して定数 L,h,C が存在し（さらに任意の $L>0$，$h>0$ に応じて定数 C が存在し），

(2.219)　$$|\langle\varphi,f_\beta\rangle|\leqq CL^{|\beta|}|\beta|!^{-s}\|\varphi\|_{\mathcal{D}^{\{s\},h}_{K'}},\qquad \varphi\in\mathcal{D}^*{}_{K'}.$$

逆に，(超)分布の族 $f_\beta\in\mathcal{D}^{*\prime}(\Omega')$ が上の条件をみたすならば，(2.218) の右辺は $\mathcal{D}^{*\prime}(\Omega)$ において絶対収束し，ある $f\in\mathcal{D}^{*\prime}{}_F(\Omega)$ を表わす．さらに

$$\text{(2.220)}\qquad \operatorname{supp} f = \overline{\bigcup_{\beta} \operatorname{supp} f_\beta}.$$

ただし，以上すべてにおいて，β は $\boldsymbol{R}^{n''}$ における多重指数全体を動くものとする．

証明　逆の部分から証明する．$f_\beta(x) \in \mathcal{D}^{*\prime}(\Omega')$ は定理の条件をみたす超分布の族であるとする．

I の場合，(2.218) は局所有限和であるから，$\mathcal{D}'(\Omega)$ の位相で絶対収束する．

$\text{II}_{(s)}$ の場合 ($\text{II}_{\{s\}}$ の場合)，任意のコンパクト集合 $K\subset\Omega$ に対し，$K'=K\cap F$ とおく．$\chi(x,y)\in\mathcal{D}^*{}_K$ に対し

$$\left|\iint \chi(x,y) f_\beta(x) D^\beta\delta(y)\,dxdy\right| \leqq CL^{|\beta|}|\beta|!^{-s} \sup_{\substack{\alpha\\ x\in K'}} \frac{|D_x{}^\alpha D_y{}^\beta \chi(x,y)|}{h^{|\alpha|}|\alpha|!^s}$$
$$\leqq CL^{|\beta|}|\beta|!^{-s} \sup_{\alpha} \frac{k^{|\alpha+\beta|}|\alpha+\beta|!^s}{h^{|\alpha|}|\alpha|!^s}\|\chi\|_{\mathcal{D}^{\{s\}},k_K}.$$

$|\alpha+\beta|!/(|\alpha|!|\beta|!)\leqq 2^{|\alpha+\beta|}$ ゆえ，$k/h\leqq 2^{-s}$ ならば，左辺は $C(2^skL)^{|\beta|}\|\chi\|$ をこえない．したがって，$k/h\leqq 2^{-s}$，$2^skL<1$ となるよう，$k>0$ を十分小さくとれば (任意の $k>0$ に対し，$L>0$ を十分小さく，$h>0$ を十分大きくとれば)，(2.218) は $\|\chi\|_{\mathcal{D}^{\{s\}},k_K}\leqq 1$ をみたす $\chi\in\mathcal{D}^*{}_K$ に関して一様に絶対収束することがわかる．すなわち，(2.218) は $\mathcal{D}^{*\prime}(\Omega)$ において絶対収束する．

§2.9 命題 2.10 により $\operatorname{supp} f_\beta\otimes D^\beta\delta=\operatorname{supp} f_\beta$，かつ $\mathcal{D}^{*\prime}{}_F(\Omega)$ は $\mathcal{D}^{*\prime}(\Omega)$ の閉線型部分空間であるから，和 f も $\mathcal{D}^{*\prime}{}_F(\Omega)$ に属し，$\operatorname{supp} f\subset\overline{\bigcup \operatorname{supp} f_\beta}$ となる．

次に，(2.218) が $\mathcal{D}^{*\prime}(\Omega)$ において収束したとする．このとき，任意の β および $\varphi\in\mathcal{D}^*(\Omega')$ に対して

$$\langle\varphi, f_\beta\rangle = \iint \varphi(x)(-iy)^\beta\beta!^{-1}\chi(y)f(x,y)\,dxdy.$$

ここで χ は 0 の近傍で 1 に等しく，$\operatorname{supp}\varphi\times\operatorname{supp}\chi\Subset\Omega$ となるよう十分小さい台をもつ $\mathcal{D}^*(\boldsymbol{R}^{n''})$ の元である．それ故，f_β は和 f によって一意的に定まり，$\operatorname{supp} f_\beta\subset\operatorname{supp} f$ となることがわかる．

次に順の部分を証明するため，$f\in\mathcal{D}^{*\prime}{}_F(\Omega)$ とする．はじめ $\operatorname{supp} f$ が Ω' の中のコンパクト凸集合 K に含まれる場合を考える．

$\hat{f}(\zeta,\rho)$ を f の Fourier-Laplace 変換とする．ただし，$\zeta=\xi+i\eta$，$\rho=\sigma+i\tau$ は

それぞれ $\boldsymbol{C}^{n'}, \boldsymbol{C}^{n''}$ を動く変数を表わす．(超)分布に対する Paley-Wiener の定理によれば，I の場合，定数 L と C が存在し

$$|\hat{f}(\zeta,\rho)| \leqq C(1+|\zeta|)^{L}(1+|\rho|)^{L}\exp H_K(\zeta), \tag{2.221}$$

$\mathrm{II}_{(s)}$ の場合，定数 L および C が存在し($\mathrm{II}_{\{s\}}$ の場合，任意の $L>0$ に対し定数 C が存在し)，

$$|\hat{f}(\zeta,\rho)| \leqq C\exp\{(L|\zeta|)^{1/s}+(L|\rho|)^{1/s}+H_K(\zeta)\} \tag{2.222}$$

と評価される．ゆえに，

$$\hat{f}(\zeta,\rho) = \sum_{\beta}\hat{f}_{\beta}(\zeta)\rho^{\beta} \tag{2.223}$$

と Taylor 展開すれば，係数

$$\hat{f}_{\beta}(\zeta) = \frac{1}{(2\pi i)^{n''}}\oint\frac{\hat{f}(\zeta,\rho)}{\rho^{\beta}}\frac{d\rho_1\cdots d\rho_{n''}}{\rho_1\cdots\rho_{n''}}$$

は，I の場合，$|\beta|>L$ に対しては 0 となり，$|\beta|\leqq L$ に対しては

$$|\hat{f}_{\beta}(\zeta)| \leqq C(n''+1)^{L}(1+|\zeta|)^{L}\exp H_K(\zeta) \tag{2.224}$$

となる．$\mathrm{II}_{(s)}$ の場合($\mathrm{II}_{\{s\}}$ の場合)は半径 $r_1,\cdots,r_{n''}$ の円周を積分路にとることにより

$$|\hat{f}_{\beta}(\zeta)| \leqq C\inf_{r_1,\cdots,r_{n''}>0} r^{-\beta}\exp\{(L|r|)^{1/s}\}\exp\{(L|\zeta|)^{1/s}+H_K(\zeta)\}.$$

(2.121)によれば，右辺の下限は $(\sqrt{n''}L)^{|\beta|}(s|\beta|/e)^{-s|\beta|}\leqq A(BL)^{|\beta|}/|\beta|!^{s}$ でおさえられる．ただし，A, B は s のみによって定まる定数である．故に

$$|\hat{f}_{\beta}(\zeta)| \leqq AC(BL)^{|\beta|}|\beta|!^{-s}\exp\{(L|\zeta|)^{1/s}+H_K(\zeta)\}. \tag{2.225}$$

Paley-Wiener の定理によれば，(2.224), (2.225) は $\hat{f}_{\beta}(\zeta)$ が $f_{\beta}\in\mathcal{D}^{*\prime}{}_{K}(\boldsymbol{R}^{n'})$ の Fourier-Laplace 変換であることを示している．さらに，$K'\subset\boldsymbol{R}^{n'}$ を任意の凸コンパクト集合とすれば，定理2.22および2.23の証明により，任意の $\varphi\in\mathcal{D}^{*}{}_{K'}$ に対して

$$|\langle\varphi, f_{\beta}\rangle| \leqq |K'|\|\varphi\|_{\mathcal{D}^{\{s\}},h_{K'}}AC(BL)^{|\beta|}|\beta|!^{-s}$$
$$\times\left\|\exp\left\{-\frac{s|\xi|^{1/s}}{(\sqrt{n'}h)^{1/s}}\right\}\exp\{(L|\xi|)^{1/s}\}\right\|_{L^1(\boldsymbol{R}^{n'},d\xi)}$$

となることがわかる．与えられた L に対して h を十分小にすれば(任意の h に対して L を十分小にとれば)，最後の L^1 ノルムは有限になる．すなわち，(2.219)の評価がなりたつ．

$\hat{f}_\beta(\zeta)\rho^\beta$ は $f_\beta(x)\otimes D^\beta\delta(y)$ の Fourier-Laplace 変換である．I の場合

$$\hat{f}(\zeta,\rho)=\sum_\beta \hat{f}_\beta(\zeta)\rho^\beta$$

は有限和ゆえ，(2.218) は有限和の形でなりたつ．$\mathrm{II}_{(s)}$ の場合 ($\mathrm{II}_{\{s\}}$ の場合)，(2.225) の評価によって，

$$\sum_\beta \exp\{-(L|\zeta|)^{1/s}-s(2BL\sqrt{n''}\,|\rho|)^{1/s}-H_K(\zeta)\}\hat{f}_\beta(\zeta)\rho^\beta$$

は $\boldsymbol{C}^n$ 上一様収束する．したがって，Paley-Wiener の定理により，(2.218) が $\mathcal{D}^{*\prime}{}_K(\boldsymbol{R}^n)$ の位相の下でなりたつ．

次に，$f\in\mathcal{D}^{*\prime}{}_F(\Omega)$ の台が一般の場合は，$\mathcal{D}^*(\Omega')$ の元による 1 の分割

$$1=\sum\chi_j(x)$$

を，各々の $\operatorname{supp}\chi_j$ の凸包が Ω' の中のコンパクト集合になるようにとっておく．そうすれば，

$$f(x,y)=\sum\chi_j(x)f(x,y)$$

の各項は $\mathcal{D}^{*\prime}(\Omega)$ の位相で収束する分解

$$\chi_j(x)f(x,y)=\sum_\beta f_{j,\beta}(x)\otimes D^\beta\delta(y)$$

をもち

$$f_\beta(x)=\sum_j f_{j,\beta}(x)$$

は局所有限和である．Ω' の各コンパクト集合 K' と交わる台をもつ χ_j は有限個しかないから，

$$f(x,y)=\sum_j\sum_\beta f_{j,\beta}(x)\otimes D^\beta\delta(y)$$

の和の順序を交換することができて，(2.218) がなりたつ．同様の理由で，I の場合 $\{\operatorname{supp} f_\beta\}$ は局所有限であり，$\mathrm{II}_{(s)}$ の場合 ($\mathrm{II}_{\{s\}}$ の場合) (2.219) の評価が成立する．∎

§2.11 超可微分関数の拡張

F を開集合 $\Omega\subset\boldsymbol{R}^n$ の中の相対的閉集合とする．$\varphi\in\mathcal{E}(\Omega)$ であるとき，導関数 $D^\alpha\varphi$ を F に制限して得られる連続関数の族 (φ_α) は導関数であるための適合条件をみたす．F がある種の Lipschitz 条件をみたす閉集合のとき，Whitney は逆

に F 上の連続関数の族 (φ_α) が適合条件をみたすならば，それはある $\varphi \in \mathcal{E}(\Omega)$ の導関数 $D^\alpha\varphi$ を F に制限したものと一致することを示した．これは，任意の数列 $c_\alpha \in \boldsymbol{C}$, $\alpha=0, 1, \cdots$, に対して，$D^\alpha\varphi(0)=c_\alpha$ となる $\varphi \in \mathcal{E}(\boldsymbol{R})$ が存在することを示した E. Borel の定理を多変数の場合に拡張したものになっている．

この節では，F が線型多様体の場合について，(φ_α) が $*$ 族の増大度をもつならば，これを $*$ 族の超可微分関数 $\varphi \in \mathcal{E}^*(\Omega)$ に拡張することができることを証明する．

前節同様 F は

$$F = \{(x, 0) \in \boldsymbol{R}^n \mid x \in \boldsymbol{R}^{n'}\} \tag{2.226}$$

と表わされているとする．$x \in \boldsymbol{R}^{n'}$, $y \in \boldsymbol{R}^{n''}$, $\Omega'=\Omega \cap F$ 等も前節と同じ意味をもつ．

この場合適合条件は変数 x に関するものだけになるから，関数族 $(\varphi_{\alpha,\beta})$ を次のように y に関する形式的ベキ級数の形にまとめておくのが便利である．

定義 2.10 $\mathcal{E}^*{}_\Omega(\Omega')$ を，下の条件をみたす $\varphi_\beta(x) \in \mathcal{E}^*(\Omega')$ を係数とする y に関する形式的ベキ級数

$$\varphi(x, \{y\}) = \sum_\beta \varphi_\beta(x) \frac{(iy)^\beta}{\beta!} \tag{2.227}$$

全体のなす線型空間と定義する．ここで，β は n'' 変数の多重指数全体を動くとする．

I : $*=\phi$ の場合，$\varphi_\beta(x)$ は任意でよい；

$\text{II}_{(s)}$: $*=(s)$ ($\text{II}_{\{s\}}$: $*=\{s\}$) の場合，任意のコンパクト集合 $K' \subset \Omega'$ および任意の $h>0$ に対して定数 C が存在して (定数 h, C が存在して)，

$$\sup_{x \in K'} |D^\alpha \varphi_\beta(x)| \leqq C h^{|\alpha|+|\beta|} (|\alpha|+|\beta|)!^s, \qquad |\alpha| = 0, 1, 2, \cdots. \tag{2.228}$$

(2.227) で表わされる $\varphi \in \mathcal{E}^*{}_\Omega(\Omega')$ に対して

$$\operatorname{supp} \varphi = \overline{\bigcup_\beta \operatorname{supp} \varphi_\beta} \tag{2.229}$$

によって**台** $\operatorname{supp}\varphi \subset \Omega'$ を定義し，台がコンパクトな $\varphi \in \mathcal{E}^*{}_\Omega(\Omega')$ 全体からなる線型部分空間を $\mathcal{D}^*{}_\Omega(\Omega')$ と書く．——

$\mathcal{E}^*{}_\Omega(\Omega')$ の元 φ, ψ に対して x 毎の積と形式的ベキ級数の意味で積 $\varphi\psi$ を定義することができ，§2.3 と同じ計算で，$\mathcal{E}^*{}_\Omega(\Omega')$ および $\mathcal{D}^*{}_\Omega(\Omega')$ は積に関して閉じていることが証明できる．

$\varphi(x, y) \in \mathcal{E}^*(\Omega)$ を

$$\rho\varphi(x, \{y\}) = \sum_\beta D_y{}^\beta \varphi(x, 0)\frac{(iy)^\beta}{\beta!} \tag{2.230}$$

にうつす写像 $\rho: \mathcal{E}^*(\Omega) \to \mathcal{E}^*{}_\Omega(\Omega')$ およびその部分写像 $\rho_1: \mathcal{D}^*(\Omega) \to \mathcal{D}^*{}_\Omega(\Omega')$ は明らかに線型であり，積を保つ．これが全射であることを主張するのがわれわれの拡張定理である．われわれはさらに強く，$\mathcal{E}^*{}_\Omega(\Omega')$ および $\mathcal{D}^*{}_\Omega(\Omega')$ に自然な局所凸位相を導入し，ρ および ρ_1 が位相的準同型すなわち連続開写像でもあることを証明する．

$\mathcal{E}^*{}_\Omega(\Omega')$ および $\mathcal{D}^*{}_\Omega(\Omega')$ に局所凸位相を定義するには§2.2と同様に，滑らかな境界をもつコンパクト集合 $K' \subset \Omega'$ および $m=0, 1, 2, \cdots$ に対して定義される Banach 空間

$$C^m{}_\Omega(K') = \prod_{|\beta| \leqq m} C^{m-|\beta|}(K') \tag{2.231}$$

から出発する．$\varphi = (\varphi_\beta(x))$, $\varphi_\beta \in C^{m-|\beta|}(K')$，に対してそのノルムを

$$\|\varphi\|_{C^m{}_\Omega(K')} = \sup_{|\beta| \leqq m} \|\varphi_\beta\|_{C^{m-|\beta|}(K')} \tag{2.232}$$

と定義する．$l>m$ ならば，自然な埋込み写像 $C^l{}_\Omega(K') \to C^m{}_\Omega(K')$ が定義される．これは埋込み写像 $C^{l-|\beta|}(K') \to C^{m-|\beta|}(K')$ の直積に他ならないから，$l>m$ ならばコンパクトである．したがって，射影極限

$$\mathcal{E}_\Omega(K') = \varprojlim_{m\to\infty} C^m{}_\Omega(K') \tag{2.233}$$

は (FS) 空間である．この元は (2.227) の形式的ベキ級数の形に書き表わす．

$$\mathcal{D}_{\Omega, K'} = \left\{\sum \varphi_\beta \frac{(iy)^\beta}{\beta!} \in \mathcal{E}_\Omega(K') \,\middle|\, \varphi_\beta \in \mathcal{D}_{K'}\right\} \tag{2.234}$$

は $\mathcal{E}_\Omega(K')$ の閉線型部分空間として (FS) 空間をなす．

また，$h>0$ に対して次の Banach 空間を定義する：

(2.235)

$$\mathcal{E}^{\{s\}, h}{}_\Omega(K') = \left\{\sum \varphi_\beta \frac{(iy)^\beta}{\beta!} \in \mathcal{E}_\Omega(K') \,\middle|\, \exists C \forall_\alpha \|D^\alpha \varphi_\beta\|_{C(K')} \leqq C h^{|\alpha|+|\beta|}(|\alpha|+|\beta|)!^s\right\},$$

(2.236)

$$\mathcal{D}^{\{s\}, h}{}_{\Omega, K'} = \left\{\sum \varphi_\beta \frac{(iy)^\beta}{\beta!} \in \mathcal{D}_{\Omega, K'} \,\middle|\, \exists C \forall_\alpha \|D^\alpha \varphi_\beta\|_{C(K')} \leqq C h^{|\alpha|+|\beta|}(|\alpha|+|\beta|)!^s\right\}.$$

命題2.3と全く同じ証明で，$h<k$ ならば，埋込み写像

$$\mathcal{E}^{\{s\},h}{}_{\Omega}(K') \longrightarrow \mathcal{E}^{\{s\},k}{}_{\Omega}(K'), \tag{2.237}$$

$$\mathcal{D}^{\{s\},h}{}_{\Omega,K'} \longrightarrow \mathcal{D}^{\{s\},k}{}_{\Omega,K'} \tag{2.238}$$

はコンパクト線型写像になることが示される.

それゆえ,

$$\mathcal{E}^{(s)}{}_{\Omega}(K') = \varprojlim_{h\to 0} \mathcal{E}^{\{s\},h}{}_{\Omega}(K'), \tag{2.239}$$

$$\mathcal{E}^{\{s\}}{}_{\Omega}(K') = \varinjlim_{h\to\infty} \mathcal{E}^{\{s\},h}{}_{\Omega}(K'), \tag{2.240}$$

$$\mathcal{D}^{(s)}{}_{\Omega,K'} = \varprojlim_{h\to 0} \mathcal{D}^{\{s\},h}{}_{\Omega,K'}, \tag{2.241}$$

$$\mathcal{D}^{\{s\}}{}_{\Omega,K'} = \varinjlim_{h\to\infty} \mathcal{D}^{\{s\},h}{}_{\Omega,K'} \tag{2.242}$$

で定義される局所凸空間はそれぞれ(FS)空間，(DFS)空間，(FS)空間，(DFS)空間になる.

最後に

$$\mathcal{E}^{*}{}_{\Omega}(\Omega') = \varprojlim_{K'\Subset\Omega'} \mathcal{E}^{*}{}_{\Omega}(K'), \tag{2.243}$$

$$\mathcal{D}^{*}{}_{\Omega}(\Omega') = \varinjlim_{K'\Subset\Omega'} \mathcal{D}^{*}{}_{\Omega,K'} \tag{2.244}$$

によって，$\mathcal{E}^{*}{}_{\Omega}(\Omega')$ および $\mathcal{D}^{*}{}_{\Omega}(\Omega')$ に局所凸位相を入れる．定理2.2と同様に次の命題がなりたつ.

命題2.11 $\mathcal{E}_{\Omega}(\Omega')$ および $\mathcal{E}^{(s)}{}_{\Omega}(\Omega')$ は(FS)空間，$\mathcal{D}_{\Omega}(\Omega')$ および $\mathcal{D}^{(s)}{}_{\Omega}(\Omega')$ は(LFS)空間，$\mathcal{D}^{\{s\}}{}_{\Omega}(\Omega')$ は(DFS)空間である．特に，これらの空間は完備有界型の Montel 空間である．——

射影極限，帰納極限は連続性を保つから，(2.230)で定義される制限写像

$$\rho:\ \mathcal{E}^{*}(\Omega) \longrightarrow \mathcal{E}^{*}{}_{\Omega}(\Omega'), \tag{2.245}$$

$$\rho_1:\ \mathcal{D}^{*}(\Omega) \longrightarrow \mathcal{D}^{*}{}_{\Omega}(\Omega') \tag{2.246}$$

は連続線型写像である.

次の定理は部分多様体に台のある超分布の構造定理のいいかえである.

定理2.32 制限写像 ρ_1 および ρ の双対写像の下で，$\mathcal{D}^{*}{}_{\Omega}(\Omega')$ および $\mathcal{E}^{*}{}_{\Omega}(\Omega')$ の強双対空間はそれぞれ $\mathcal{D}^{*\prime}(\Omega)$ の閉線型部分空間 $\mathcal{D}^{*\prime}{}_{F}(\Omega)$ および $\mathcal{E}^{*\prime}(\Omega)$ の閉

線型部分空間 $\mathcal{E}^{*\prime}{}_F(\Omega)$ と同型である：

$$\rho_1{}': \ (\mathcal{D}^*{}_\Omega(\Omega'))' \cong \mathcal{D}^{*\prime}{}_F(\Omega), \tag{2.247}$$

$$\rho': \ (\mathcal{E}^*{}_\Omega(\Omega'))' \cong \mathcal{E}^{*\prime}{}_F(\Omega). \tag{2.248}$$

証明 $\varphi \in \mathcal{D}^*(\Omega)$ かつ $\operatorname{supp}\varphi \cap \Omega' = \phi$ ならば $\rho(\varphi)=0$ となることから $\rho_1{}'$ および ρ' の値域がそれぞれ $\mathcal{D}^{*\prime}{}_F(\Omega)$ および $\mathcal{E}^{*\prime}{}_F(\Omega)$ に含まれることは明らかである．$\rho_1{}'$ および ρ' の連続性も明らか．

$\rho_1{}', \rho'$ が単射であることを証明するために，まず，各 $\varphi \in \mathcal{D}^*{}_\Omega(\Omega')$ および $\mathcal{E}^*{}_\Omega(\Omega')$ に対して級数 (2.227) がそれぞれの位相に関して絶対収束することを示そう．

$\varphi \in \mathcal{D}^*{}_\Omega(\Omega')$ かつ $\operatorname{supp}\varphi = K'$ の場合，(2.227) の任意の部分和の台も K' に含まれる．$\mathcal{D}^*{}_\Omega(\Omega')$ 上の任意の連続半ノルム p を $\mathcal{D}^*{}_{\Omega,K'}$ に制限したものは $\mathcal{D}^*{}_{\Omega,K'}$ 上の連続半ノルムになる．したがって，I : $*=\phi$ の場合，定数 m と C が存在し

$$p\left(\sum \varphi_\beta \frac{(iy)^\beta}{\beta!}\right) \leqq C \sup_{\substack{x \in K' \\ |\alpha|+|\beta| \leqq m}} |D^\alpha \varphi_\beta(x)| \tag{2.249}$$

となる．右辺に現われる φ_β は有限個しかないから，明らかに級数 (2.227) は絶対収束する．

$\mathrm{II}_{(s)}$: $*=(s)$ の場合は定数 h と C が存在し

$$p\left(\sum \varphi_\beta \frac{(iy)^\beta}{\beta!}\right) \leqq C \sup_{\substack{x \in K' \\ \alpha,\beta}} \frac{|D^\alpha \varphi_\beta(x)|}{h^{|\alpha|+|\beta|}(|\alpha|+|\beta|)!^s} \tag{2.250}$$

となる．したがって，$k<h$ のとき

$$\sum_\beta p\left(\varphi_\beta \frac{(iy)^\beta}{\beta!}\right) \leqq C \sum_\beta \frac{k^{|\beta|}}{h^{|\beta|}} \sup_{\substack{x \in K' \\ \alpha,\beta}} \frac{|D^\alpha \varphi_\beta(x)|}{k^{|\alpha|+|\beta|}(|\alpha|+|\beta|)!^s}. \tag{2.251}$$

右辺の上限も $\mathcal{D}^{(s)}{}_{\Omega,K'}$ 上の連続半ノルムであるから，この和は収束する．

$\mathrm{II}_{\{s\}}$: $*=\{s\}$ の場合は，ある k に対し (2.251) の右辺の上限は有限である．任意に $h>k$ をとったとき，(2.250) が成立するような定数 C が存在する．したがって (2.251) の計算により，(2.251) の右辺の和は収束する．

$\varphi \in \mathcal{E}^*{}_\Omega(\Omega')$ の場合も，この上の任意の連続半ノルム p はあるコンパクト集合 $K' \subset \Omega$ に対する $\mathcal{E}^*{}_\Omega(K')$ 上の連続半ノルムの制限になっていることに注意すれば，上と同じ計算で (2.227) の絶対収束を証明することができる．

定理 1.15 により，$\rho_1{}', \rho'$ が単射であることと ρ_1, ρ の値域が稠密であることは

同等である．(2.227) で表わされる $\varphi(x, \{y\})$ に対して，この有限部分和は $\mathcal{E}^*(\Omega)$ の元を表わし，その制限写像 ρ による像はもちろんもとの有限部分和に等しい．$\varphi \in \mathcal{D}^*{}_{\Omega}(\Omega')$ のときは，0 の近傍で 1 に等しく，十分小さい台をもつ関数 $\chi(y) \in \mathcal{D}^*(\boldsymbol{R}^{n''})$ を掛けておけば，$\mathcal{D}^*(\Omega)$ に入る拡張が得られる．いずれにせよ，(2.227) の有限部分和は ρ_1 または ρ の値域に含まれる．これが任意の φ に収束するのであるから，ρ_1, ρ の値域は稠密である．

次に ρ_1' の値域が $\mathcal{D}^{*\prime}{}_F(\Omega)$ に等しいことを示すため，$f \in \mathcal{D}^{*\prime}{}_F(\Omega)$ を任意の元とする．定理 2.31 によって一意的に

$$f(x, y) = \sum_{\beta} f_{\beta}(x) \otimes D^{\beta}\delta(y) \tag{2.252}$$

と表わされる．これに対して

$$\langle \varphi, l \rangle = \sum_{\beta} (-1)^{|\beta|} \langle \varphi_{\beta}, f_{\beta} \rangle \tag{2.253}$$

によって $\mathcal{D}^*{}_{\Omega}(\Omega')$ 上の線型汎関数 l を定義する．ただし φ は (2.227) で表わされる形式的ベキ級数である．

$K' \subset \Omega'$ を滑らかな境界をもつ任意のコンパクト集合とし，l の $\mathcal{D}^*{}_{\Omega,K'}$ への制限を考える．定理 2.31 により，I の場合，(2.253) の右辺は有限和になり，$\varphi \in \mathcal{D}_{\Omega,K'}$ を $\varphi_{\beta} \in \mathcal{D}_{K'}$ にうつす写像は明らかに連続であるから，l は $\mathcal{D}_{\Omega,K'}$ 上連続である．

$\mathrm{II}_{(s)}$ $(\mathrm{II}_{\{s\}})$ の場合，$p!q!/(p+q)! \geqq 2^{-(p+q)}$ ゆえ $0<k\leqq 2^{-s}h$ ならば，

$$\begin{aligned}\|\varphi_{\beta}\|_{\mathcal{D}^{\{s\},h}{}_{K'}} &= \sup_{\substack{x\\ \alpha}} \frac{|D^{\alpha}\varphi_{\beta}(x)|}{h^{|\alpha|}|\alpha|!^s} \\ &\leqq (2^s k)^{|\beta|}|\beta|!^s \sup_{\substack{x\\ \alpha}} \frac{|D^{\alpha}\varphi_{\beta}(x)|}{k^{|\alpha|+|\beta|}(|\alpha|+|\beta|)!^s}\end{aligned}$$

となることに注意する．したがって，(2.219) により

$$\sum_{\beta} |\langle \varphi_{\beta}, f_{\beta} \rangle| \leqq C\|\varphi\|_{\mathcal{D}^{\{s\},k}{}_{\Omega,K'}} \sum_{\beta} (2^s kL)^{|\beta|} \tag{2.254}$$

を得る．定理 2.31 で定まる h, L に対して，k を十分に小に選べば（任意の $k>0$ に対し，定理 2.31 の h, L を $h \geqq 2^s k$, $2^s kL<1$ となるように選べば)，この和は絶対収束し，φ の $\mathcal{D}^{(s),k}{}_{\Omega,K'}$ ノルムの定数倍でおさえられる．したがって，l は $\mathcal{D}^*{}_{\Omega,K'}$ 上連続な線型汎関数となる．

以上により，$l \in (\mathcal{D}^*{}_{\Omega}(\Omega'))'$ が証明された．これに対し，$\varphi \in \mathcal{D}^*(\Omega)$ ならば

$$\begin{aligned}\langle \rho_1(\varphi), l\rangle &= \sum_{\beta}(-1)^{|\beta|}\langle D_y{}^{\beta}\varphi(x, 0), f_{\beta}(x)\rangle \\ &= \sum_{\beta}(-1)^{|\beta|}\langle D_y{}^{\beta}\varphi(x, y), f_{\beta}(x)\otimes\delta(y)\rangle = \langle \varphi, f\rangle.\end{aligned}$$

したがって，f は $\rho_1'(l)$ に等しい．

ρ' の値域が $\mathcal{E}^{*\prime}{}_F(\Omega)$ に等しいこともほぼ同様に証明できる．定理 2.31 により任意の $f \in \mathcal{E}^{*\prime}{}_F(\Omega)$ を (2.252) の形に分解したとき，

$$\mathrm{supp}\, f = \overline{\bigcup_{\beta} \mathrm{supp}\, f_{\beta}}$$

ゆえ，$\mathrm{supp}\, f_{\beta}$ は滑らかな境界をもつコンパクト集合 $K' \subset \Omega'$ の内部に含まれる一定のコンパクト集合に含まれる．このとき，(2.219) において右辺のノルムを $\|\varphi\|_{\mathcal{E}^{\{s\},h}(K')}$ におきかえた不等式が成立する ($\mathrm{supp}\, f$ の近傍で 1 の値をとる $\chi(x) \in \mathcal{D}^*(\Omega')$ を掛けて (2.219) に帰着させよ)．あとの計算は ρ_1' の場合と同じである．

最後に，(2.247) の ρ_1' および (2.248) の ρ' が開写像であること，すなわちこれらの逆写像が連続であることを証明する．

はじめに，$K' \subset \Omega'$ が凸コンパクト集合の場合に ρ'^{-1} の制限

$$\iota_{K'}\colon\ \mathcal{E}^{*\prime}{}_{K'}(\Omega) \longrightarrow (\mathcal{E}^*{}_{\Omega}(\Omega'))' \tag{2.255}$$

が連続であることを示そう．$\mathcal{E}^{*\prime}{}_{K'}$ は，I または $\mathrm{II}_{(s)}$ の場合 (DFS) 空間，$\mathrm{II}_{\{s\}}$ の場合 (FS) 空間であるから，列的連続性を示せば十分である．f_j を $\mathcal{E}^{*\prime}{}_{K'}(\Omega)$ において 0 に収束する列とする．定理 2.23 により，このとき，f_j の Fourier-Laplace 変換の評価 (2.221) または (2.222) の定数 C は 0 に収束する．したがって，定理 2.31 の証明が示すように

$$f_j(x, y) = \sum_{\beta} f_{j,\beta}(x)\otimes D^{\beta}\delta(y)$$

と展開したときの係数 $f_{j,\beta}(x)$ について，I の場合，一定の L があり，$|\beta|>L$ ならば，$f_{j,\beta}(x)=0$ かつ $|\beta|\leqq L$ についても $f_{j,\beta}(x)\to 0$ となる；$\mathrm{II}_{(s)}$ または $\mathrm{II}_{\{s\}}$ の場合，(2.219) の評価の定数 C が 0 に収束する．これから，(2.254) が示すように，上の証明で構成した $\mathcal{E}^*{}_{\Omega}(\Omega')$ 上の連続線型汎関数 $l=(\rho')^{-1}(f)$ は 0 に収束することが導かれる．

次に，$\rho_1'^{-1}\colon \mathcal{D}^{*\prime}{}_F(\Omega)\to(\mathcal{D}^*{}_{\Omega}(\Omega'))'$ の連続性を証明するため，$B\subset\mathcal{D}^*{}_{\Omega}(\Omega')$ を

任意の有界集合とする．(2.244) は狭義の帰納極限であるから，コンパクト集合 $K'\subset\Omega'$ が存在し，B は $\mathcal{D}^*{}_{\Omega,K'}$ の有界集合になる．

$\sum\chi_i(x)=1$ を $\operatorname{supp}\chi_i$ が凸コンパクト集合 $K_i\subset\Omega'$ に含まれるような $*$ 族の 1 の分割とする．定理 2.31 およびこれまでの証明が示すように，${\rho_1}'^{-1}$ は各 i について

$$\mathcal{D}^{*\prime}{}_F(\Omega)\xrightarrow{\chi_i\cdot}\mathcal{E}^{*\prime}{}_{K_i}(\Omega)\xrightarrow{\iota_{K_i}}(\mathcal{E}^*{}_\Omega(\Omega'))' \tag{2.256}$$

と分解したものを i について加えあわせたものに等しい．しかし，$\operatorname{supp}\chi_i\cap K'\neq\phi$ となる i は有限個しかないから，それらを $i=1,2,\cdots,m$ としたとき，

$$\langle\varphi,{\rho_1}'^{-1}(f)\rangle=\sum_{i=1}^m\langle\varphi,\iota_{K_i}(\chi_i f)\rangle,\qquad\varphi\in B. \tag{2.257}$$

上で証明したように (2.256) は連続であるから，$\mathcal{D}^{*\prime}{}_F(\Omega)$ における 0 の近傍 V_i が存在して，$f\in V_i$ ならば

$$p^B(\iota_{K_i}(\chi_i f))=\sup_{\varphi\in B}|\langle\varphi,\iota_{K_i}(\chi_i f)\rangle|\leqq\frac{1}{m}$$

となる．故に，$f\in V_1\cap\cdots\cap V_m$ ならば，$p^B({\rho_1}'^{-1}(f))\leqq 1$．$p^B$ の形の半ノルムが $(\mathcal{D}^*{}_\Omega(\Omega'))'$ の連続半ノルムの基底をなすから，これで ${\rho_1}'^{-1}$ の連続性が証明された．

最後に，$\rho'^{-1}:\mathcal{E}^{*\prime}{}_F(\Omega)\to(\mathcal{E}^*{}_\Omega(\Omega'))'$ の連続性であるが，定理 2.14 により，$\mathcal{E}^{*\prime}{}_F(\Omega)$ はコンパクト集合 $K'\subset F$ に対する $\mathcal{E}^{*\prime}{}_{K'}(\Omega)$ の帰納極限であるから，(2.255) の連続性が一般のコンパクト集合 K' に対して証明されれば十分である．これは ${\rho_1}'^{-1}$ の連続性の証明と同様にして証明される．▌

定理 2.33　(2.230) で定義される制限写像 (2.245), (2.246) は連続な開全射である．

証明　定理 2.15 と同様にして $\mathcal{E}^{\{s\}}{}_\Omega(\Omega')$ は $(DLFS)$ 空間であることが証明される．したがって命題 2.11 と合わせて $\mathcal{E}^*(\Omega),\mathcal{E}^*{}_\Omega(\Omega'),\mathcal{D}^*(\Omega),\mathcal{D}^*{}_\Omega(\Omega')$ はいずれも反射的局所凸空間であり，制限写像 ρ,ρ_1 は双双対写像 $(\rho')',({\rho_1}')'$ と同一視される．定理 2.32 により $\rho',{\rho_1}'$ は閉線型部分空間の上への同型写像であるから，§1.2 定理 1.16 および 1.17 により ρ,ρ_1 は開全射である．▌

第3章　1変数超関数の理論

複素関数論のごく初等的な知識のみを仮定して1変数の佐藤の超関数 hyperfunction の理論を述べる．超関数 hyperfunction は{1}族の超分布ともいうべきものであるが，{1}族の超可微分関数すなわち実解析関数にはコンパクト台のものがないから，超関数をある関数空間の上の線型汎関数としてとらえることはできない．われわれは佐藤に従って，超関数を整型関数の実軸における抽象的な意味での境界値の差と理解するが，これによって局所的な性質をもつ超関数の族が定義できることを示すには複素関数論より若干の準備が必要である．

§3.1　Köthe の双対定理

V を複素平面 $\boldsymbol{C}$ の開集合とするとき，$\mathcal{O}(V)$ でもって V 上の整型関数全体のなす線型空間を表わす．$\mathcal{O}(V)$ 全体は関数の定義域を制限する制限写像の下で層をなす．これを整型関数の層といい，$\mathcal{O}$ と書く．これは $\boldsymbol{C}$ 上の線型空間の層であると共に，点ごとの積に関する環の層にもなっている．

$\mathcal{O}(V)$ には普通コンパクト集合上一様収束の位相を入れる．これは半ノルムの族

$$p_K(\varphi) = \sup_{z \in K} |\varphi(z)| \tag{3.1}$$

によって定まる局所凸位相である．ここで，K は V の中のコンパクト集合全体を動くものとする．実際には，$K_1 \Subset K_2 \Subset \cdots \Subset K_i \Subset \cdots \subset V$ となるコンパクト集合の列であって，$\bigcup K_i = V$ となるものをとれば，半ノルムの列 p_{K_i} のみでもって，$\mathcal{O}(V)$ の位相が定まる．V の中の任意のコンパクト集合はどれかの K_i に含まれるからである．

K が $\boldsymbol{C}$ のコンパクト集合であるとき，K 上連続かつ K の内部 int K で整型の関数全体のなす線型空間を $\mathcal{O}_C(K)$ と書く．これは

$$\|\varphi\|_{\mathcal{O}_C(K)} = \sup_{z \in K} |\varphi(z)| \tag{3.2}$$

をノルムとする Banach 空間である．$\mathcal{O}(V)$ の位相の与え方により，局所凸空間として

$$\mathcal{O}(V) = \varprojlim_{K \Subset V} \mathcal{O}_C(K) = \varprojlim_{i\to\infty} \mathcal{O}_C(K_i) \tag{3.3}$$

という同型がなりたつ．ここで制限写像 $\mathcal{O}_C(K_{i+1}) \to \mathcal{O}_C(K_i)$ は Montel の定理によりコンパクトである．すなわち，$\mathcal{O}(V)$ はコンパクト線型写像をもつ Banach 空間列の射影極限として表わすことができ，次の命題がなりたつ:

命題 3.1　開集合 $V \subset \boldsymbol{C}$ 上の整型関数全体のなす線型空間 $\mathcal{O}(V)$ はコンパクト集合上一様収束の位相に関して (FS) 空間をなす．——

次に，$K \subset \boldsymbol{C}$ がコンパクト集合であるときは，$\mathcal{O}(K)$ でもって，K の近傍で定義された整型関数の芽全体のなす線型空間を表わす．すなわち，K の近傍 V で定義された整型関数 F と近傍 W で定義された整型関数 G は，K の近傍 $U \subset V \cap W$ が存在して $F|_U = G|_U$ となるとき同値であると定義する．こうして得られる同値類全体のなす線型空間を $\mathcal{O}(K)$ と書く．いいかえれば，K の開近傍 V 全体のなす有向集合に関する帰納極限の意味で

$$\mathcal{O}(K) = \varinjlim_{V \supset K} \mathcal{O}(V). \tag{3.4}$$

ここで，V として相対コンパクトな開近傍のみをとることができ，このときは $\mathcal{O}(V)$ を $\mathcal{O}_C(\bar{V})$ におきかえることができる．

さらに，コンパクト集合列 $K_1 \supseteqq K_2 \supseteqq \cdots \supseteqq K_i \supseteqq \cdots \supset K$ を，$\bigcap K_i = K$，$K_i = \overline{\operatorname{int} K_i}$ かつ $\operatorname{int} K_i$ の各連結成分が K と交わるようにとっておけば，

$$\mathcal{O}(K) = \varinjlim_{i\to\infty} \mathcal{O}_C(K_i) \tag{3.5}$$

と表わすことができ，かつこのとき制限写像 $\mathcal{O}_C(K_i) \to \mathcal{O}_C(K_{i+1})$ はコンパクト線型単射となる．このようなコンパクト近傍列は例えば次のようにして作ることができる．K_i は作れたとして，各 $x \in K$ を中心として半径が i^{-1} 以下かつ $\operatorname{int} K_i$ の中に含まれる閉円板 D_x をとる．K はコンパクトであるから，有限個の $\operatorname{int} D_x$ で K を覆うことができる．これら D_x の合併を K_{i+1} とすればよい．

$\mathcal{O}(K)$ には，(3.4) によって局所凸空間 $\mathcal{O}(V)$ の帰納極限としての局所凸位相を入れる．(3.4) は (3.5) と同値な帰納極限であるから，この位相は (3.5) によって定義される帰納極限局所凸位相とも一致する．したがって，§1.4 定理 1.31 に

より次の命題を得る.

命題 3.2 $K\subset \boldsymbol{C}$ がコンパクト集合であるとき, $\mathcal{O}(K)$ に上の帰納極限局所凸位相を与えたものは (DFS) 空間である.

列 $\varphi_j\in\mathcal{O}(K)$ が収束するための必要十分条件は φ_j が一定の開集合 $V\supset K$ を定義域とする整型関数で代表され, それらの代表が V 上一様に収束することである.

$B\subset\mathcal{O}(K)$ が有界であるための必要十分条件は, 一定の近傍 $V\supset K$ が存在し, 各 $\varphi\in B$ が V 上の整型関数によって代表され, それらが V 上一様有界であることである.

$\mathcal{O}(K)$ から局所凸空間 X への (線型) 写像 f が連続であるための必要十分条件は各収束列 $\varphi_j\to\varphi$ に対し $f(\varphi_j)$ が $f(\varphi)$ に収束することである. ——

$\mathcal{O}(K)$ を (3.5) のように表わしたとき, $\mathcal{O}_C(K_i)\to\mathcal{O}(K)$ は単射であるから, $\varphi\in\mathcal{O}(K)$ とその代表である $\mathcal{O}_C(K_i)$ の整型関数は 1 対 1 に対応する. そこで以後これらを同一視し $\varphi\in\mathcal{O}_C(K_i)$ とみなす.

定理 3.1 (**Köthe の双対定理**) K を $\boldsymbol{C}$ のコンパクト集合, V を K を含む開集合とする: $K\subset V\subset\boldsymbol{C}$. このとき, $\mathcal{O}(K)$ 上の任意の連続線型汎関数 f は $F\in\mathcal{O}(V\setminus K)$ を用いて

$$\langle\varphi,f\rangle=-\int_\Gamma\varphi(z)F(z)dz,\qquad \varphi\in\mathcal{O}(K), \tag{3.6}$$

と表わされる. ここで Γ は φ の定義域 U と $V\setminus K$ の交わり $U\cap(V\setminus K)$ の中

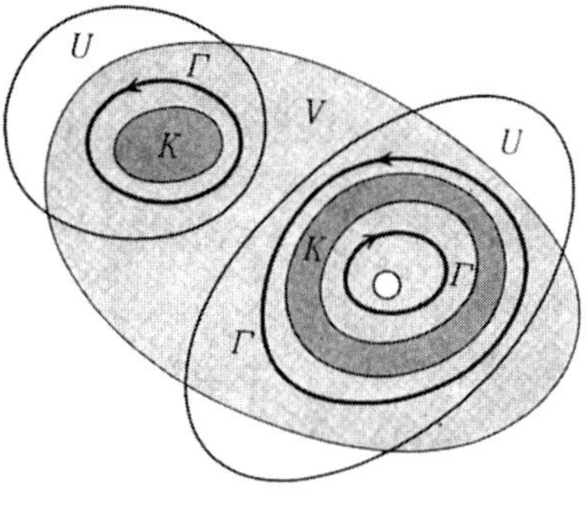

図 3.1

にあって，K のまわりを正の向きにひと回りする閉曲線である．ただし，連結である必要はない．

この対応の下で，強双対空間 $\mathcal{O}(K)'$ は商空間 $\mathcal{O}(V\setminus K)/\mathcal{O}(V)$ と同型である：

$$\mathcal{O}(K)' \cong \mathcal{O}(V\setminus K)/\mathcal{O}(V). \tag{3.7}$$

ただし，$\mathcal{O}(V)$ は $\mathcal{O}(V)$ の $V\setminus K$ への制限，すなわち $V\setminus K$ 上の整型関数であって，V まで解析接続できるもの全体からなる閉線型部分空間を意味する．

証明　4段階にわける．

1°　任意の $F\in\mathcal{O}(V\setminus K)$ に対し，(3.6)は Γ のとり方によらぬ $\mathcal{O}(K)$ 上の連続線型汎関数を与える．

$U\cap(V\setminus K)$ の中にあって K をひと回りする閉曲線 Γ_1, Γ_2 は $U\cap(V\setminus K)$ の中で互いにホモローグである．故に，Cauchy の積分定理により，Γ_1 上の積分と Γ_2 上の積分は一致する．これから積分(3.6)が $\mathcal{O}(K)$ 上の線型汎関数になることもわかる．

連続性を証明するため，$\varphi_j\to\varphi$ を $\mathcal{O}(K)$ における収束列とする．このとき，K の開近傍 U が存在し，$\varphi_j, \varphi\in\mathcal{O}(U)$，かつ φ_j は U 上一様に φ に収束するから，$U\cap(V\setminus K)$ の中に積分路 Γ をとっておけば，明らかに

$$-\int_\Gamma \varphi_j(z)F(z)dz \longrightarrow -\int_\Gamma \varphi(z)F(z)dz.$$

以上により，線型写像 $\eta:\mathcal{O}(V\setminus K)\to\mathcal{O}(K)'$ が定まる．

2°　η の核は $\mathcal{O}(V)$ と一致する．すなわち，積分(3.6)が任意の $\varphi\in\mathcal{O}(K)$ に対し0となるための必要十分条件は F が V まで解析接続できることである．

まず，$F\in\mathcal{O}(V)$ ならば，Γ を $\varphi(z)F(z)$ の定義域の中で1点に縮めることができ，Cauchy の積分定理により積分(3.6)は0となる．

逆を証明するため，任意の $\varphi\in\mathcal{O}(K)$ に対して積分(3.6)が0になるとする．$V\setminus K$ の中に K を正の向きにひと回りする閉曲線 Γ_1 をとり，Γ_1 で囲まれる開集合 $\varDelta$ に属する任意の点 z に対して

$$G(z) = \frac{1}{2\pi i}\int_{\Gamma_1} F(\zeta)\frac{1}{\zeta-z}d\zeta$$

とおく．明らかに G は $\varDelta\supset K$ 上の整型関数である．これが F の解析接続を与えることを示せばよい．$z\in\varDelta\setminus K$ とし，$\varDelta\setminus K$ の中にあって z のまわりを正の向

きにひと回りする小円を Γ_2 とする．$\Gamma_1-\Gamma_2$ は $(V\setminus\{z\})\setminus K$ の中の，K を正の向きにひと回りする閉曲線であるから，仮定により

$$\int_{\Gamma_1-\Gamma_2} F(\zeta)\frac{1}{\zeta-z}d\zeta=0.$$

したがって，Cauchy の積分公式により

$$G(z)=\frac{1}{2\pi i}\left(\int_{\Gamma_1-\Gamma_2}+\int_{\Gamma_2}\right)F(\zeta)\frac{1}{\zeta-z}d\zeta$$
$$=\frac{1}{2\pi i}\int_{\Gamma_2}F(\zeta)\frac{1}{\zeta-z}dz=F(z).$$

3° η は全射である．すなわち，$\mathcal{O}(K)$ 上の任意の連続線型汎関数 f はある $F\in\mathcal{O}(V\setminus K)$ を用いて積分 (3.6) の形に表わされる．

$z\in\boldsymbol{C}\setminus K$ に対して

$$F(z)=\frac{-1}{2\pi i}\left\langle\frac{1}{z-\zeta}, f(\zeta)\right\rangle \tag{3.8}$$

と定義する．$\boldsymbol{C}\setminus K$ において $z_j\to z$ のとき，K のある近傍上一様に

$$\frac{1}{z_j-z}\left(\frac{1}{z_j-\zeta}-\frac{1}{z-\zeta}\right)\longrightarrow-\frac{1}{(z-\zeta)^2}$$

となるから，$F(z)$ は z の関数として複素可微分である．したがって $F\in\mathcal{O}(\boldsymbol{C}\setminus K)$.

任意に $\varphi\in\mathcal{O}(K)$ をとる．φ は K の開近傍 U 上定義されている．Γ を $U\setminus K$ の中の K を正の向きにひと回りする閉曲線とすれば，Cauchy の積分公式により，Γ で囲まれる開集合 $\varDelta$ に属する ζ に対して

$$\varphi(\zeta)=\frac{1}{2\pi i}\int_\Gamma\varphi(z)\frac{1}{z-\zeta}dz$$

と表わされるが，右辺の積分を定義する Riemann 和は K のある近傍に属する ζ について一様に収束する．すなわち，この積分は $\mathcal{O}(K)$ の位相で収束する．したがって，

$$\langle\varphi,f\rangle=\left\langle\frac{1}{2\pi i}\int_\Gamma\varphi(z)\frac{1}{z-\zeta}dz, f(\zeta)\right\rangle$$
$$=\frac{1}{2\pi i}\int_\Gamma\varphi(z)\left\langle\frac{1}{z-\zeta}, f(\zeta)\right\rangle dz=-\int_\Gamma\varphi(z)F(z)dz.$$

4° η は準同型である．すなわち，η は (FS) 空間 $\mathcal{O}(V\setminus K)$ から強双対空間

$\mathcal{O}(K)'$ の上への連続開線型写像である．

命題3.2の有界集合 $B\subset\mathcal{O}(K)$ の特徴づけを用いれば，列 $F_j\in\mathcal{O}(V\setminus K)$ が0に収束するならば，$\eta(F_j)\in\mathcal{O}(K)'$ は B 上一様に0に収束することがわかる．すなわち，$\eta:\mathcal{O}(V\setminus K)\to\mathcal{O}(K)'$ は連続である．

(DFS) 空間 $\mathcal{O}(K)$ の強双対空間 $\mathcal{O}(K)'$ は (FS) 空間であるから，Banach の開写像定理(§1.2定理1.14)により η は開写像である．

以上により(3.7)は局所凸空間の同型であることがわかった．▌

§3.2　Runge の近似定理

定理3.2　$K\subset L$ を $\boldsymbol{C}$ における二つのコンパクト集合とする．このとき，$\mathcal{O}(L)$ の元を K の近傍に制限したもの全体が $\mathcal{O}(K)$ において稠密であるための必要十分条件は $\boldsymbol{C}\setminus K$ の各連結成分が $\boldsymbol{C}\setminus L$ と交わることである．

このとき，さらに $K\Subset L$ ならば，$\mathcal{O}(L)$ の制限は $\mathcal{O}(K)$ において列的に稠密である．

証明　Hahn-Banach の定理により，連続線型写像である制限写像 $\rho:\mathcal{O}(L)\to\mathcal{O}(K)$ の値域が稠密であるための必要十分条件は双対写像 $\rho':\mathcal{O}(K)'\to\mathcal{O}(L)'$ が単射であることである．Köthe の双対定理およびその証明により，ρ' は制限写像 $\mathcal{O}(\boldsymbol{C}\setminus K)\to\mathcal{O}(\boldsymbol{C}\setminus L)$ からひきおこされる商写像

$$\mathcal{O}(\boldsymbol{C}\setminus K)/\mathcal{O}(\boldsymbol{C})\longrightarrow\mathcal{O}(\boldsymbol{C}\setminus L)/\mathcal{O}(\boldsymbol{C})$$

と同一視できる．これが単射であるとは，$\boldsymbol{C}\setminus K$ 上の整型関数 F を $\boldsymbol{C}\setminus L$ に制限したものが整関数 $\tilde{F}$ に解析接続されるならば，F 自身が整関数に解析接続できることである．一致の定理により，$\boldsymbol{C}\setminus K$ の連結成分の中で $\boldsymbol{C}\setminus L$ と交わるものの上では $F=\tilde{F}$ が成立する．したがって，すべての成分が $\boldsymbol{C}\setminus L$ と交われば，F は $\mathcal{O}(\boldsymbol{C}\setminus K)$ の元として整型関数に拡張できる．一方，もし $\boldsymbol{C}\setminus L$ と交わらない成分があれば，その上で $\tilde{F}$ と異なる $F\in\mathcal{O}(\boldsymbol{C}\setminus K)$ をとることができ，一般に $\tilde{F}$ は F の解析接続にならない．

$$\|F\|_K=\sup_{z\in K}|F(z)| \tag{3.9}$$

は明らかに $\mathcal{O}(K)$ 上の連続半ノルムであるから，上の条件がみたされている場合，任意の $F\in\mathcal{O}(K)$ と任意の $\varepsilon>0$ に対し，$\|F-G\|_K<\varepsilon$ となる $G\in\mathcal{O}(L)$ が存在す

ることに注意する.

$K \Subset L$ が定理の条件をみたすとしよう. 任意に $F \in \mathcal{O}(K)$ をとる. F は K の開近傍 U で定義されている. もし U に含まれる K のコンパクト近傍 K' であって, 対 $K' \Subset L$ が定理の条件をみたすものがあれば, 上の注意により, $\|F-F_j\|_{K'} \to 0$ となる列 $F_j \in \mathcal{O}(L)$ をとることができ, F_j は $\mathcal{O}(K)$ の位相に関して F に収束する.

さて, K の各点 z を中心に $U \cap \mathrm{int}\, L$ に含まれる閉円板 K_z をとり, 有限個の $\mathrm{int}\, K_{z_i}$, $i=1, \cdots, m$, で K を覆う. このとき, $K''=K_{z_1} \cup \cdots \cup K_{z_m}$ は $U \cap \mathrm{int}\, L$ に含まれる K のコンパクト近傍であって, $\boldsymbol{C} \setminus K''$ は有限個の連結成分しかもたない. もし $\boldsymbol{C} \setminus K''$ の連結成分 C で $\boldsymbol{C} \setminus L$ と交わらないものがあれば, $C \subset \boldsymbol{C} \setminus K$ ゆえ, 定理の仮定より, C の1点 y は $\boldsymbol{C} \setminus L$ のある点と $\boldsymbol{C} \setminus K$ 内の折れ線 Γ で結ぶことができる. K'' から Γ の小さい開近傍を除いて K のコンパクト近傍 K''' を作れば, $\boldsymbol{C} \setminus K'''$ の C を含む連結成分は $\boldsymbol{C} \setminus L$ と交わる. この操作を有限回くりかえして K' を得る. ▮

定理 3.3 (**Runge の近似定理**) K を $\boldsymbol{C}$ のコンパクト集合, V を K の開近傍とする: $K \subset V \subset \boldsymbol{C}$. このとき, $\mathcal{O}(V)$ の制限が $\mathcal{O}(K)$ において稠密であるための必要十分条件は, $V \setminus K$ の連結成分であって V における閉包がコンパクトとなるものが存在しないことである. このとき, $\mathcal{O}(V)$ の制限は $\mathcal{O}(K)$ において列的に稠密である.

証明 $V \setminus K$ の連結成分であって V における閉包がコンパクトとなるものを $V \setminus K$ の**穴**ということにしよう. もし穴 V_0 が存在すれば, V_0 は有界かつ V_0 の $\boldsymbol{C}$ における境界 ∂V_0 は K に含まれる. したがって, 最大値の原理により

$$\sup_{z \in V_0} |F(z)| \leqq \sup_{z \in K} |F(z)|, \qquad F \in \mathcal{O}(V), \tag{3.10}$$

が成立する.

$a \in V_0$ としたとき, $F(z)=(z-a)^{-1} \in \mathcal{O}(K)$. それ故 $\mathcal{O}(V)$ の制限が $\mathcal{O}(K)$ において稠密ならば, 定理3.2の証明中の注意により, K 上一様に $F(z)$ に収束する列 $F_j \in \mathcal{O}(V)$ をとることができる. (3.10)により F_j は V_0 においてもある有界整型関数 G に一様収束する. $(z-a)F_j(z)$ は K 上一様に1に収束する. 1は V_0 において整型であるから, 再び(3.10)により $(z-a)F_j(z)$ は V_0 上一様に1

に収束する．ところで，$(z-a)F_j$ は V_0 上一様に $(z-a)G(z)$ にも収束するから $(z-a)G(z)=1$．$z=a$ とおけば $0=1$ となり，矛盾する．すなわち，$\mathcal{O}(V)$ の制限が $\mathcal{O}(K)$ において稠密ならば，$V\setminus K$ の穴は存在しない．

逆に，$V\setminus K$ が穴を持たないとする．このとき，コンパクト集合の列 K_i を

$$K = K_0 \Subset K_1 \Subset K_2 \Subset \cdots \subset V, \qquad \bigcup K_i = V, \tag{3.11}$$

かつ $V\setminus K_i$ が穴を持たないようにとることができる．(3.11) をみたすコンパクト列 K_i をとり，$V\setminus K_i$ の穴をすべて K_i につけ加えればよいからである．

このとき，コンパクト集合の対 $K_i\Subset K_{i+1}$ は定理 3.2 の条件をみたす．実際，$\boldsymbol{C}\setminus K_i$ の穴は V の補集合 $\boldsymbol{C}\setminus V$ と交わり，したがって $\boldsymbol{C}\setminus K_{i+1}$ とも交わる．

$F\in\mathcal{O}(K)$ としたとき，定理 3.2 により K のコンパクト近傍 $K'\Subset K_1$ が存在し，任意の $\varepsilon>0$ に対し

$$\|F-G_1\|_{K'} < \frac{\varepsilon}{2} \tag{3.12}$$

となる $G_1\in\mathcal{O}(K_1)$ が存在する．同様にして，$i=1, 2, \cdots$ に対して

$$\|G_i-G_{i+1}\|_{K_i} < \frac{\varepsilon}{2^{i+1}} \tag{3.13}$$

となる $G_{i+1}\in\mathcal{O}(K_{i+1})$ が存在する．

各 K_i を固定したとき，G_j, $j\geqq i$, は K_i 上一様に収束する．極限 G はもちろん i によらないから，G は V 上の整型関数である．さらに (3.12), (3.13) により

$$\|F-G\|_{K'} \leqq \varepsilon$$

を得る．$\varepsilon=1/j$ とした $G\in\mathcal{O}(V)$ を F_j とすれば，F_j は $\mathcal{O}(K)$ の位相で F に収束する．▌

定義 3.1 コンパクト集合と開集合の対 $K\subset V$ が定理 3.3 の条件をみたすとき，K は V において **Runge の性質**をもつという．

定義 3.2 一般に V を n 次元複素 Euclid 空間 $\boldsymbol{C}^n$ の開集合，$K\subset V$ をコンパクト集合とするとき，

$$\hat{K}_V = \left\{z\in V \;\middle|\; |F(z)|\leqq\sup_{w\in K}|F(w)|,\, F\in\mathcal{O}(V)\right\} \tag{3.14}$$

を K の $\mathcal{O}(V)$-**包**という．V が固定されているときは $\hat{K}_V$ を $\hat{K}$ とも書き，K の**整型包**という．

定理 3.4　$K\subset V\subset \boldsymbol{C}$ の場合，K の $\mathcal{O}(V)$-包 $\hat{K}_V$ は K に $V\setminus K$ の穴全部をつけ加えて得られるコンパクト集合 L である．

証明　V_0 が $V\setminus K$ の穴であれば(3.10)により $V_0\subset\hat{K}_V$．ゆえに，$L\subset\hat{K}_V$．$V\setminus L$ は $V\setminus K$ からいくつかの連結成分を除いたものであるから開集合である．すなわち，L は V の閉集合である．さらに作り方から明らかなように L は有界であって，V の $\boldsymbol{C}$ における境界 ∂V の近傍を含まない．したがって，L はコンパクトである．

$z\in V\setminus L$ とする．L の作り方から明らかなように，$V\setminus(L\cup\{z\})$ は穴をもたない．それゆえ，L の近傍で0，z の近傍で1であるとして定義される $\mathcal{O}(L\cup\{z\})$ の元は $\mathcal{O}(V)$ の元で $L\cup\{z\}$ 上一様に近似することができる．特に

$$|F(z)|>\sup_{w\in L}|F(w)|\geqq\sup_{w\in K}|F(w)|$$

をみたす $F\in\mathcal{O}(V)$ が存在する．故に $\hat{K}_V\subset L$．∎

注意　$\hat{K}_V=K$ をみたすコンパクト集合 $K\subset V$ を(V において)**整型凸**であるという．

上の定理により，V が1次元の開集合ならば，任意のコンパクト集合 $K\subset V$ は整型凸コンパクト集合 $\hat{K}_V$ に含まれる．しかし次元が1より大きいときは，一般の開集合 V に対してコンパクト集合 $K\subset V$ の $\mathcal{O}(V)$-包 $\hat{K}_V$ は必ずしもコンパクトにならない．どのようなコンパクト集合 $K\subset V$ に対しても $\hat{K}_V$ がコンパクトになるとき，開集合 V を**整型凸**という．

§3.3　Mittag-Leffler のコホモロジー消滅定理

定理 3.5 (Mittag-Leffler)　V_α, $\alpha\in A$, を $\boldsymbol{C}$ の開集合の族とする．$V_\alpha\cap V_\beta\neq\phi$ となるすべての対 α,β に対して $F_{\alpha\beta}\in\mathcal{O}(V_\alpha\cap V_\beta)$ が与えられており，$V_\alpha\cap V_\beta\cap V_\gamma\neq\phi$ となるすべての三つ組 α,β,γ に対して

$$F_{\alpha\beta}(z)+F_{\beta\gamma}(z)+F_{\gamma\alpha}(z)=0,\qquad z\in V_\alpha\cap V_\beta\cap V_\gamma, \tag{3.15}$$

がなりたつならば，$F_\alpha\in\mathcal{O}(V_\alpha)$ が存在し

$$F_{\alpha\beta}(z)=F_\beta(z)-F_\alpha(z),\qquad z\in V_\alpha\cap V_\beta, \tag{3.16}$$

と表わされる．

証明　(3.15)において $\alpha=\beta=\gamma$ とすれば，$F_{\alpha\alpha}=0$，$\beta=\gamma$ とすれば $F_{\alpha\beta}+F_{\beta\alpha}=0$ となることに注意する．

開集合の族 V_α の個数に応じて4段階に分けて証明する.

1°　V_α が二つの開集合からなる場合.

この場合，定理は任意の $F\in\mathcal{O}(V_1\cap V_2)$ に対して，$F=F_2-F_1$ となる $F_1\in\mathcal{O}(V_1)$ と $F_2\in\mathcal{O}(V_2)$ が存在することを主張している.

ここで，開集合をコンパクト集合におきかえた命題を証明するのは容易である. すなわちつぎの補題がなりたつ:

補題 3.1　K_1, K_2 が $\boldsymbol{C}$ のコンパクト集合ならば，任意の $F\in\mathcal{O}(K_1\cap K_2)$ に対して，$F=F_2-F_1$ となる $F_1\in\mathcal{O}(K_1)$ と $F_2\in\mathcal{O}(K_2)$ が存在する.

証明　F が定義されている開集合を $U\supset K_1\cap K_2$ とする. $K_1\cap K_2$ を正の向きにひと回りする $U\setminus(K_1\cap K_2)$ 内の閉曲線 Γ をとれば，Γ で囲まれる $K_1\cap K_2$ の開近傍 Δ に属する z に対して

$$F(z)=\frac{1}{2\pi i}\int_\Gamma\frac{F(\zeta)}{\zeta-z}d\zeta.$$

ここで，Γ を $\Gamma=\Gamma_1+\Gamma_2$, $\Gamma_1\cap\Gamma_2=\phi$ かつ $\Gamma_1\cap K_1=\phi$, $\Gamma_2\cap K_2=\phi$ となるように分割する. コンパクト集合 Γ の各点は K_1 と交わらない近傍または K_2 と交わらない近傍をもつから，このような分割は可能である. そこで，Γ_1 上の積分を $-F_1$, Γ_2 上の積分を F_2 とすれば，$F_\alpha\in\mathcal{O}(K_\alpha)$ かつ $F=F_2-F_1$ が成立する. ▌

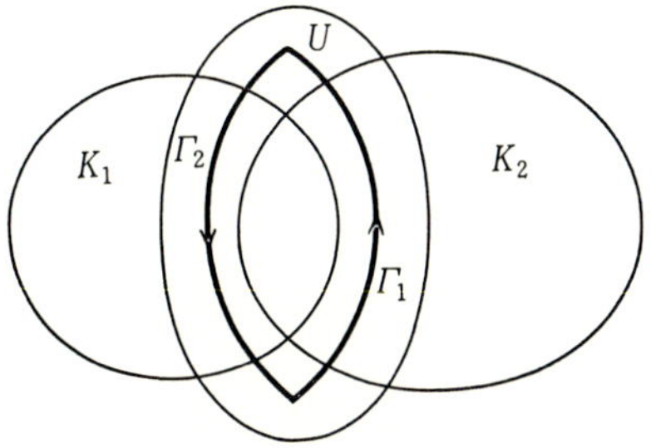

図 3.2

定理の証明つづき　まず，コンパクト集合列 $K_\alpha{}^i$, $\alpha=1,2$, を

$$K_\alpha{}^1\Subset K_\alpha{}^2\Subset\cdots\Subset V_\alpha,\qquad V_\alpha=\bigcup_{i=1}^\infty K_\alpha{}^i, \tag{3.17}$$

かつ $K^i=K_1{}^i\cup K_2{}^i$ が $V=V_1\cup V_2$ において Runge の性質をもつように選ぶこ

とができることを証明する.

はじめに, (3.17)をみたすコンパクト集合列 $L_\alpha{}^i$ をとる. 次に $L^i=L_1{}^i\cup L_2{}^i$ の V に関する補集合の穴を埋めて得られるコンパクト集合を K^i とする. K^i は V において Runge の性質をもち, K^{i+1} の内部に含まれる.

K^1 の各点 z を中心に, V_1 または V_2 に完全に含まれる閉円板 D_z をとり, 有限個の $\mathrm{int}\,D_{z_k}$ で K^1 を覆う. このとき, V_α に完全に含まれる D_{z_k} の合併と K^1 の交わりを $K_\alpha{}^1$ とすれば, $K^1=K_1{}^1\cup K_2{}^1$ かつ $K_\alpha{}^1\Subset V_\alpha$.

$K_\alpha{}^i$ までが選ばれたとき, $K_\alpha{}^i\cup L_\alpha{}^i$ は $V_\alpha\cap\mathrm{int}\,K^{i+1}$ に含まれるコンパクト集合である. そこで, $V_\alpha\cap\mathrm{int}\,K^{i+1}$ に含まれる $K_\alpha{}^i\cup L_\alpha{}^i$ のコンパクト近傍と, K^1 の分割と同様にして得られる K^{i+1} のコンパクト部分集合の合併を $K_\alpha{}^{i+1}$ とすれば, $K^{i+1}=K_1{}^{i+1}\cup K_2{}^{i+1}$, $K_\alpha{}^i\Subset K_\alpha{}^{i+1}\subset V_\alpha$. さらに, $L_\alpha{}^i\subset K_\alpha{}^{i+1}$ ゆえ, (3.17)の後半も成立する.

このとき,

$$K_1{}^1\cap K_2{}^1\Subset K_1{}^2\cap K_2{}^2\Subset\cdots\subset V_1\cap V_2,\qquad \bigcup_{i=1}^{\infty}(K_1{}^i\cap K_2{}^i)=V_1\cap V_2$$

も成立することに注意する.

$F\in\mathcal{O}(K_1{}^i\cap K_2{}^i)$ に補題を適用すれば,

$$F=G_2{}^i-G_1{}^i$$

となる $G_\alpha{}^i\in\mathcal{O}(K_\alpha{}^i)$ の存在がわかる. これを修正して, $F=F_2{}^i-F_1{}^i$ となる $F_\alpha{}^i\in\mathcal{O}(K_\alpha{}^i)$ を次のように帰納的に定める.

まず, $F_\alpha{}^1=G_\alpha{}^1$ とする. $F_\alpha{}^i$ までが選ばれたならば, $G_\alpha{}^{i+1}-F_\alpha{}^i\in\mathcal{O}(K_\alpha{}^i)$ かつ $K_1{}^i\cap K_2{}^i$ 上

$$G_1{}^{i+1}-F_1{}^i=G_2{}^{i+1}-F_2{}^i.$$

故に, $K_1{}^i$ においては左辺に等しく, $K_2{}^i$ においては右辺に等しい $G^i\in\mathcal{O}(K^i)$ が存在する. Runge の定理によれば,

$$\sup_{z\in K^i}|G^i(z)-H^i(z)|\leqq 2^{-i}$$

となる $H^i\in\mathcal{O}(V)$ がある. そこで

$$F_\alpha{}^{i+1}(z)=G_\alpha{}^{i+1}(z)-H^i(z),\qquad z\in K_\alpha{}^{i+1},$$

とすれば, $K_1{}^{i+1}\cap K_2{}^{i+1}$ 上 $F=F_2{}^{i+1}-F_1{}^{i+1}$ かつ

$$\sup_{z\in K_\alpha^i}|F_\alpha^{i+1}(z)-F_\alpha^i(z)| = \sup_{z\in K_\alpha^i}|G_\alpha^{i+1}(z)-F_\alpha^i(z)-H^i(z)|$$
$$= \sup_{z\in K_\alpha^i}|G^i(z)-H^i(z)| \leqq 2^{-i}.$$

したがって，$i\to\infty$ のとき，$F_\alpha^i(z)$ は $F_\alpha\in\mathcal{O}(V_\alpha)$ に広義一様収束する．$F=F_2^i-F_1^i$ の極限として，$F=F_2-F_1$ を得る．

2°　V_α が有限個の場合．

与えられた開集合族を $V_1,\cdots,V_i$ とし，i に関する帰納法によって証明する．$i=2$ のときはすでに証明されている．$i-1$ 個までの場合に証明できたと仮定すれば，$\alpha=1,2,\cdots,i-1$ に対して $G_\alpha\in\mathcal{O}(V_\alpha)$ が存在し，$V_\alpha\cap V_\beta\neq\phi$, $1\leqq\alpha,\beta\leqq i-1$, の上で

$$F_{\alpha\beta} = G_\beta - G_\alpha$$

が成立する．$V_\alpha\cap V_\beta\cap V_i\neq\phi$ となるとき，

$$F_{\alpha\beta}(z)+F_{\beta i}(z)-F_{\alpha i}(z) = 0, \qquad z\in V_\alpha\cap V_\beta\cap V_i$$

より

$$(3.18)\qquad G_\alpha(z)+F_{\alpha i}(z) = G_\beta(z)+F_{\beta i}(z), \qquad z\in V_\alpha\cap V_\beta\cap V_i,$$

を得る．したがって，これは $1\leqq\alpha\leqq i-1$ によらない $\left(\bigcup_{\alpha=1}^{i-1}V_\alpha\right)\cap V_i$ 上の整型関数 G を定める．

$\bigcup_{\alpha=1}^{i-1}V_\alpha$ と V_i の対に対して 1° を適用すれば，

$$(3.19)\qquad G(z) = F_i(z)-H(z), \qquad z\in\left(\bigcup_{\alpha=1}^{i-1}V_\alpha\right)\cap V_i,$$

となる $F_i\in\mathcal{O}(V_i)$ と $H\in\mathcal{O}\left(\bigcup_{\alpha=1}^{i-1}V_\alpha\right)$ の存在がわかる．そこで $1\leqq\alpha\leqq i-1$ に対して

$$F_\alpha(z) = G_\alpha(z)+H(z), \qquad z\in V_\alpha,$$

とすれば，$F_\alpha\in\mathcal{O}(V_\alpha)$ かつ $1\leqq\alpha,\beta\leqq i-1$ に対しては明らかに (3.16) が成立する．$\beta=i$ に対しては (3.18) と (3.19) により

$$F_{\alpha i}(z) = G(z)-G_\alpha(z)$$
$$= (F_i(z)-H(z))-(F_\alpha(z)-H(z))$$
$$= F_i(z)-F_\alpha(z), \qquad z\in V_\alpha\cap V_i.$$

3°　V_α が局所有限の場合．すなわち，$V=\bigcup V_\alpha$ に含まれる任意のコンパクト

集合 K に対して，K と交わる V_α は有限個しかないと仮定する．

V の中で Runge の性質をもつコンパクト集合列 K_i を

$$K_1 \Subset K_2 \Subset \cdots \subset V, \qquad \bigcup_{i=1}^{\infty} K_i = V$$

となるようにとる．各 i に対し，$A_i = \{\alpha \in A \mid K_i \cap V_\alpha \neq \phi\}$ は有限集合であるから，2° により $G_\alpha{}^i \in \mathcal{O}(V_\alpha)$, $\alpha \in A_i$, が存在し，$\alpha, \beta \in A_i$ に対し

$$F_{\alpha\beta}(z) = G_\beta{}^i(z) - G_\alpha{}^i(z), \qquad z \in V_\alpha \cap V_\beta,$$

となる．

$F_\alpha{}^1 = G_\alpha{}^1$, $\alpha \in A_1$, とし，$i=2, 3, \cdots$, に対して

(3.20) $$F_{\alpha\beta}(z) = F_\beta{}^i(z) - F_\alpha{}^i(z), \qquad z \in V_\alpha \cap V_\beta,$$

をみたす $F_\alpha{}^i \in \mathcal{O}(V_\alpha)$, $\alpha \in A_i$, を次のように帰納的に定める．

$F_\alpha{}^i \in \mathcal{O}(V_\alpha)$, $\alpha \in A_i$, が定まったとすれば，$\alpha, \beta \in A_i$ に対して

$$G_\alpha{}^{i+1}(z) - F_\alpha{}^i(z) = G_\beta{}^{i+1}(z) - F_\beta{}^i(z), \qquad z \in V_\alpha \cap V_\beta.$$

これは $G^i \in \mathcal{O}\left(\bigcup_{\alpha \in A_i} V_\alpha\right)$ を定める．K_i は Runge の性質をもつから，

$$\sup_{z \in K_i} |G^i(z) - H^i(z)| \leqq 2^{-i}$$

をみたす $H^i \in \mathcal{O}(V)$ が存在する．そこで，$\alpha \in A_{i+1}$ に対して

$$F_\alpha{}^{i+1}(z) = G_\alpha{}^{i+1}(z) - H^i(z), \qquad z \in V_\alpha,$$

と定義すれば $F_\alpha{}^{i+1} \in \mathcal{O}(V_\alpha)$ かつ (3.20) をみたす．

$\alpha \in A_i$, $z \in K_i \cap V_\alpha$ ならば

$$|F_\alpha{}^{i+1}(z) - F_\alpha{}^i(z)| \leqq 2^{-i}.$$

したがって，各 V_α において，$F_\alpha{}^i$ は $\mathcal{O}(V_\alpha)$ の位相に関する Cauchy 列をなし，$F_\alpha \in \mathcal{O}(V_\alpha)$ に収束する．このとき，(3.20) の極限として，(3.16) が成立する．

4° V_α が一般の場合．

$V = \bigcup V_\alpha$ はパラコンパクトであるから，開被覆 V_α は局所有限な細分 U_j, $j \in J$, をもつ．各 $j \in J$ に対して $U_j \subset V_{\alpha(j)}$ となる $\alpha(j)$ を一つ定めて，

$$G_{jk} = F_{\alpha(j)\alpha(k)}|_{U_j \cap U_k}$$

とすれば，$G_{jk} \in \mathcal{O}(U_j \cap U_k)$ は明らかに定理の仮定をみたす．したがって，3° により

$$G_{jk}(z) = G_k(z) - G_j(z), \qquad z \in U_j \cap U_k,$$

となる $G_j \in \mathcal{O}(U_j)$ が存在する.

$$F_{\alpha(j)\alpha(k)}(z)+F_{\alpha(k)\alpha}(z)-F_{\alpha(j)\alpha}(z)=0$$

であるから, $z \in V_\alpha \cap U_j \cap U_k$ に対し

$$F_{\alpha(j)\alpha}(z)+G_j(z)=F_{\alpha(k)\alpha}(z)+G_k(z)$$

となる. $V_\alpha \cap U_j$, $j \in J$, は V_α を覆うから, これによって $F_\alpha \in \mathcal{O}(V_\alpha)$ が定まる.

$$F_{\alpha(j)\alpha}(z)=F_\alpha(z)-G_j(z), \quad z \in V_\alpha \cap U_j,$$

と

$$F_{\alpha\beta}(z)-F_{\alpha(j)\beta}(z)+F_{\alpha(j)\alpha}(z)=0, \quad z \in V_\alpha \cap V_\beta \cap U_j,$$

により

$$F_{\alpha\beta}(z)=F_\beta(z)-F_\alpha(z), \quad z \in V_\alpha \cap V_\beta \cap U_j,$$

を得る. $V_\alpha \cap V_\beta \cap U_j$, $j \in J$, は $V_\alpha \cap V_\beta$ を覆うから, この等式は $z \in V_\alpha \cap V_\beta$ に対して成立する. ▌

通常 Mittag-Leffler の定理と呼ばれる有理型関数の存在定理はこの定理から直ちに導かれることに注意する.

$\boldsymbol{C}$ の開集合 V 上の整型関数全体 $\mathcal{O}(V)$ はもちろん通常の制限写像の下で環の層をなす. 上の定理の証明でも層 $\mathcal{O}$ に対する層の公理 S1, S2 (§2.4 定義 2.5 を見よ) をしばしば用いている. 定理そのものとこれらの公理との類似も明らかである.

一般に, 位相空間 X の各開集合 V に対応して加群 $\mathcal{F}(V)$ が定められており, かつ $U \subset V$ をみたす開集合の対に対して制限写像と呼ばれる加群の準同型 $\rho_U{}^V$: $\mathcal{F}(V) \to \mathcal{F}(U)$ が与えられており, 層の公理 S0 のみをみたすとき, この系を X 上の加群の**原層**[1]という.

$\mathcal{F}$ を X 上の原層, $\mathcal{U}=(U_\alpha \mid \alpha \in A)$ を X の開集合 U の開被覆とする.

このとき $\mathcal{F}(U_\alpha)$, $\alpha \in A$, の元 f_α を一つずつ並べて得られるベクトル $(f_\alpha)_{\alpha \in A}$ 全体のなす加群を $C^0(\mathcal{U}, \mathcal{F})$, $U_\alpha \cap U_\beta \neq \phi$ となる $\mathcal{F}(U_\alpha \cap U_\beta)$ から一つずつの元 $f_{\alpha\beta}$ を並べて得られる $(f_{\alpha\beta})$ 全体のなす加群を $C^1(\mathcal{U}, \mathcal{F})$ とする. $f \in \mathcal{F}(U)$ に対して $(f|_{U_\alpha}) \in C^0(\mathcal{U}, \mathcal{F})$ を対応させる写像を ε, $(f_\alpha) \in C^0(\mathcal{U}, \mathcal{F})$ に対して $(f_\beta|_{U_\alpha \cap U_\beta}-f_\alpha|_{U_\alpha \cap U_\beta}) \in C^1(\mathcal{U}, \mathcal{F})$ を対応させる写像を δ とすれば, 加群と線型写

1) Presheaf の訳. 普通は前層と訳されている.

像のなす次の図式が得られる：

(3.21) $$0 \longrightarrow \mathcal{F}(U) \xrightarrow{\varepsilon} C^0(\mathcal{U}, \mathcal{F}) \xrightarrow{\delta} C^1(\mathcal{U}, \mathcal{F}),$$

ただし，最初の 0 は 0 のみからなる加群を表わし，そこからの写像は 0 を 0 にうつす線型写像 0 である．原層の公理 S 0 により $\delta\circ\varepsilon=0$ となる．もちろん，$\varepsilon\circ 0=0$ である．

層の公理 S 1 は，逆に，$\varepsilon(f)=0$ ならば $f=0$ であることを，公理 S 2 は $\delta((f_\alpha))=0$ ならば $(f_\alpha)=\varepsilon(f)$ と書けることを要請している．

一般に加群と線型写像からなる図式

$$A \xrightarrow{h} B \xrightarrow{k} C$$

は**像** $\mathrm{im}\, h=\{h(a)\,|\,a\in A\}$ と**核** $\ker k=\{b\in B\,|\,k(b)=0\}$ が一致するとき，**完合列**[1]という．

この言葉を用いれば，層の公理 S 1, S 2 は X の開集合 U のあらゆる開被覆 $\mathcal{U}$ に対して図式 (3.21) が完合列になることであると言いかえることができる．

以下 $\mathcal{F}$ は層であるとして，図式 (3.21) をさらに右に延長する．$p=0, 1, 2, \cdots$ に対して被覆 $\mathcal{U}$ に関する $\mathcal{F}$ 係数の **p 余鎖体加群** (p-cochain module) $C^p(\mathcal{U}, \mathcal{F})$ を

(3.22) $$C^p(\mathcal{U}, \mathcal{F}) = \prod \mathcal{F}(U_{\alpha_0\cdots\alpha_p})$$

で定義する．ただし，

(3.23) $$U_{\alpha_0\cdots\alpha_p} = U_{\alpha_0}\cap U_{\alpha_1}\cap\cdots\cap U_{\alpha_p}$$

とし，直積は $U_{\alpha_0\cdots\alpha_p}\neq\phi$ となるすべての添字の組 $(\alpha_0, \cdots, \alpha_p)$ 全体についてとる．

あるいは，この直積の元 $(f_{\alpha_0\cdots\alpha_p})$ のうち，添字について**交代的**なもの，すなわち次の 2 条件をみたすもの全体のなす部分加群を p 余鎖体加群と定義することもある：

A 1 $\alpha_0, \cdots, \alpha_p$ の中で同じ α が 2 度現われたときは，$f_{\alpha_0\cdots\alpha_p}=0$；

A 2 $\alpha_0, \cdots, \alpha_p$ がすべて異なるとき，

$$f_{\alpha_0\cdots\alpha_i\cdots\alpha_j\cdots\alpha_p}+f_{\alpha_0\cdots\alpha_j\cdots\alpha_i\cdots\alpha_p} = 0.$$

ここで α_i と α_j 以外は同じ添字が並ぶとする．

1) Exact sequence の訳．普通完全列と訳されている．語義からすれば嵌合列とするのが正しいと思われるが，当用漢字からはみだすので妥協した．

一般に直積の中の添字について交代的な元全体のなす部分加群を直積の記号 $\prod$ にプライムをつけて表わすことにすれば，もう一つの p 余鎖体加群は

$$C^p(\mathcal{U}, \mathscr{F}) = \prod{}' \mathscr{F}(U_{\alpha_0\cdots\alpha_p}) \tag{3.24}$$

と書ける．$p\geqq 1$ ならば，二つの p 余鎖体加群は明らかに異なり，前者を**順序余鎖体加群**，後者を**向き付き余鎖体加群**という．いずれにおいても**余境界作用素** (coboundary opérator) $\delta : C^p(\mathcal{U}, \mathscr{F})\to C^{p+1}(\mathcal{U}, \mathscr{F})$ を

$$(\delta f)_{\alpha_0\cdots\alpha_{p+1}} = \sum_{k=0}^{p+1}(-1)^k f_{\alpha_0\cdots\widehat{\alpha_k}\cdots\alpha_{p+1}}|_{U_{\alpha_0\cdots\alpha_{p+1}}} \tag{3.25}$$

によって定義する．ここで，$\widehat{\alpha_k}$ は α_k を除くことを意味する．δ は次数 p を明らかにして δ^p と書くときもある．簡単な計算により

$$\delta^{p+1}\circ\delta^p = 0 \tag{3.26}$$

が示される．$C^p(\mathcal{U}, \mathscr{F})$ における核

$$Z^p(\mathcal{U}, \mathscr{F}) = \ker \delta^p \tag{3.27}$$

および像

$$B^p(\mathcal{U}, \mathscr{F}) = \operatorname{im} \delta^{p-1} \tag{3.28}$$

をそれぞれ $\boldsymbol{p}$ **余輪体** (cocycle) **加群**および $\boldsymbol{p}$ **余境界** (coboundary) **加群**という．ただし，$B^0(\mathcal{U}, \mathscr{F})=0$ とする．(3.26) により $B^p(\mathcal{U}, \mathscr{F})$ は $Z^p(\mathcal{U}, \mathscr{F})$ の部分加群になる．この商加群

$$H^p(\mathcal{U}, \mathscr{F}) = Z^p(\mathcal{U}, \mathscr{F})/B^p(\mathcal{U}, \mathscr{F}) \tag{3.29}$$

は順序余鎖体加群を用いても，向き付き余鎖体加群を用いても同型になる．これを被覆 $\mathcal{U}$ に関する $\mathscr{F}$ 係数の p 次の**コホモロジー** (cohomology) **加群**という．$p=0$ に対しては (3.21) の完合性により，自然な同型の意味で

$$H^0(\mathcal{U}, \mathscr{F}) = \mathscr{F}(U) \tag{3.30}$$

が成立する．

Mittag-Leffler の定理の仮定 (3.15) は $V\subset \boldsymbol{C}$ の開被覆 $U=(V_\alpha)$ に関する $\mathcal{O}$ 係数の1余鎖体 $(F_{\alpha_0\alpha_1})$ が余輪体である条件であり，結論 (3.16) は $(F_{\alpha_0\alpha_1})$ が余境界であることである．したがって，定理を次の形に述べなおすことができる．

定理 3.6 (Mittag-Leffler) 開集合 $V\subset \boldsymbol{C}$ の任意の開被覆 $\mathcal{V}=(V_\alpha)$ に関して

$$H^1(\mathcal{V}, \mathcal{O}) = 0. \tag{3.31}$$

——

一般の層 $\mathscr{F}$ に対しては必ずしも $H^1(\mathcal{U}, \mathscr{F})=0$ とならない．例えば，多変数の

整型関数の層 $\mathcal{O}$ の場合も，$H^1(\mathcal{U}, \mathcal{O})$ は一般に 0 でない．1変数の場合と同様，多変数のときも局所的に与えられた極の主要部をもつ V 上の有理型関数が存在するかという問題が考えられる．もし V の十分細かい開被覆 $\mathcal{U}$ に関して，$H^1(\mathcal{U}, \mathcal{O})=0$ となるならば，1変数の場合と同様に，この問題は常に解けることがわかる．Cousin の第1問題と呼ばれるこの問題がいかなる開集合 $V\subset \boldsymbol{C}^n$ に対して常に可解かという問題は，多変数複素関数論の最も基本的な問題であったにもかかわらず，岡潔によって解かれるまでおよそ40年ほどの時間がかかった．層およびそのコホモロジー論も，岡のこの仕事を整理する過程で H. Cartan 等によって導入されたものである．

§3.4　1変数超関数

定義 3.3　実直線 $\boldsymbol{R}$ の中の開集合 Ω 上の**佐藤超関数**全体のなす線型空間 $\mathcal{B}(\Omega)$ を次のように定義する．V を複素平面 $\boldsymbol{C}$ の開集合であって，Ω を相対的閉集合として含むものとする．このとき，$\boldsymbol{C}$ 上の線型空間の商空間として

$$\mathcal{B}(\Omega) = \mathcal{O}(V\setminus\Omega)/\mathcal{O}(V). \tag{3.32}$$

ただし，$\mathcal{O}(V)$ は V 上の整型関数全体 $\mathcal{O}(V)$ を $V\setminus\Omega$ に制限したものを表わす．一致の定理によりこの同一視は許される．

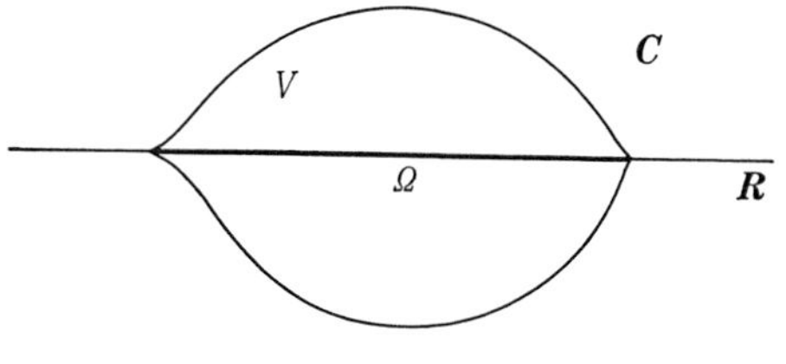

図 3.3

佐藤超関数を以下単に**超関数**と呼ぶ．$F\in\mathcal{O}(V\setminus\Omega)$ で代表される超関数を $[F]$ または $F(x+i0)-F(x-i0)$ と書き，F をこの超関数の**定義関数**という．

$$[F] = F(x+i0)-F(x-i0)$$

という記法は，超関数 $[F]$ を整型関数 $F(x+iy)$ の Ω の上，下からの境界値 $F(x\pm i0)$ の差とみなすことである．この意味はだんだんに明らかにされてゆくであろう．

$f=[F]$, $g=[G]\in\mathcal{B}(\Omega)$, $F,G\in\mathcal{O}(V\setminus\Omega)$ かつ $a,b\in\boldsymbol{C}$ のとき，定義により

$$af+bg=[aF+bG] \tag{3.33}$$

である.

V を Ω の**複素近傍**という. Ω 上の超関数の上の定義は一見 Ω の複素近傍 V のとり方によっているようであるが，次の命題からわかるように実は無関係である.

命題 3.3 $\Omega\subset V\subset W$ かつ V, W は実開集合 $\Omega\subset\boldsymbol{R}$ の複素近傍であるとする. このとき，制限写像

$$\mathcal{O}(W\setminus\Omega)\longrightarrow\mathcal{O}(V\setminus\Omega),$$
$$\mathcal{O}(W)\longrightarrow\mathcal{O}(V)$$

によってひきおこされる線型写像

$$\mathcal{O}(W\setminus\Omega)/\mathcal{O}(W)\longrightarrow\mathcal{O}(V\setminus\Omega)/\mathcal{O}(V) \tag{3.34}$$

は全単射である.

証明 (3.34)が単射であることは，$F\in\mathcal{O}(W\setminus\Omega)$ を $V\setminus\Omega$ に制限したものが V 上の整型関数に解析接続されるならば，本来の F も W 上の整型関数に解析接続できることを意味する. これは明らかである.

(3.34)が全射であることは，任意の $F\in\mathcal{O}(V\setminus\Omega)$ にある $G\in\mathcal{O}(V)$ を加えたものは $W\setminus\Omega$ まで解析接続できることを意味する. $V\setminus\Omega=V\cap(W\setminus\Omega)$ に注意すれば，これは Mittag-Leffler の定理の開被覆が二つの開集合 V と $W\setminus\Omega$ からなる場合になる. ∎

次に，$\boldsymbol{R}$ の開集合の対 $\Omega'\subset\Omega$ に対し，制限写像 $\rho_{\Omega'}{}^{\Omega}:\mathcal{B}(\Omega)\to\mathcal{B}(\Omega')$ を次のように定義する. Ω, Ω' の複素近傍 V, V' を $V'\subset V$ となるように選んでおく. このとき，制限写像

$$\mathcal{O}(V\setminus\Omega)\longrightarrow\mathcal{O}(V'\setminus\Omega'),$$
$$\mathcal{O}(V)\longrightarrow\mathcal{O}(V')$$

によってひきおこされる線型写像

$$\mathcal{O}(V\setminus\Omega)/\mathcal{O}(V)\longrightarrow\mathcal{O}(V'\setminus\Omega')/\mathcal{O}(V')$$

を $\rho_{\Omega'}{}^{\Omega}$ とする. これが複素近傍 V, V' のとり方によらないことは命題3.3の証明から明らかである.

定理 3.7 超関数の空間 $\mathcal{B}(\Omega)$, $\Omega\subset\boldsymbol{R}$, は上の制限写像の下で線型空間の層をなす.

証明　制限写像の定義により $\mathcal{B}=(\mathcal{B}(\Omega), \rho_{\Omega'}{}^{\Omega})$ が原層をなすことは明らかである．(Ω_α) を開集合 $\Omega\subset\boldsymbol{R}$ の開被覆として，層の公理 S 1, S 2 を証明する．

S 1　$f\in\mathcal{B}(\Omega)$ かつ $f|_{\Omega_\alpha}=0$ と仮定する．各 Ω_α の複素近傍 V_α を Ω の複素近傍 V に含まれるようにとっておく．$f=[F]$, $F\in\mathcal{O}(V\setminus\Omega)$ とすれば，$f|_{\Omega_\alpha}=0$ は F を $V_\alpha\setminus\Omega_\alpha$ に制限したものが V_α に解析接続できることを意味する．$\bigcup V_\alpha\supset\Omega$ ゆえ，F は Ω を含めて V 全体に解析接続される．したがって，$f=[F]=0$.

S 2　$f_\alpha\in\mathcal{B}(\Omega_\alpha)$ かつ空でない任意の $\Omega_\alpha\cap\Omega_\beta$ 上 $f_\alpha|_{\Omega_\alpha\cap\Omega_\beta}=f_\beta|_{\Omega_\alpha\cap\Omega_\beta}$ となっていると仮定する．V_α を Ω_α の複素近傍とし，$f_\alpha=[F_\alpha]$ となる $F_\alpha\in\mathcal{O}(V_\alpha\setminus\Omega_\alpha)$ をとる．仮定により

$$F_{\alpha\beta}=F_\beta-F_\alpha\in\mathcal{O}(V_\alpha\cap V_\beta). \tag{3.35}$$

これが，余輪体条件

$$F_{\alpha\beta}+F_{\beta\gamma}+F_{\gamma\alpha}=0$$

をみたすことは明らかである．故に，Mittag-Leffler の定理により

$$F_{\alpha\beta}=G_\beta-G_\alpha \tag{3.36}$$

となる $G_\alpha\in\mathcal{O}(V_\alpha)$ が存在する．(3.35) と (3.36) により $(V_\alpha\cap V_\beta)\setminus\Omega$ 上

$$F_\alpha-G_\alpha=F_\beta-G_\beta$$

が成立するから，これは $(\bigcup V_\alpha)\setminus\Omega$ 上の整型関数 F を定める．$f=[F]\in\mathcal{B}(\Omega)$ とすれば，

$$f|_{\Omega_\alpha}=[F|_{V_\alpha\setminus\Omega_\alpha}]=[F_\alpha-G_\alpha]=[F_\alpha]=f_\alpha.$$ ▮

定理 3.8　1変数の超関数の層 $\mathcal{B}$ は脆弱である．すなわち，任意の開集合の対 $\Omega'\subset\Omega\subset\boldsymbol{R}$ に対し，制限写像 $\rho_{\Omega'}{}^{\Omega}:\mathcal{B}(\Omega)\to\mathcal{B}(\Omega')$ は全射である．

証明　任意の開集合 $\Omega\subset\boldsymbol{R}$ に対し $\rho_\Omega{}^{\boldsymbol{R}}:\mathcal{B}(\boldsymbol{R})\to\mathcal{B}(\Omega)$ が全射であることを示せば十分である．$\partial\Omega$ を Ω の $\boldsymbol{R}$ における境界としたとき，$V=\boldsymbol{C}\setminus\partial\Omega$ は Ω の複素近傍になる．したがって，任意の $f\in\mathcal{B}(\Omega)$ は $F\in\mathcal{O}(V\setminus\Omega)=\mathcal{O}(\boldsymbol{C}\setminus\bar{\Omega})$ によって代表される．F は $\hat{f}\in\mathcal{B}(\boldsymbol{R})$ の定義関数とみなすことができ，このとき明らかに $f=\hat{f}|_\Omega$ がなりたつ．▮

F は $\bar{\Omega}$ の外では整型であるから，$\tilde{f}$ は $\bar{\Omega}$ の外で 0 となることに注意する．

一般に K が Ω の閉集合ならば，K の中に台のある超関数全体は

$$\mathcal{B}_K(\Omega)=\mathcal{O}(V\setminus K)/\mathcal{O}(V) \tag{3.37}$$

と表わされる．特に，K がコンパクト集合である場合は Köthe の双対定理（定

理3.1)により

$$\mathcal{B}_K(\Omega) \cong \mathcal{O}(K)', \tag{3.38}$$

かつ $\varphi \in \mathcal{O}(K)$ と $f=[F] \in \mathcal{B}_K(\Omega)$, $F \in \mathcal{O}(V \setminus K)$, の内積は(3.6)式で与えられる.

K が有限個の閉区間からなるコンパクト集合の場合, Pringsheim の定理(§2.1定理2.1)に従って, 実解析関数の空間 $\mathcal{A}(K)$ を $\mathcal{E}^{\{1\}}(K)$ と定義するならば, 局所凸空間としての同型

$$\mathcal{A}(K) \cong \mathcal{O}(K) \tag{3.39}$$

が成立する. 実際 Pringsheim の定理の証明が示すように,

$$\sup_{x \in K} |D^\alpha \varphi(x)| \leqq C h^{|\alpha|} |\alpha|! \tag{3.40}$$

をみたす K 上の可微分関数 φ は, K からの距離が h^{-1} をこえない点全体からなる複素近傍 $V_{h^{-1}}$ 上の整型関数に接続され, その絶対値は $V_{(2h)^{-1}}$ 上 $2C$ をこえない. 逆に, $V_{1/h}$ 上有界な整型関数を K に制限したものは, C を $V_{1/h}$ 上の絶対値の上限として(3.40)をみたす. 故に帰納極限をとったとき, この対応は両連続になる.

そこで, K が一般のコンパクト集合の場合にも, (3.39)でもって K 上の実解析関数のなす局所凸空間を定義することにする.

また, Ω が開集合である場合, 通常の制限写像の下で

$$\mathcal{A}(\Omega) = \varprojlim_{K \Subset \Omega} \mathcal{A}(K) \tag{3.41}$$

と表わされるから, これによって $\mathcal{A}(\Omega)$ に局所凸位相を入れる.

K と $\boldsymbol{C}$ の対に対して定理3.3を適用すれば, $\mathcal{A}(K)$ において, 整関数全体 $\mathcal{O}(\boldsymbol{C})$ の制限が稠密であることがわかる. 特に, 射影極限(3.41)は被約である. したがって, §1.4定理1.32により線型空間として

$$\mathcal{A}(\Omega)' = \varinjlim_{K \Subset \Omega} \mathcal{A}(K)'.$$

この右辺の帰納系の写像 $\mathcal{A}(K)' \to \mathcal{A}(L)'$, $K \subset L$, は単射である.

以上により次の定理を得る.

定理3.9 $\Omega \subset \boldsymbol{R}$ が開集合, $K \subset \Omega$ がコンパクト集合であるとき, 線型空間として

$$\mathcal{B}_K(\Omega) \cong \mathcal{A}(K)', \tag{3.42}$$

$$\mathcal{B}_c(\Omega) \cong \mathcal{A}(\Omega)'. \tag{3.43}$$

$\varphi \in \mathcal{A}(\Omega)$, $f=[F] \in \mathcal{B}_c(\Omega)$, $F \in \mathcal{O}(V \setminus \mathrm{supp}\, f)$, のとき，(3.43)の内積は

$$\langle \varphi, f \rangle = -\oint_\Gamma \varphi(z) F(z) dz \tag{3.44}$$

で与えられる．ここで Γ は φ の解析接続の定義域と F の定義域の共通部分にあって $\mathrm{supp}\, f$ を正の向きにひと回りする閉曲線である．——

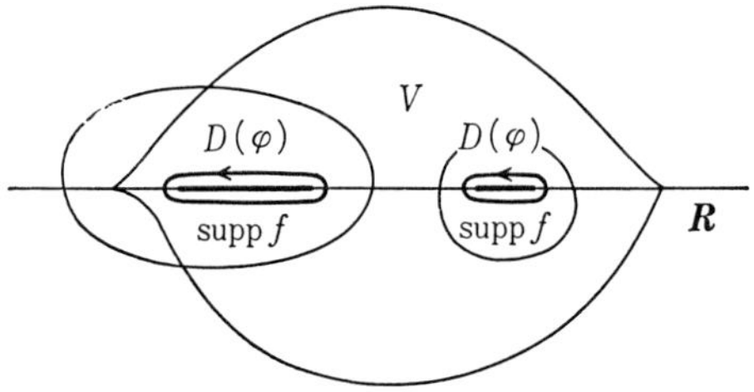

図 3.4

(3.44)を

$$\int_\Omega \varphi(x) f(x) dx$$

とも書き，$\varphi(x)f(x)$ の**定積分**という．$F(x+iy)$ が実際に極限値 $F(x\pm i0)$ をもつ場合には，(3.44)の積分路 Γ を実軸のすぐ上を負の方向にすすむ線分とすぐ下を正の方向にすすむ線分の和に変形することができ，この記号は $f(x)=F(x+i0)-F(x-i0)$ という解釈に適合する．

Köthe の双対定理の証明によれば，$f \in \mathcal{B}_c(\Omega)$ に対して

$$F(z) = \frac{-1}{2\pi i} \int_\Omega \frac{1}{z-x} f(x) dx \tag{3.45}$$

が f の定義関数になる．これを**標準定義関数**という．

(3.42), (3.43)の右辺は局所凸空間の双対空間であるから，これによって左辺の超関数の空間に双対空間としての強位相を導入することができる．しかし，これらの位相は超分布の対応する空間の位相とはまるでちがった振舞いをする．$K \subset L$ を二つのコンパクト集合とし，L の連結成分はすべて K と交わるとする．

このとき，制限写像 $\mathcal{A}(L)\to\mathcal{A}(K)$ は単射である．したがって，双対写像である埋込み写像 $\mathcal{B}_K(\Omega)\to\mathcal{B}_L(\Omega)$ の値域は稠密である．特に，L が閉区間 $[a,b]$，K がその中の1点 c のみからなる集合のとき，$\mathcal{B}_{[a,b]}(\Omega)$ の任意の超関数は，$\{c\}$ のみに台のある超関数でいくらでも近似することができる．同じことはコンパクト集合 K と開集合 $\Omega\supset K$ の対に対してもなりたつ．Ω の各連結成分が K と交わるならば，$\mathcal{B}_c(\Omega)$ において $\mathcal{B}_K(\Omega)$ は稠密である．

また，定理3.8により，任意の開集合 $\Omega\subset\boldsymbol{R}$ に対し

$$\mathcal{B}(\Omega)=\mathcal{B}_{\bar{\Omega}}(\boldsymbol{R})/\mathcal{B}_{\partial\Omega}(\boldsymbol{R})$$

と表わすことができる．Ω が有界の場合には，$\mathcal{B}_{\bar{\Omega}}(\boldsymbol{R})$ に位相が定義されているから，これによって $\mathcal{B}(\Omega)$ にも位相を入れることができるように思われる．しかし，この場合も $\mathcal{B}_{\partial\Omega}(\boldsymbol{R})$ は $\mathcal{B}_{\bar{\Omega}}(\boldsymbol{R})$ の稠密な線型部分空間となり，商位相は密着位相になる．

なお，$\mathcal{A}(\Omega)$ の任意の連続半ノルムはあるコンパクト集合 $K\subset\Omega$ に対する $\mathcal{A}(K)$ の連続半ノルムであること，および定理3.9の証明で用いた Runge の定理から次の Weierstrass の定理が導かれることに注意する．

定理 3.10 任意の開集合 $\Omega\subset\boldsymbol{R}$ に対し，$\mathcal{A}(\Omega)$ の中で多項式全体は稠密な線型部分空間をなす．——

コンパクトな台をもつ Ω 上の超分布 f は $\mathcal{A}(\Omega)$ 上の連続線型汎関数を与える．定理2.6によってこの対応は1対1である．これによって f を Ω 上の超関数とみなすことができる．§3.7において，この埋込みは任意の台をもつ超分布にまで拡張できることを示すが，それに先立って実解析関数の埋込みを定義しておく．

$a\in\mathcal{A}(\Omega)$ とする．これは Ω の複素近傍 $W\subset V$ 上の整型関数 $\tilde{a}$ に解析接続される．$V_\pm=\{z\in V\mid\pm\mathrm{Im}\,z>0\}$, $W_\pm=\{z\in W\mid\pm\mathrm{Im}\,z>0\}$ とし，$V_+\cup\Omega\cup W_-$ と $V_-\cup\Omega\cup W_+$ からなる V の開被覆に対して Mittag-Leffler の定理を適用すれば，$\tilde{a}(z)=F_+(z)-F_-(z)$ となる $F_+\in\mathcal{O}(V_+\cup\Omega\cup W_-)$ と $F_-\in\mathcal{O}(V_-\cup\Omega\cup W_+)$ が存在することがわかる．F_+ の V_+ への制限と F_- の V_- への制限によって $F\in\mathcal{O}(V\setminus\Omega)$ を定義し，a に $[F]$ を対応させる．この対応が F のとり方によらない単射であることは直ちに証明できる．

$[F]\in\mathcal{B}(\Omega)$ が実解析関数であるための必要十分条件は F の各成分 $F_\pm$ が Ω をこえて解析接続できることである．

§3.5 1変数超関数に対する演算

定義 3.4 $a\in\mathcal{A}(\Omega)$のとき，aはΩのある複素近傍V上の整型関数$\tilde{a}$に解析接続される．$f\in\mathcal{B}(\Omega)$を$F\in\mathcal{O}(V\setminus\Omega)$の類としたとき，**積** $af\in\mathcal{B}(\Omega)$を

$$(3.46)\qquad af=[\tilde{a}F]=a(x)F(x+i0)-a(x)F(x-i0)$$

と定義する．——

これが，fの代表Fあるいはaの解析接続$\tilde{a}$によらぬことは容易に証明できる．

また，$a\in\mathcal{A}(\Omega)$を固定したとき，aを掛ける演算がΩ上の層準同型$\mathcal{B}\to\mathcal{B}$を与えること，$f\in\mathcal{B}(\Omega)$を固定したとき，$f$との積を作る演算が$\Omega$上の層準同型$\mathcal{A}\to\mathcal{B}$となることも直ちに証明される．

定義 3.5 $f=[F]\in\mathcal{B}(\Omega)$, $F\in\mathcal{O}(V\setminus\Omega)$, に対して**微分** df/dxを

$$(3.47)\qquad \frac{df}{dx}=\left[\frac{dF}{dz}\right]$$

と定義する．——

これが定義関数のとり方によらぬこと，層準同型：$\mathcal{B}\to\mathcal{B}$を与えることは明らかである．

以上二つの演算の積と和をとることにより，実解析関数$a_p(x)$を係数とする**線型微分作用素**が層準同型：$\mathcal{B}\to\mathcal{B}$として作用することがわかる：

$$(3.48)\qquad \sum_{p=0}^{m}a_p(x)\left(\frac{d}{dx}\right)^p f(x)=\left[\sum_{p=0}^{m}\tilde{a}_p(z)\left(\frac{d}{dz}\right)^p F(z)\right].$$

定理 3.11

$$(3.49)\qquad P\left(x,\frac{d}{dx}\right)=\sum_{p=0}^{m}a_p(x)\left(\frac{d}{dx}\right)^p$$

をΩ上解析的な係数をもつ線型常微分作用素，

$$(3.50)\qquad P'\left(x,\frac{d}{dx}\right)=\sum_{p=0}^{m}\left(-\frac{d}{dx}\right)^p(a_p(x)\cdot)$$

を形式的双対作用素とする．このとき，任意の$\varphi\in\mathcal{A}(\Omega)$, $f\in\mathcal{B}_c(\Omega)$に対して

$$(3.51)\qquad \int_\Omega P\left(x,\frac{d}{dx}\right)\varphi(x)\cdot f(x)dx=\int_\Omega \varphi(x)\cdot P'\left(x,\frac{d}{dx}\right)f(x)dx.$$

証明 $P(x,d/dx)$が$a_0(x)$を掛ける作用素のときは明らかであるから，

$$\int_\Omega \frac{d}{dx}\varphi(x)\cdot f(x)dx+\int_\Omega \varphi(x)\cdot\frac{d}{dx}f(x)dx = 0 \tag{3.52}$$

を証明すれば十分である．

φ が解析接続 $\tilde{\varphi}\in\mathcal{O}(V)$ をもち，$f=[F]$, $F\in\mathcal{O}(V\setminus \operatorname{supp} f)$，とする．このとき，(3.52)の左辺は

$$-\int_\Gamma \frac{d}{dz}(\tilde{\varphi}(z)F(z))dz = 0.$$ ∎

定義 3.6 実解析関数 $a_p\in\mathcal{A}(\Omega)$ を係数とする無限階の線型微分作用素

$$P\left(x,\frac{d}{dx}\right)=\sum_{p=0}^{\infty}a_p(x)\left(\frac{d}{dx}\right)^p \tag{3.53}$$

は，$a_p(x)$ がすべて一定の複素近傍 V 上の整型関数 $\tilde{a}_p(z)$ に解析接続でき，任意のコンパクト集合 $H\subset V$ と $L>0$ に対して

$$\sup_{z\in H}|\tilde{a}_p(z)|\leqq C\frac{L^p}{p!} \tag{3.54}$$

となる定数 C がとれるとき，Ω 上の**超微分作用素**であるという．

定理 3.12 $\tilde{a}_p(z)\in\mathcal{O}(V)$ が上の条件をみたすとき，任意の $F\in\mathcal{O}(V)$ に対して

$$P\left(z,\frac{d}{dz}\right)F(z)=\sum_{p=0}^{\infty}\tilde{a}_p(z)\left(\frac{d}{dz}\right)^p F(z) \tag{3.55}$$

は $\mathcal{O}(V)$ の位相で収束し，$P(z,d/dz):\mathcal{O}(V)\to\mathcal{O}(V)$ は連続，かつ V 上 $\mathcal{O}$ から $\mathcal{O}$ への層準同型になる．

証明 $z\in V$ かつ z を中心とする半径 r の閉円板は V に含まれるとする．Cauchy の不等式

$$\left|\left(\frac{d}{dz}\right)^p F(z)\right|\leqq p!r^{-p}\sup_{|w-z|\leqq r}|F(w)| \tag{3.56}$$

を用いれば

$$\sum\left|\tilde{a}_p(z)\left(\frac{d}{dz}\right)^p F(z)\right|\leqq C\sum\left(\frac{L}{r}\right)^p\sup_{|w-z|\leqq r}|F(w)|.$$

z が V の中のコンパクト集合 H を動くときは，ある $r>0$ に対して H の r 近傍 H_r もコンパクト集合になり，$L<r$ にとれば右辺は $z\in H$ に関し一様に収束する．これより連続性も明らかである．同じ評価により $P(z,d/dz)F(z)$ の z の近

傍での値は $F(z)$ の z の近傍での値によって定まることがわかる．したがって $P(z, d/dz)$ は層準同型になる．∎

これより，$P(z, d/dz) : \mathcal{O}(V \setminus \Omega) \to \mathcal{O}(V \setminus \Omega)$，$\mathcal{O}(V) \to \mathcal{O}(V)$ によってひきおこされる超微分作用素

$$P\left(x, \frac{d}{dx}\right) :\ \mathcal{B}(\Omega) \longrightarrow \mathcal{B}(\Omega)$$

も Ω 上の $\mathcal{B}$ から $\mathcal{B}$ への層準同型になることがわかる．

(3.53) で定義される超微分作用素 $P(x, d/dx)$ に対してその形式的双対作用素 $P'(x, d/dx)$ を

$$(3.57)\qquad P'\left(x, \frac{d}{dx}\right)\varphi(x) = \sum_{p=0}^{\infty} \left(-\frac{d}{dx}\right)^p (a_p(x)\varphi(x))$$

によって定義する．

定理 3.13　(3.57) の右辺は，任意の $\varphi \in \mathcal{A}(\Omega)$ に対して $\mathcal{A}(\Omega)$ の位相で収束し，Ω 上の超微分作用素を与える．さらに，任意の $\varphi \in \mathcal{A}(\Omega)$，$f \in \mathcal{B}_c(\Omega) = \mathcal{A}(\Omega)'$ に対して

$$(3.58)\qquad \int P'\left(x, \frac{d}{dx}\right)\varphi(x) \cdot f(x)dx = \int \varphi(x) \cdot P\left(x, \frac{d}{dx}\right) f(x)dx.$$

証明　$\mathcal{A}(\Omega)$ 上の連続半ノルムは Ω の中のコンパクト集合 K に対する $\mathcal{A}(K)$ 上の連続半ノルムであり，さらに $\mathcal{A}(K)$ は K のコンパクト複素近傍 H を K に縮めていったときの $\mathcal{O}_C(H)$ の帰納極限であるから，十分小さい H に対する $\mathcal{O}_C(H)$ のノルムに関する絶対収束を証明すれば十分である．定義 3.6 の複素近傍 V を，φ の解析接続が V 上整型であるように十分小さくとっておく．$H \subset V$ がコンパクト集合ならば，十分小さい $\varepsilon > 0$ に対して H の閉 ε 近傍 H_ε も V に含まれるコンパクト集合になる．

$$(3.59)\qquad \sum_{p=0}^{\infty} \sup_{z \in H} \left| \left(-\frac{d}{dz}\right)^p (\tilde{a}_p(z)\tilde{\varphi}(z)) \right|$$
$$\leqq \sum_{p=0}^{\infty} \sup_{z \in H} \sum_{q=0}^{p} \binom{p}{q} \left| \left(\frac{d}{dz}\right)^{p-q} \tilde{a}_p(z) \cdot \left(\frac{d}{dz}\right)^q \tilde{\varphi}(z) \right|$$
$$\leqq \sum_{q=0}^{\infty} \sum_{p=q}^{\infty} \binom{p}{q} \sup_{z \in H} \left| \left(\frac{d}{dz}\right)^{p-q} \tilde{a}_p(z) \right| \sup_{z \in H} \left| \left(\frac{d}{dz}\right)^q \tilde{\varphi}(z) \right|.$$

ここで Cauchy の不等式と (3.54) を用いれば，

$$\sum_{p=q}^{\infty}\binom{p}{q}\sup_{z\in H}\left|\left(\frac{d}{dz}\right)^{p-q}\tilde{a}_p(z)\right| \leqq \sum_{p=q}^{\infty}\frac{p!}{q!}\varepsilon^{-p+q}\sup_{z\in H_\varepsilon}|\tilde{a}_p(z)|$$
$$\leqq \sum_{p=q}^{\infty}\frac{1}{q!}\varepsilon^{-p+q}CL^p.$$

$L<\varepsilon$ にとれば，これは収束し $CL^q(1-(L/\varepsilon))^{-1}/q!$ でおさえられる．同じく Cauchy の不等式を用いれば，

$$\sup_{z\in H}\left|\left(\frac{d}{dz}\right)^q\tilde{\varphi}(z)\right| \leqq q!\varepsilon^{-q}\sup_{z\in H_\varepsilon}|\tilde{\varphi}(z)|$$

ゆえ，(3.59)は収束する．

同じ計算により

$$P'\left(x,\frac{d}{dx}\right)=\sum_{q=0}^{\infty}b_q(x)\left(\frac{d}{dx}\right)^q, \tag{3.60}$$
$$b_q(x)=\sum_{p=q}^{\infty}\binom{p}{q}(-1)^p\left(\frac{d}{dx}\right)^{p-q}a_p(x)$$

と展開したときの係数 $b_q(x)$ は十分小さい L に対し

$$\sup_{z\in H}|\hat{b}_q(z)| \leqq C\left(1-\frac{L}{\varepsilon}\right)^{-1}\frac{L^q}{q!}$$

をみたすことがわかる．(3.54)は十分小さい L に対してなりたてば十分であるから，$P'(x,d/dx)$ は超微分作用素である．

$f\in\mathcal{B}_c(\Omega)$，$K=\operatorname{supp} f$ とする．定理3.11により

$$\int_\Omega\sum_{p=0}^{m}\left(-\frac{d}{dx}\right)(a_p(x)\varphi(x))\cdot f(x)dx=\int_\Omega\varphi(x)\cdot\sum_{p=0}^{m}a_p(x)\left(\frac{d}{dx}\right)^p f(x)dx.$$

上の証明により，左辺は $m\to\infty$ のとき $\int P'\left(x,\frac{d}{dx}\right)\varphi(x)\cdot f(x)dx$ に収束する．$V\setminus K$ において定理3.12を適用すれば，右辺は $m\to\infty$ のとき $\int\varphi(x)\cdot P(x, d/dx)f(x)dx$ に収束する．これで(3.58)が証明できた．∎

超関数 f,g の畳み込み $f*g$ も§2.5と類似の定義域，台，正則性の仮定の下で定義することができるが，ここでは1次元の特殊性を用いて f,g が共に $\Omega=(-\infty,a)$ で定義されており，台が $[0,a)$ に含まれている場合のみを考えることにする．この場合

$$f*g(x)=\int_0^x f(x-y)g(y)dy$$

を定義しなければならないわけであるが，$F, G \in \mathcal{O}(V \setminus [0, a))$ をそれぞれ f, g の定義関数とするとき，a の近くの $V \setminus \Omega$ の上半面，下半面にそれぞれ1点 w_0, w_1 をとり，$V \setminus [0, a)$ 内で w_0 と w_1 を結ぶ積分路 Γ をとって関数

$$H(z) = -\int_\Gamma F(z-w)G(w)dw \tag{3.61}$$

を定義する.

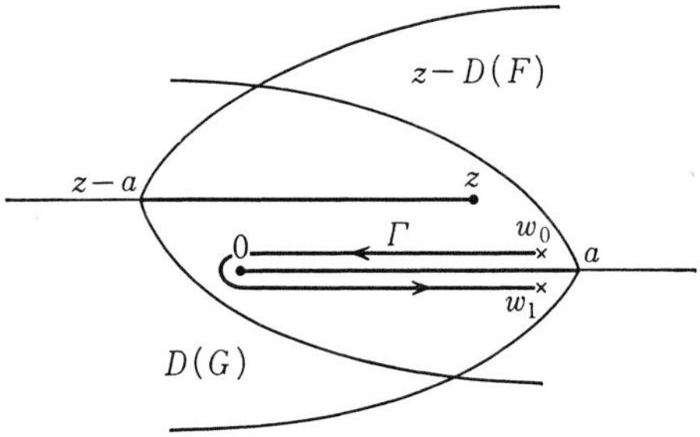

図 3.5

明らかにこれは $V \setminus ([0, a) \cup (w_0 + \boldsymbol{R}_+) \cup (w_1 + \boldsymbol{R}_+))$ で定義された整型関数である．そこで，

$$f * g = [H] \tag{3.62}$$

として畳み込み $f * g$ を定義する．定義関数 F, G をかえたとき，あるいは w_0, w_1 を動かしたとき，H は Ω 上で解析的な関数の差しかかわらないから，$f * g$ は f と g のみによって定まる.

g がコンパクト台のときは $w_0 = w_1$ にとることもできる．この場合は，実解析関数とコンパクト台の超関数の内積の意味で

$$H(z) = \int F(z-y)g(y)dy \tag{3.63}$$

となる．これより f の台が片側に制限されていない場合も $f * g$ の定義ができることがわかる．さらに，f が実解析関数ならば，x の値が実解析関数とコンパクト台の超関数の内積

$$f * g(x) = \int f(x-y)g(y)dy$$

で与えられる実解析関数になる.

上の定義では，畳み込みの可換性

$$f*g = g*f \tag{3.64}$$

は必ずしも明らかではないが，その証明は読者にゆずることにする.

以上はすべての超関数に対して許される演算であったが，超関数に対してはなお次のような各点ごとの積が定義できる.

定義 3.7　超関数 $f=[F]$ は，定義関数 F のうち上半面(下半面)で定義されている整型関数が Ω をこえて解析接続できるとき，Ω 上 i 方向($-i$ 方向)に解析的であるという. ——

この定義に従えば，実解析関数とは i 方向にも $-i$ 方向にも解析的な超関数である.

定義 3.8　f, g が共に Ω 上 i 方向($-i$ 方向)に解析的な超関数であるとき，Ω の複素近傍を十分に小さくとれば，f, g 共に下半平面(上半平面)で0の整型関数 F, G を定義関数とすることができる. このとき，FG $(-FG)$ を定義域とする超関数を fg と定義する.

例えば，

$$(x+i0)^{-1}(x+i0)^{-1} = (x+i0)^{-2}.$$

§3.6　例と諸定理

定理3.9を用いて多くの超関数の例を作ることができる. この定理の後で注意したように，$f\in\mathcal{B}_c(\Omega)=\mathcal{A}(\Omega)'$ ならば，f は標準定義関数

$$F(z) = \frac{-1}{2\pi i}\int_\Omega \frac{1}{z-t}f(t)dt \tag{3.65}$$

の類になる.

Dirac の **δ 関数**は，$\varphi\in\mathcal{A}(\boldsymbol{R})$ に対し $\varphi(0)$ を対応させる連続線型汎関数と同一視される超関数である. (3.65)を用いれば，

$$\delta(x) = \frac{-1}{2\pi i}\left[\frac{1}{z}\right] = \frac{-1}{2\pi i}\left(\frac{1}{x+i0}-\frac{1}{x-i0}\right). \tag{3.66}$$

δ 関数の p 階の導関数 $\delta^{(p)}(x)$ は定義3.5を用いて

$$(3.67)\quad \delta^{(p)}(x)=\frac{(-1)^{p+1}p!}{2\pi i}\left[\frac{1}{z^{p+1}}\right]=\frac{(-1)^{p+1}p!}{2\pi i}\left(\frac{1}{(x+i0)^{p+1}}-\frac{1}{(x-i0)^{p+1}}\right)$$

と表わされる．これから，δ 関数とその導関数に対する種々の公式を導くことができる．例えば，

$$(3.68)\qquad x\delta^{(p)}(x)=\frac{(-1)^{p+1}p!}{2\pi i}\left[\frac{z}{z^{p+1}}\right]=-p\delta^{(p-1)}(x).$$

特に

$$(3.69)\qquad x\delta(x)=0.$$

次の命題は逆に δ 関数がこの等式によって特徴づけられることを示している．

命題 3.4 $\Omega\subset \boldsymbol{R}$ を 0 を含む開集合としたとき，方程式

$$(3.70)\qquad xf(x)=0$$

をみたす超関数 $f\in\mathcal{B}(\Omega)$ は δ 関数の定数倍にかぎられる．

証明 $f=[F]$, $F\in\mathcal{O}(V\setminus\Omega)$, と表わしたとき，(3.70) より $zF(z)\in\mathcal{O}(V)$. すなわち $F(z)$ は 0 に高々 1 位の極をもつ解析関数である．したがって，Laurent 展開

$$F(z)=\frac{c}{z}+\text{整型関数}$$

を用いれば，$f(x)=c\delta(x)$. ∎

次に，閉区間 $[a,b]$ 上の積分

$$\int_a^b\varphi(x)dx=\int_\Omega\varphi(x)\chi_{[a,b]}(x)dx$$

に対応する超関数 $\chi_{[a,b]}$ は (3.65) によって

$$(3.71)\qquad \chi_{[a,b]}(x)=\frac{-1}{2\pi i}\left[\operatorname{Log}\frac{a-z}{b-z}\right]$$

と表わされる．ただし，$\operatorname{Log} z$ は負軸 $\{x\in\boldsymbol{R}\mid x\leqq 0\}$ に切れ目を入れて定義される $\log z$ の主枝を表わす．

超関数としての **Heaviside 関数** $\theta(x)$ を

$$(3.72)\qquad \theta(x)=\frac{-1}{2\pi i}[\operatorname{Log}(-z)]$$

によって定義する．定義と超関数の微分の定義から $\theta(x)$ が次をみたすことは明らかである：

$$\frac{d}{dx}\theta(x)=\delta(x), \qquad \theta(x)|_{\{x\in \boldsymbol{R}|x<0\}}=0. \tag{3.73}$$

次の命題により，$\theta(x)$はこの方程式のただ一つの解である．

命題 3.5 $\Omega_1\subset\Omega\subset\boldsymbol{R}$ を二つの開区間としたとき，$u\in\mathcal{B}(\Omega)$が

$$\frac{d}{dx}u(x)=0, \quad x\in\Omega, \qquad u|_{\Omega_1}=0 \tag{3.74}$$

をみたせば $u=0$ である．

証明 Ω の複素近傍として単連結開集合 V をとる．u の定義関数を $U(z)\in\mathcal{O}(V\setminus\Omega)$ としたとき，仮定により $U\in\mathcal{O}(V\setminus(\Omega\setminus\Omega_1))$ かつ $F=dU/dz\in\mathcal{O}(V)$. したがって，$x_0\in\Omega_1$ にとれば $U(z)=\int_{x_0}^{z}F(w)dw+U(x_0)\in\mathcal{O}(V)$. ∎

正の整数 n に対して

$$\theta^{(-n)}(x)=\frac{x_+{}^n}{n!}=\frac{1}{n!}\frac{-1}{2\pi i}[z^n\operatorname{Log}(-z)] \tag{3.75}$$

とすれば，同様に $\theta^{(-n)}(x)$ は

$$\frac{d}{dx}\theta^{(-n)}(x)=\theta^{(-n+1)}(x), \qquad \theta^{(-n)}|_{\{x\in\boldsymbol{R}|x<0\}}=0 \tag{3.76}$$

のただ一つの解であることがわかる．ただし $\theta^{(0)}(x)=\theta(x)$ とする．

α が整数でないときは

$$x_+{}^\alpha=\frac{-1}{2i\sin\pi\alpha}[(-z)^\alpha] \tag{3.77}$$

と定義する．ここで，z^α は負軸に切れ目を入れた主枝である．(3.75)を拡張して

$$\theta^{(-\alpha)}(x)=\frac{x_+{}^\alpha}{\Gamma(\alpha+1)}=\frac{\Gamma(-\alpha)}{2\pi i}[(-z)^\alpha] \tag{3.78}$$

とおく．これについても容易に

$$\frac{d}{dx}\theta^{(-\alpha)}(x)=\theta^{(-\alpha+1)}(x), \qquad \theta^{(-\alpha)}|_{\{x\in\boldsymbol{R}|x<0\}}=0 \tag{3.79}$$

が示される．

$\boldsymbol{R}_+=\{x\in\boldsymbol{R}\,|\,x\geqq 0\}$ に台をもつ超関数 f に対して

$$\delta^{(p)}*f=\left(\frac{d}{dx}\right)^p f \tag{3.80}$$

となることは容易にわかる．これを拡張して，$\alpha\neq 0,1,\cdots$ のとき

$$\left(\frac{d}{dx}\right)^{\alpha} f = \theta^{(\alpha+1)} * f \tag{3.81}$$

と定義する.

$$\theta^{(\alpha)} * \theta^{(\beta)} = \theta^{(\alpha+\beta+1)} \tag{3.82}$$

であるから, $\mathcal{B}_{R^+}(\boldsymbol{R})$ における作用素として

$$\left(\frac{d}{dx}\right)^{\alpha}\left(\frac{d}{dx}\right)^{\beta} = \left(\frac{d}{dx}\right)^{\alpha+\beta} \tag{3.83}$$

が成立する. 作用素 $(d/dx)^{\alpha}$ を **α 次の微分**あるいは **$-\alpha$ 次の積分**という.

次は1点に台のある超関数の構造定理である.

定理 3.14 $c_p \in \boldsymbol{C}$ をどのように $L>0$ をとってもある定数 C に対して

$$|c_p| \leqq C\frac{L^p}{p!} \tag{3.84}$$

をみたす数列とする. このとき

$$f(x) = \sum_{p=0}^{\infty} c_p \delta^{(p)}(x) \tag{3.85}$$

は $\mathcal{A}(0)'$ の強位相で収束し, $\{0\}$ に台のある超関数となる. 逆に, 任意の $f \in \mathcal{B}_{\{0\}}(\boldsymbol{R})$ は上の条件をみたす c_p を用いてただ一通りに (3.85) の形に表わされる.

証明 Cauchy の不等式 (3.56) を用いれば容易に (3.85) は $\mathcal{A}(0)'$ の位相で絶対収束することがわかる.

逆に $f \in \mathcal{B}_{\{0\}}(\boldsymbol{R})$ ならば, その標準定義関数 $F(z)$ は $\boldsymbol{C}\setminus\{0\}$ での整型関数となり, Laurent 展開

$$F(z) = \sum_{q=-\infty}^{-1} a_q z^q \tag{3.86}$$

の係数 a_q は

$$|a_q|^{1/|q|} \longrightarrow 0, \quad |q| \to \infty$$

をみたす. したがって, $c_p = (-1)^{p+1} 2\pi i a_{-p-1}/p!$ は (3.84) をみたす. (3.86) が $\boldsymbol{C}\setminus\{0\}$ で広義一様収束することから, Köthe の双対定理により $\mathcal{A}(0)'$ において

$$[F(z)] = \sum_{p=0}^{\infty} \frac{c_p(-1)^{p+1}p!}{2\pi i}\left[\frac{1}{z^{p+1}}\right] = \sum_{p=0}^{\infty} c_p \delta^{(p)}(x)$$

がなりたつことがわかる.

展開の一意性は $\varphi(x) = x^p/p!$ との内積をとることによって証明される. ▌

$$P\left(\frac{d}{dz}\right) = \sum_{p=0}^{\infty} c_p \left(\frac{d}{dx}\right)^p \tag{3.87}$$

は (3.84) により定数係数の超微分作用素になるから，定理により，任意の $f \in \mathcal{B}_{\{0\}}(\boldsymbol{R})$ は定数係数の超微分作用素 $P(d/dx)$ を用いて

$$f(x) = P\left(\frac{d}{dx}\right)\delta(x) \tag{3.88}$$

と表わすことができる．

$f \in \mathcal{B}_c(\boldsymbol{R}) = a(\boldsymbol{R})'$ の Fourier-Laplace 変換 $\hat{f}(\zeta)$ を (2.113) によって定義する．

定理 3.15 (Paley-Wiener)　$K \subset \boldsymbol{R}$ をコンパクト区間とするとき，整関数 $\hat{f}(\zeta) \in \mathcal{O}(\boldsymbol{C})$ がある $f \in \mathcal{B}_K(\boldsymbol{R})$ の Fourier-Laplace 変換であるための必要十分条件は任意の $\varepsilon > 0$ に対して

$$|\hat{f}(\zeta)| \leq C \exp\{H_K(\zeta) + \varepsilon|\zeta|\}, \qquad \zeta \in \boldsymbol{C}, \tag{3.89}$$

となる定数 C が存在することである．

証明　$f \in \mathcal{B}_K(\boldsymbol{R}) = \mathcal{O}(K)'$ とする．$\boldsymbol{C}$ における K の ε 近傍を K_ε とすれば，f は $\mathcal{O}_C(K_\varepsilon)$ 上連続である．したがって，定数 C が存在し

$$|\hat{f}(\zeta)| \leq C \sup_{z \in K_\varepsilon} |e^{-iz\zeta}| = C \exp\{H_K(\zeta) + \varepsilon|\zeta|\}.$$

逆に，$\hat{f}(\zeta) \in \mathcal{O}(\boldsymbol{C})$ が (3.89) をみたすとする．偏角 θ を任意にとって

$$F(z) = \frac{1}{2\pi}\int_0^{e^{i\theta}\infty} e^{iz\zeta}\hat{f}(\zeta)\,d\zeta \tag{3.90}$$

とする．$\zeta = re^{i\theta}$, $r > 0$, のとき

$$|e^{iz\zeta}\hat{f}(\zeta)| \leq C \exp\{H_K(re^{i\theta}) + r\varepsilon - r\,\mathrm{Im}\, e^{i\theta}z\}$$

と評価されるから

$$\mathrm{Im}\, e^{i\theta}z > H_K(e^{i\theta}) + \varepsilon = \sup_{x \in K} \mathrm{Im}\, e^{i\theta}x + \varepsilon \tag{3.91}$$

ならば，(3.90) は収束し z の整型関数になる．通常の積分路の変換により，偏角 θ をかえたときも共通の定義域では同じ整型関数を表わすことがわかる．(3.91) において $\varepsilon > 0$ は任意であったから，結局 (3.90) は $\boldsymbol{C} \setminus K$ における整型関数を定義する．$f = [F] \in \mathcal{B}_K(\boldsymbol{R})$ ゆえ，$\hat{f}$ が f の Fourier-Laplace 変換

$$-\oint_\Gamma e^{-iz\zeta}F(z)\,dz \tag{3.92}$$

に一致することを示せば証明が終る．ここで Γ は K をひと回りする閉曲線であ

る．$\hat{f}(\zeta)=\zeta^n$ ならば，

$$F(z)=\frac{1}{2\pi}\int_0^\infty e^{iz\zeta}\zeta^n d\zeta=\frac{(-i)^n}{2\pi}\left(\frac{d}{dz}\right)^n\int_0^\infty e^{iz\zeta}d\zeta=\frac{-i^n}{2\pi i}\frac{n!}{z^{n+1}}.$$

したがって

$$-\oint_\Gamma e^{-iz\zeta}F(z)dz=\frac{i^n n!}{2\pi i}\oint_\Gamma e^{-iz\zeta}\frac{1}{z^{n+1}}dz=i^n\left(\frac{d}{dz}\right)^n e^{-iz\zeta}\bigg|_{z=0}=\zeta^n.$$

一般の場合は $\hat{f}(\zeta)$ の Taylor 展開を用いる．評価(3.89)から(3.90)と(3.92)の積分と級数の和の順序を交換してもよいことがわかるから求める結果が得られる．∎

(3.90)で定義される関数 $F(z)$ を $\hat{f}(\zeta)$ の **Borel 変換**という．

§3.7　超分布の埋込み

コンパクト台の超分布 $f\in\mathcal{D}^{*\prime}{}_{c}(\Omega)$ は $\mathcal{A}(\Omega)$ 上の連続線型汎関数になり，コンパクト台の超関数が定まる．この対応が，超分布の層 $\mathcal{D}^{*\prime}$ から超関数の層 $\mathcal{B}$ の中への同型に拡張されることを示し，これによって一般の超分布が超関数の特殊なものと同一視できることを証明する．この超関数 f の定義関数 F は超分布の位相に関して境界値 $F(x\pm i0)$ をもち，f はこれらの差 $F(x+i0)-F(x-i0)$ に等しい．さらに，このような超関数 f を定義関数 $F(x+iy)$ の $y\to 0$ になるときの増大度によって特徴づけることができる．

補題 3.2　X を可算個の開集合の基底をもつ局所コンパクト位相空間，$\mathcal{F},\mathcal{G}$ を X 上の線型空間の軟層とする．線型写像

(3.93)　$$h_c\colon \mathcal{F}_c(X)\longrightarrow\mathcal{G}_c(X)$$

が

(3.94)　$$\operatorname{supp}h_c(f)\subset\operatorname{supp}f,\qquad f\in\mathcal{F}_c(X),$$

をみたすならば，これをただ一通りに層準同型

(3.95)　$$h\colon \mathcal{F}\longrightarrow\mathcal{G}$$

に拡張することができる．さらに，h_c が

(3.96)　$$\operatorname{supp}h_c(f)=\operatorname{supp}f,\qquad f\in\mathcal{F}_c(X),$$

をみたすならば，h は層単射である，すなわち，任意の開集合 $U\subset X$ に対して $h(U):\mathcal{F}(U)\to\mathcal{G}(U)$ が単射になる．

証明 $U\subset X$ を任意の開集合とする．仮定により U もまた σ コンパクト局所コンパクト空間になるから，

$$K_1 \Subset K_2 \Subset \cdots \Subset K_i \Subset \cdots \subset U \quad \text{かつ} \quad \bigcup K_i = U$$

となるコンパクト集合の列 K_i がある．これを用いると任意の $f\in\mathcal{F}(U)$ を $f_i\in\mathcal{F}_c(U)\subset\mathcal{F}_c(X)$ の局所有限和

$$f = \sum_i f_i \tag{3.97}$$

と表わすことができる．実際，$g_i\in\mathcal{F}_c(U)$ を，K_i の近傍では f に等しく，$\overline{U\setminus K_{i+1}}$ の近傍では0に等しい切れ目を，$\mathcal{F}$ が軟層であることを用いて U 全体に拡張したものとすれば，$f_1=g_1$，$f_2=g_2-g_1$，$f_3=g_3-g_2$ 等が求めるものとなる．

そこで

$$h(U)(f) = \sum_i h_c(f_i) \tag{3.98}$$

によって $h(U):\mathcal{F}(U)\to\mathcal{G}(U)$ を定義する．(3.98) の右辺は (3.94) により局所有限和であるから，$\mathcal{G}(U)$ の元として意味をもつ (U の十分細かい開被覆 $\{U_j\}$ をとり各 U_j の上では $\sum h_c(f_i)$ が有限和であるようにし，層の公理 S2 によってはり合わせればよい)．

これが f の分割 (3.97) によらないことを証明するため，$f=0$ が (3.97) のように表わされているとする．各 $x\in U$ に対して，有限個の $\operatorname{supp} f_i$ としか交わらない開近傍 V がある．$i=1,2,\cdots,m$ 以外は $\operatorname{supp} f_i$ と V が交わらないとする．このとき，$f_1+\cdots+f_m\in\mathcal{F}_c(U)$ は V 上 f と一致し，したがって0となる．(3.94) によれば，$h_c(f_1)+\cdots+h_c(f_m)=h_c(f_1+\cdots+f_m)$ も V 上で $\sum h_c(f_i)$ に等しく，0になる．S1により，これは $h(U)(f)=0$ を意味する．

$f\in\mathcal{F}_c(X)$ のときは f のみからなる和を (3.97) の分解とすることができ，上の h は h_c の拡張になる．

$V\subset U$ を相対コンパクトな開部分集合としたとき，これより，$h(U)(f)$ の V への制限は，$f|_V=g|_V$ となる $g\in\mathcal{F}_c(U)$ の像 $h_c(g)$ の V への制限と一致することがわかる．$U_1\subset U$ を二つの開集合，$x\in U_1$ を任意の点としたとき，x の開近傍 $V\subset U_1$ を U_1 の中で相対コンパクトにとれば，上の g を f と $f|_{U_1}$ に対し共通にとることができる．故に

$$\rho_V{}^U(h(U)f) = \rho_V{}^{U_1}(h(U_1)\rho_{U_1}{}^U(f)).$$

したがって，層の公理 S1 により

$$\rho_{U_1}{}^{U}\circ h(U) = h(U_1)\circ\rho_{U_1}{}^{U}.$$

逆に，h_c が層準同型 h に拡張できるならば，$h(U)$ が(3.98)で与えられるものでなければならないことは明らかである．

さらに(3.96)がなりたつ場合は，最初の部分と同様の議論で $\sum h_c(f_i)=0$ から出発して，$\sum f_i$ が局所的に 0，したがって U 上 0 を結論することができる．∎

超分布の埋込みについて(3.96)を証明するため次の補題を用意する．

補題 3.3　$\varphi\in\mathscr{D}^*(\boldsymbol{R})$ のとき，その Poisson 積分

$$\varphi(x, y) = \frac{1}{\pi}\int_{-\infty}^{\infty}\frac{y\varphi(t)}{(x-t)^2+y^2}dt \tag{3.99}$$

はパラメータ $y>0$ が 0 に近づくとき

$$\mathscr{E}^*(\boldsymbol{R})\text{の位相で}\quad \varphi(x, y)\longrightarrow\varphi(x), \tag{3.100}$$

かつ

$$\mathscr{A}(\boldsymbol{R}\setminus\operatorname{supp}\varphi)\text{の位相で}\quad \varphi(x, y)\longrightarrow 0. \tag{3.101}$$

証明　(3.100)は Weierstrass の定理(§2.3 定理 2.6)の証明と同様にして証明できる．

(3.101)を証明するため，K を $\boldsymbol{R}\setminus\operatorname{supp}\varphi$ の中の任意のコンパクト集合とする．K の複素近傍 V を

$$\inf\{\operatorname{Re}(x-t)^2 \mid x\in V, t\in\operatorname{supp}\varphi\} = c > 0$$

になるようにとれば，$x\in V$ 上一様に

$$|\varphi(x, y)| \leqq \frac{y}{\pi c}\int|\varphi(t)|dt \longrightarrow 0.$$

したがって，$\mathscr{A}(K)=\mathscr{O}(K)$ の位相に関して $\varphi(x, y)\to 0$．K は任意ゆえ，(3.

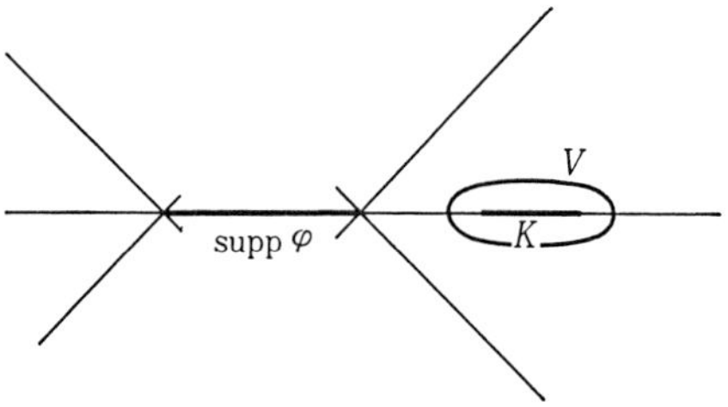

図 3.6

101)がなりたつ. ▌

定理 3.16 $\boldsymbol{R}$ 上の層単射 $i:\mathcal{D}^{*\prime}\to\mathcal{B}$ であって，各開集合 $\Omega\subset\boldsymbol{R}$ に対し，それがひきおこす線型写像

$$i_{\mathrm{c}}(\Omega):\ \mathcal{D}^{*\prime}{}_{\mathrm{c}}(\Omega)\longrightarrow\mathcal{B}_{\mathrm{c}}(\Omega)$$

が，埋込み写像 $\mathcal{A}(\Omega)\to\mathcal{E}^*(\Omega)$ の双対写像と一致するものがただ一つ存在する.

証明 埋込み写像 $\mathcal{A}(\boldsymbol{R})\to\mathcal{E}^*(\boldsymbol{R})$ の双対写像

$$i_{\mathrm{c}}:\ \mathcal{D}^{*\prime}{}_{\mathrm{c}}(\boldsymbol{R})\longrightarrow\mathcal{B}_{\mathrm{c}}(\boldsymbol{R})$$

が補題 3.2 の条件 (3.96) をみたすことを証明する. $f\in\mathcal{D}^{*\prime}{}_{\mathrm{c}}(\boldsymbol{R})$ に対して

$$i_{\mathrm{c}}(f)=\left[\frac{-1}{2\pi i}\int_{\boldsymbol{R}}\frac{1}{z-x}f(x)dx\right]$$

ゆえ，明らかに $\mathrm{supp}\, i_{\mathrm{c}}(f)\subset\mathrm{supp}\, f$.

反対の包含関係を証明するため，任意の $\varphi\in\mathcal{D}^*(\boldsymbol{R}\setminus\mathrm{supp}\, i_{\mathrm{c}}(f))$ をとる. 補題 3.3 により，

$$\langle\varphi,f\rangle=\lim_{y\to0}\langle\varphi(\cdot,y),f\rangle=\lim_{y\to0}\langle\varphi(\cdot,y),i_{\mathrm{c}}(f)\rangle=0.$$

最後の等式は $i_{\mathrm{c}}(f)\in(\mathcal{A}(\mathrm{supp}\, i_{\mathrm{c}}(f)))'$ かつ $\varphi(x,y)$ が $\mathcal{A}(\mathrm{supp}\, i_{\mathrm{c}}(f))$ において 0 に収束することによる. したがって，$\mathrm{supp}\, f\subset\mathrm{supp}\, i_{\mathrm{c}}(f)$.

補題 3.2 により i_{c} を拡張して得られる層単射: $\mathcal{D}^{*\prime}\to\mathcal{B}$ を i とする.

一方，任意の開集合 $\Omega\subset\boldsymbol{R}$ に対して，埋込み写像 $\mathcal{D}^{*\prime}{}_{\mathrm{c}}(\Omega)\to\mathcal{D}^{*\prime}{}_{\mathrm{c}}(\boldsymbol{R})$ および $\mathcal{B}_{\mathrm{c}}(\Omega)\to\mathcal{B}_{\mathrm{c}}(\boldsymbol{R})$ はそれぞれ制限写像 $\mathcal{E}^*(\boldsymbol{R})\to\mathcal{E}^*(\Omega)$ および $\mathcal{A}(\boldsymbol{R})\to\mathcal{A}(\Omega)$ の双対写像と一致するから，埋込み写像 $\mathcal{A}(\Omega)\to\mathcal{E}^*(\Omega)$ の双対写像 $i_\Omega:\mathcal{D}^{*\prime}{}_{\mathrm{c}}(\Omega)\to\mathcal{B}_{\mathrm{c}}(\Omega)$ は i_{c} の部分写像になる. したがって，i_Ω は層単射 i からひきおこされる線型写像と一致する. ▌

以下 i でもって超分布をその像である超関数と同一視し，超分布の層を超関数の層の部分層とみなす. 次の定理によって，微分作用素等の作用も同一であることがわかる.

定理 3.17 $P(x,d/dx)$ は Ω 上の $*$ 族の微分作用素であると共に超微分作用素でもあるとする. このとき，

$$P\left(x,\frac{d}{dx}\right)i(f)=i\left(P\left(x,\frac{d}{dx}\right)f\right),\qquad f\in\mathcal{D}^{*\prime}(\Omega). \tag{3.102}$$

証明　$P'(x, d/dx)$ を形式的双対作用素とすれば，定理 3.13 および §2.5 命題 2.5 により，これもまた $*$ 族の微分作用素であると共に超微分作用素である．したがって定理 3.13 により $\varphi \in \mathcal{A}(\Omega)$，$f \in \mathcal{D}^{*\prime}{}_{\mathrm{c}}(\Omega)$ に対して

$$\left\langle \varphi, P\left(x, \frac{d}{dx}\right) f \right\rangle = \left\langle P'\left(x, \frac{d}{dx}\right)\varphi, f \right\rangle$$
$$= \left\langle P'\left(x, \frac{d}{dx}\right)\varphi, i(f) \right\rangle = \left\langle \varphi, P\left(x, \frac{d}{dx}\right)(i(f)) \right\rangle.$$

これより

$$P\left(x, \frac{d}{dx}\right)\circ i_{\mathrm{c}} = i_{\mathrm{c}}\circ P\left(x, \frac{d}{dx}\right)$$

を得る．あとは補題 3.2 の一意性を用いればよい．▮

開集合 $\Omega\subset \boldsymbol{R}$ の複素近傍 V を $V\cap \boldsymbol{R}=\Omega$ となるように選んでおく．このとき，$V_+=\{z\in V \mid \mathrm{Im}\, z>0\}$ および $V_-=\{z\in V \mid \mathrm{Im}\, z<0\}$ をそれぞれ V の上半部分および下半部分という．

定義 3.9　$F\in \mathcal{O}(V\setminus\Omega)$ に対して，V_+ では F に等しく，V_- では 0 と定義して得られる $\mathcal{O}(V\setminus\Omega)$ の元で代表される超関数を $F(x+i0)$，V_+ では 0 に等しく，V_- では $-F$ に等しいとして得られる $\mathcal{O}(V\setminus\Omega)$ の元で代表される超関数を $F(x-i0)$ と書き，これらを F の**超関数としての境界値**という．

超関数の定義により，$F\in \mathcal{O}(V\setminus\Omega)$ は上下の境界値 $F(x+i0)$，$F(x-i0)$ が等しいとき，そのときに限り V 上の整型関数に拡張できる．

定理 3.18　$F\in \mathcal{O}(V\setminus\Omega)$ に対し，次の四つの条件は互いに同等である：

(a)　F を定義関数とする超関数 $f=F(x+i0)-F(x-i0)$ は Ω 上の $*$ 族の超分布である；

(b)　x に関する実解析関数 $F(x+iy)$ は $y\to\pm 0$ のとき，$\mathcal{D}^{*\prime}(\Omega)$ の位相の下で収束する；

(c)　x に関する実解析関数の族 $\{F(x+iy)\}$ は $|y|$ が十分小のとき，$\mathcal{D}^{*\prime}(\Omega)$ の位相に関して有界である；

(d)　$F(x+iy)$ は $|y|\to 0$ のとき次のような増大度の制限をみたす：

I：$*=\phi$ の場合，任意のコンパクト集合 $K\subset\Omega$ に対して，$r>0$, L, C が存在して

$$\sup_{x\in K}|F(x+iy)|\leqq C|y|^{-L},\qquad |y|\leqq r, \tag{3.103}$$

$\mathrm{II}_{(s)}: *=(s)$ ($\mathrm{II}_{\{s\}}: *=\{s\}$) の場合，任意のコンパクト集合 $K\subset\Omega$ に対して $r>0$, L, C が存在して ($r>0$ が存在し，どのように $L>0$ をとってもある C に対して)

$$\sup_{x\in K}|F(x+iy)|\leqq C\exp\left(\frac{L}{|y|}\right)^{1/(s-1)},\qquad |y|\leqq r. \tag{3.104}$$

この場合 F の超関数としての境界値は $*$ 族の超分布の位相に関する境界値に等しい．すなわち $\mathcal{D}^{*\prime}(\Omega)$ の位相の下で

$$F(x\pm i0)=\lim_{y\to\pm 0}F(x+iy). \tag{3.105}$$ ——

$F(x+iy)$ の定義域は y に依存するから，(b), (c) の述べ方は必ずしも正確でないが，$\mathcal{D}^{*\prime}(\Omega)$ 上の任意の連続半ノルム $p(f)$ は，p に応じたコンパクト集合 $K\subset\Omega$ が存在し，f を K の内部に制限したものによってその値が定まることに注意し，各 p に対して $p(F(x+iy)-F(x\pm i0))\to 0$ あるいは $r>0$ が存在して $\{p(F(x+iy))\mid |y|\leqq r\}$ が有界となることであると解釈する．

定理の証明　いくつかの補題の形で与える．はじめに **Painlevé の定理**を超分布の場合に拡張しておく．

補題 3.4　$F\in\mathcal{O}(V\setminus\Omega)$ かつ $\mathcal{D}^{*\prime}(\Omega)$ の位相で

$$f_\pm(x)=\lim_{y\to\pm 0}F(x+iy) \tag{3.106}$$

が存在し，$f_+(x)=f_-(x)$ がなりたつならば，$F\in\mathcal{O}(V)$.

証明　$\dagger<*$ をとり，§2.8 補題 2.9 により $\dagger$ 族の定数係数微分作用素 $P(d/dx)$ と

$$P\left(\frac{d}{dx}\right)u(x)=\delta(x)$$

をみたし原点以外では解析的な $u(x)\in\mathcal{E}^*(\boldsymbol{R})$ を構成する．任意の $\varepsilon>0$ に対し，$\{x\in\boldsymbol{R}\mid |x|\leqq\varepsilon/2\}$ では1に等しく，$\{x\in\boldsymbol{R}\mid |x|\geqq\varepsilon\}$ では0となる $\chi_\varepsilon\in\mathcal{D}^\dagger(\boldsymbol{R})$ をとり，$v(x)=\chi_\varepsilon(x)u(x)$ とする．$v(x)$ は $\{x\in\boldsymbol{R}\mid |x|\leqq\varepsilon\}$ に台のある $*$ 族の超可微分関数であって

$$P\left(\frac{d}{dx}\right)v(x)=\delta(x)+w(x)$$

と書けば，$w(x)$ は $\{x\in \boldsymbol{R}\mid |x|\leqq\varepsilon\}$ に台のある † 族の超可微分関数となる．

$$(F*v)(x+iy)=\int F(t+iy)v(x-t)dt$$

と定義すれば，明らかにこれは $V_\varepsilon\setminus\Omega$ 上の整型関数になる．ここで $V_\varepsilon=\{x+iy\in V\mid \forall|t|\leqq\varepsilon, x+t+iy\in V\}$ である．任意の $x\in\Omega_\varepsilon=V_\varepsilon\cap\boldsymbol{R}$ に対し，$v(x-t)\in\mathcal{D}^*(\Omega)$ ゆえ，仮定により $y\to\pm0$ のとき

$$(F*v)(x+iy)\longrightarrow f_\pm*v(x)=\int f_\pm(t)v(x-t)dt.$$

パラメータ x が Ω_ε のコンパクト集合にあるとき，関数族 $\{v(x-t)\}$ は $\mathcal{D}^*(\Omega)$ の有界集合をなすから，この収束は Ω_ε 上広義一様である．したがって Morera の定理から容易に導かれる古典的な Painlevé の定理（“解析学の基礎” 56 ページ）により，$F*v$ は V_ε 上の整型関数 G に拡張される．$y\neq0$ のとき

$$P\left(\frac{d}{dx}\right)G(x+iy)=(F*(\delta+w))(x+iy)=F(x+iy)+(F*w)(x+iy).$$

左辺は V_ε 上の整型関数であり，$F*w$ は上と同じ理由で V_ε 上の整型関数に拡張できるから，F 自身が V_ε 上の整型関数に拡張できる．$\varepsilon>0$ は任意であったから，F は V 上の整型関数に拡張される．∎

補題 3.5 $f\in\mathcal{D}^{*\prime}{}_{c}(\boldsymbol{R})$ ならば，標準定義関数

$$F(x+iy)=\frac{-1}{2\pi i}\int\frac{1}{x+iy-t}f(t)dt \qquad (3.107)$$

は定理 3.18 の条件 (d) をみたす整型関数であって，$y\to\pm0$ のとき，$\mathcal{D}^{*\prime}(\boldsymbol{R})$ の位相に関して $f_\pm(x)\in\mathcal{D}^{*\prime}(\boldsymbol{R})$ に収束し，$f(x)=f_+(x)-f_-(x)$ が成立する．

証明 $f\in\mathcal{E}^{*\prime}(\boldsymbol{R})$ であるから，f との内積の絶対値 $|\langle\varphi,f\rangle|$ は，コンパクト集合 $K\subset\boldsymbol{R}$ が存在して $\mathcal{E}^*(K)$ 上の連続半ノルムとなる．

$$\sup_{t\in K}\left|\left(\frac{\partial}{\partial t}\right)^p\frac{-1}{2\pi i}\frac{1}{x+iy-t}\right|\leqq\frac{p!}{2\pi}\frac{1}{|y|^{p+1}}$$

に注意すれば，I : $*=\phi$ の場合，m および C が存在し

$$|F(x+iy)|\leqq C\sup_{0\leqq p\leqq m}\left(\frac{p!}{2\pi}\frac{1}{|y|^{p+1}}\right).$$

$\mathrm{II}_{(s)}$: $*=(s)$ ($\mathrm{II}_{\{s\}}$: $*=\{s\}$) の場合，h および C が存在し（任意の $h>0$ に対し C が存在し）

$$|F(x+iy)| \leqq C \sup_p \frac{p!}{2\pi|y|^{p+1}} \frac{1}{h^p p!^s}$$
$$= \frac{C}{2\pi|y|} \sup_p \frac{1}{(h|y|)^p} \frac{1}{p!^{s-1}}.$$

74ページ(2.120)を用いれば，これは $C(2\pi|y|)^{-1}\exp((s-1)/(h|y|))^{1/(s-1)}$ をこえない．こうして $F(x+iy)$ は定理3.18の条件(d)をみたすことが証明された．

次に $y>0$ とする．

$$\frac{-1}{2\pi i}\frac{1}{x+iy-t} = \frac{1}{2\pi}\int_0^\infty e^{-y\tau}e^{i(x-t)\tau}d\tau$$

に注意すれば，任意の $\varphi \in \mathcal{D}^*(\boldsymbol{R})$ に対して

$$(3.108) \quad \int \varphi(x)F(x+iy)dx = \frac{-1}{2\pi i}\int\int \varphi(x)\frac{1}{x+iy-t}f(t)dxdt$$
$$= \frac{1}{2\pi}\int_0^\infty e^{-y\tau}\hat{\varphi}(-\tau)\hat{f}(\tau)d\tau$$

となることがわかる．§2.6定理2.22, 2.23によれば，$\hat{\varphi}(-\tau)\hat{f}(\tau)$ は $\boldsymbol{R}$ 上可積分であるから，ここで $y\to+0$ とすれば，(3.108)は

$$\frac{1}{2\pi}\int_0^\infty \hat{\varphi}(-\tau)\hat{f}(\tau)d\tau$$

に収束する．定理2.23の証明によれば，これは $\varphi \in \mathcal{D}^*(\boldsymbol{R})$ に関する連続線型汎関数になる．これを $\langle\varphi, f_+\rangle$ とすれば，$\mathcal{D}^{*\prime}(\boldsymbol{R})$ の汎弱位相に関して $F(x+iy)\to f_+(x)$．しかし $\mathcal{D}^*(\boldsymbol{R})$ は Montel 空間であるから，汎弱有界集合 $\{F(x+iy)\}$ 上汎弱位相と強位相は一致し，強位相に関しても $F(x+iy)\to f_+(x)$．

$y<0$ ならば，同様に

$$\int \varphi(x)F(x+iy)dx = \frac{-1}{2\pi}\int_{-\infty}^0 e^{-y\tau}\hat{\varphi}(-\tau)\hat{f}(\tau)d\tau$$
$$\longrightarrow \frac{-1}{2\pi}\int_{-\infty}^0 \hat{\varphi}(-\tau)\hat{f}(\tau)d\tau = \langle\varphi, f_-\rangle.$$

定理2.23により，これから

$$\langle\varphi, f_+-f_-\rangle = \frac{1}{2\pi}\int_{-\infty}^\infty \hat{\varphi}(-\tau)\hat{f}(\tau)d\tau = \langle\varphi, f\rangle$$

を得る．▌

補題3.6 $F\in\mathcal{O}(V_+)$ とする．$y\to+0$ のとき，$\mathcal{D}^{*\prime}(\Omega)$ の位相に関して

$$F(x+iy) \longrightarrow f_+(x) \tag{3.109}$$

ならば，この境界値は超関数としての境界値と一致する：

$$f_+(x) = F(x+i0). \tag{3.110}$$

特に，$F(x+i0) \in \mathcal{D}^{*\prime}(\Omega)$.

証明 任意に相対コンパクト開集合 Ω_1 をとる．1の分割を用いて $g|_{\Omega_1}=f_+|_{\Omega_1}$ となる $g \in \mathcal{D}^{*\prime}{}_c(\Omega)$ を作ることができる．$G(x+iy)$ を g の標準定義関数とすれば，$y\to\pm 0$ のとき，$\mathcal{D}^{*\prime}(\Omega)$ の位相に関し $G(x+iy)\to g_\pm(x)$ かつ $g(x)=g_+(x)-g_-(x)$ がなりたつ．これは Ω_1 上では f_+ に等しいから，Ω_1 の複素近傍 $V_1\subset V$ をとり

$$H(x+iy) = \begin{cases} F(x+iy)-G(x+iy), & y>0, \\ -G(x+iy), & y<0, \end{cases}$$

によって $H\in\mathcal{O}(V_1\setminus\Omega_1)$ を定義すれば，補題3.4により $H\in\mathcal{O}(V_1)$ となる．したがって，Ω_1 上

$$F(x+i0) = \begin{bmatrix} F \\ 0 \end{bmatrix} = \begin{bmatrix} F-H \\ -H \end{bmatrix} = \begin{bmatrix} G \\ G \end{bmatrix} = g = f_+.$$

ここで，第2項は $y>0$ で F，$y<0$ で0に等しい整型関数の同値類を表わす．Ω_1 は任意であったから，Ω 上(3.110)が成立する．▌

次の補題は定理3.18の $(a)\Longrightarrow(b)$ および $(a)\Longrightarrow(d)$ の部分の証明になっている．

補題 3.7 $f=[F]\in\mathcal{D}^{*\prime}(\Omega)$ ならば，$F(x\pm i0)\in\mathcal{D}^{*\prime}(\Omega)$ かつ $y\to\pm 0$ のとき，$\mathcal{D}^{*\prime}(\Omega)$ の位相に関して

$$F(x+iy) \longrightarrow F(x\pm i0). \tag{3.111}$$

さらに，$F(x+iy)$ は条件(d)の評価をもつ．

証明 $\Omega_1\subset\Omega$ を任意の相対コンパクト開集合とし，補題3.6と同様，Ω_1 において f に等しい $g\in\mathcal{D}^{*\prime}{}_c(\Omega)$ の標準定義関数 $G(x+iy)$ を考える．補題3.5および3.6により $G(x+iy)$ は条件(d)をみたし，$y\to\pm 0$ のとき $\mathcal{D}^{*\prime}(\Omega_1)$ の位相で $G(x\pm i0)$ に収束，さらに $F(x+i0)-F(x-i0)=G(x+i0)-G(x-i0)$ がなりたつ．Ω_1 の複素近傍 $V_1\subset V$ をとり，

$$H(x+iy) = F(x+iy)-G(x+iy)$$

によって $H\in\mathcal{O}(V_1\setminus\Omega_1)$ を定義すれば，$H\in\mathcal{O}(V_1)$．したがって，$y\to\pm 0$ のと

き $\mathcal{D}^{*\prime}(\Omega_1)$ の位相で

$$F(x+iy) = G(x+iy)+H(x+iy)$$
$$\longrightarrow G(x\pm i0)+H(x) = F(x\pm i0).$$

Ω_1 は任意であったから，$\mathcal{D}^{*\prime}(\Omega)$ 上の任意の連続半ノルムに関して(3.111)が成立する．また，$H\in\mathcal{O}(V_1)$ は明らかに条件(d)の評価をもつから，G との和である F も条件(d)をみたす．▌

補題3.6により，逆に(b) ⟹ (a)も成立する．(b) ⟹ (c)は自明である．(c)もしくは(d)から(b)が成立することを示すため，次の補題を準備する．

補題 3.8　$F\in\mathcal{O}(V_+)$ とする．x に関する連続関数の族 $\{F(x+iy)\,|\,y>0\}$ が，任意のコンパクト集合 $K\subset\Omega$ 上一様有界かつ同程度連続ならば，$F(x+iy)$ は $y\to+0$ のとき $F(x+i0)$ に広義一様収束する．

証明　仮定，結論共に局所的であるから，Ω の各点 x_0 の近傍で証明すればよい．x_0 を中心とする半径 r の半円板 D が V_+ に含まれるとする．F は D 上有界かつ x の関数として同程度連続であるとしてよい．D を単位円板に等角写像し，Fatou の定理(本講座 “Fourier 解析” 91 ページ)を適用すれば，区間 (x_0-r, x_0+r) に属するほとんどすべての x に対して $F(x+iy)$ は極限値 $f_+(x)$ をもつことがわかる．一方，Ascoli-Arzelà の定理により，いかなる列 $y_n\to+0$ をとっても，$F(x+iy_n)$ のある部分列は一様収束する．この極限である連続関数は勿論 $f_+(x)$ とほとんどいたるところ一致しなければならないから，はじめの列 $y_n\to+0$ のとり方によらない．これから $F(x+iy)$ 自身が $y\to+0$ のとき一様収束することがわかる．補題3.6により極限 $f_+(x)$ は超関数としての境界値 $F(x+i0)$ と一致する．▌

補題 3.9　$F\in\mathcal{O}(V_+)$ に対し，$\{F(x+iy)\,|\,y>0\}$ が $\mathcal{D}^{*\prime}(\Omega)$ の位相に関して有界ならば，$F(x+iy)$ は $y\to+0$ のとき $\mathcal{D}^{*\prime}(\Omega)$ の位相に関して収束する．

証明　任意の $\varphi\in\mathcal{D}^*(\Omega)$ に対し

$$\langle\varphi, F(x+iy)\rangle = \int\varphi(x)F(x+iy)dx \qquad (3.112)$$

が収束することがいえれば，Banach-Steinhaus の定理により $F(x+iy)$ が汎弱収束すること，したがって $\mathcal{D}^*(\Omega)$ が Montel 空間であることを用いて，強収束することがわかる．

さて，$\psi(x)=\varphi(-x)$ とおけば，(3.112) は

$$G(x+iy)=(\psi * F)(x+iy)=\int \psi(t)F(x-t+iy)\,dt \tag{3.113}$$

の iy における値に等しい．これはまた

$$G(x+iy)=\int \psi(x-t)F(t+iy)\,dt$$

とも表わされるが，$\{\psi(x-t)\}$ は x が原点の近傍を動くとき $\mathcal{D}^*(\Omega)$ の有界集合をなす．$\partial G/\partial x=(d\psi/dx)*F$ と表わされ，$\{\psi'(x-t)\}$ もまた有界であるから $G(x+iy)$ は原点の近傍で補題3.8の仮定をみたす整型関数になる．したがって，(3.112) は $y\to+0$ のとき収束する．∎

最後に (d) ⟹ (b) は次の補題によって証明される．

補題 3.10 $F\in\mathcal{O}(V_+)$ が条件 (d) をみたすならば，任意の相対コンパクト開集合 $\Omega_1\subset\Omega$ に対して，Ω_1 の複素近傍 $W\subset V$，$*$ 族の定数係数微分作用素 $P(d/dx)$ および W_+ において補題3.8の条件をみたす整型関数 $G\in\mathcal{O}(W_+)$ が存在し

$$F(z)=P\left(\frac{d}{dz}\right)G(z),\qquad z\in W_+, \tag{3.114}$$

と表わされる．

証明 一般性を失うことなく Ω_1 は開区間 $(-a,a)$ であるとしてよい．W_+ として $-a,a$，および bi を頂点とする三角形をとる．(3.103) あるいは (3.104) はある $r>1$ に対し rW_+ 上で成立するとしてよい．

I の場合は，$P=(d/dx)^{m+1}$ とし，

$$G(z)=\int_{bi}^{z}\frac{(z-w)^m}{m!}F(w)\,dw \tag{3.115}$$

をとればよい．ただし，m は L より大きい正の整数とする．

$\mathrm{II}_{(s)}$ および $\mathrm{II}_{\{s\}}$ の場合には，§2.8 補題2.9の $*$ 族の微分作用素とその Green 関数を次のように少し変形して用いる．すなわち，§2.8 と同様 rW_+ 上

$$\sup_{x\in K}|F(x+iy)|\leqq C\exp N^*\left(\frac{1}{y}\right) \tag{3.116}$$

となるよう $l_p=l>0$ または $l_p\searrow 0$ を選んだ後，ここでは

$$P(D) = (1+D)^3 \prod_{p=1}^{\infty}\left(1+\frac{l_p D}{p^s}\right), \tag{3.117}$$

$$U(z) = \frac{1}{2\pi}\int_0^{\infty} e^{iz\zeta}P(\zeta)^{-1}d\zeta, \qquad \mathrm{Im}\, z > 0, \tag{3.118}$$

とする．補題2.9同様，$U(z)$ は Riemann 領域 $\{z \mid -\pi<\arg z<2\pi\}$ 上の整型関数に解析接続され，その上で

$$P(D)\,U(z) = \frac{-1}{2\pi i}\frac{1}{z} \tag{3.119}$$

をみたす．さらに，$y>0$ に対して

$$u(y) = U(+0-iy)-U(-0-iy) \tag{3.120}$$

とすれば，

$$|u(y)|+|u'(y)| \leqq A\exp\left(-N^*\left(\frac{1}{y}\right)\right) \tag{3.121}$$

をみたす．そこで図3.7のように bi からはじまって bi と z を結ぶ隙間を正の向きにひと回りする積分路 Γ をとって

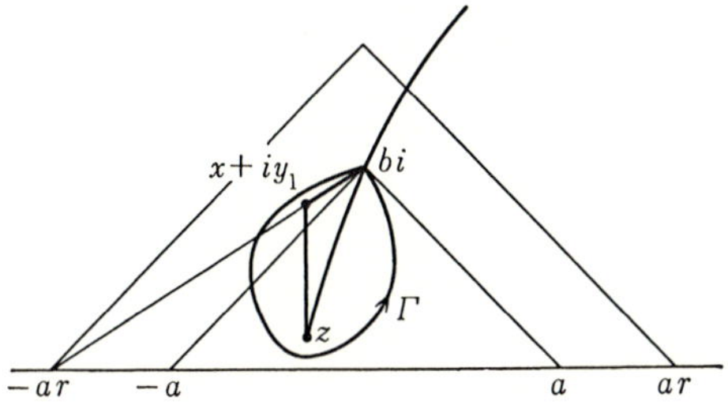

図3.7

$$G(z) = \int_{\Gamma} U(z-w)F(w)dw \tag{3.122}$$

と定義する．$U(z-w)$ は定義域内に任意にとったこの隙間を除いて整型であるから，この積分は積分路 Γ のとり方によらずに定まる．さらに，Γ を一定にとったとき，この積分は明らかに z に関して複素微分可能であるから，$G(z)$ は W_+ 上の整型関数になる．同様に，積分記号下で＊族の微分作用素 $P(D)$ を施すことができて，(3.119) より

$$P(D)G(z)=\int_{\Gamma}P(D)U(z-w)F(w)dw=F(z)$$

を得る．これで，(3. 114) が証明された．

次に，$G(z)$ と $G'(z)$ が W_+ 上一様有界であることを示す．そのため，積分路 Γ を，bi から bi と $\pm ar$ を結ぶ線分上を実部が z に等しい点 $x+iy_1$ まで行き，それから垂直に z まで下り，異なる Riemann 面上の同じ路を逆に bi までもどる路に変形する．垂直部分の往復の積分はこのとき

$$-i\int_0^{y_1-y}u(t)F(x+iy+it)dt \tag{3.123}$$

となる．(3. 116) および (3. 121) によれば，

$$|u(t)F(x+iy+it)|\leqq AC\exp\left(-N^*\left(\frac{1}{t}\right)+N^*\left(\frac{1}{y+t}\right)\right)\leqq AC.$$

故に，積分 (3. 123) は一様に有界である．bi と $x+iy_1$ を結ぶ線分上の積分が一様に有界になることは明らかであるから，$G(z)$ は有界である．

$$G'(z)=\int_{\Gamma}U'(z-w)F(w)dw$$

について同じ計算をすれば，$G'(z)$ も有界であることがわかる．したがって，Ascoli-Arzelà の定理により $G(z)$ は補題 3. 8 の条件をみたす．∎

このとき，補題 3. 8 により，$G(x+iy)$ は $C(\Omega_1)$ の位相に関して $G(x+i0)$ に収束し，それゆえ，$F(x+iy)$ は $\mathcal{D}^{*\prime}(\Omega_1)$ の位相で $P(d/dx)G(x+i0)$ に収束する．$\Omega_1\Subset\Omega$ は任意ゆえ，$F(x+iy)$ は $\mathcal{D}^{*\prime}(\Omega)$ の位相の下でも収束する．これで長かった定理 3. 18 の証明が完了した．∎

定理 3. 18 の条件 (a), (b), (c) の同等性はもっと多くの超関数の空間についてなりたつ．はじめに，次の性質をもつ $\boldsymbol{R}$ 上の大局的な超関数の空間 G を考える：

(i) G は $\{0\}$ と異なる局所凸空間である；

(ii) 任意の $g\in G$ に対して Cauchy 変換

$$G(x+iy)=\frac{-1}{2\pi i}\int\frac{1}{(x-t)+iy}g(t)dt \tag{3.124}$$

が意味をもち，$\boldsymbol{C}\setminus\boldsymbol{R}$ 上の整型関数になる；

(iii) $y\neq 0$ を固定したとき $G(x+iy)$ は x の関数として G に属し，かつ $y\to\pm 0$ のとき G の位相に関する極限値 $g_\pm(x)$ をもち，G の元として

(3.125) $$g(x)=g_+(x)-g_-(x);$$

(iv) ある $*$ に対して $\mathcal{D}^*(\boldsymbol{R})$ の元を掛ける演算が G から G への線型写像として連続になる．

$1<p<\infty$ のとき $G=L^p(\boldsymbol{R})$ がこれらの性質をもつことはよく知られている．Besov 空間 $B^r{}_{p,q}(\boldsymbol{R})$ も $q<\infty$ ならば同じ性質をもつ．

このとき，G に伴う局所空間 $\mathcal{G}(\Omega)$, $\Omega\subset\boldsymbol{R}$, を

(3.126) $$\mathcal{G}(\Omega)=\{g\in\mathcal{D}^{*\prime}(\Omega)\mid\forall\chi\in\mathcal{D}^*(\Omega),\chi g\in G\}$$

によって定義し，各 $\chi\in\mathcal{D}^*(\Omega)$ に対して $g\mapsto\chi g$ によって定義される線型写像 $\mathcal{G}(\Omega)\to G$ を連続にする最弱の局所凸位相を入れる．$\mathcal{G}(\Omega)$, $\Omega\subset\boldsymbol{R}$, が通常の制限写像の下で層をなすことは容易にたしかめられる．さらに，

(v) 任意の開集合 $\Omega\subset\boldsymbol{R}$ に対して

$$\mathcal{A}(\Omega)\subset\mathcal{G}(\Omega)\subset\mathcal{D}^{*\prime}(\Omega)$$

が連続な埋込みになっている

ことを仮定する．このとき次の定理がなりたつ：

定理 3.19 $F\in\mathcal{O}(V\setminus\Omega)$ に対し次の三つの条件は互いに同等である：

(a) F を定義関数とする超関数 $F(x+i0)-F(x-i0)$ は $\mathcal{G}(\Omega)$ に属する；

(b) x の関数 $F(x+iy)$ は $y\to\pm0$ のとき $\mathcal{G}(\Omega)$ の位相の下で $F(x\pm i0)$ に収束する；

(c) 任意の列 $y_n\to0$ に対して $F(x+iy_n)$ は $\mathcal{G}(\Omega)$ の弱位相に関して収束する部分列をもつ．

証明 (a) $\Longrightarrow$ (b) は補題 3.7 と同様，(b) $\Longrightarrow$ (c) は自明である．

(c) $\Longrightarrow$ (a) 条件 (v) により $F(x+iy)$ は $\mathcal{D}^{*\prime}(\Omega)$ においても同じ条件をみたす．これから $F(x+iy)$ は定理 3.18 の条件 (c) をみたすことがわかる．したがって，$F(x+iy)$ は $y\to\pm0$ のとき $\mathcal{D}^{*\prime}(\Omega)$ の位相の下で $F(x\pm i0)$ に収束する．一方，ある列 $y_n\to\pm0$ に対して $F(x+iy_n)$ は $\mathcal{G}(\Omega)$ の元 $f_\pm(x)$ に弱収束する．これから $F(x\pm i0)=f_\pm(x)\in\mathcal{G}(\Omega)$ がわかる．故に $F(x+i0)-F(x-i0)\in\mathcal{G}(\Omega)$. ▌

以上の証明で超関数空間 G に対する条件 (i)-(v) は必ずしも全部そのままの形で使われているわけではない．(a) $\Longrightarrow$ (b) がなりたつためには，任意の $f\in\mathcal{G}(\Omega)$ が，少なくとも Ω の任意の相対コンパクト開部分集合 Ω_1 の上では $\mathcal{G}(\Omega_1)$ の位相に関して収束する整型関数 $G(x+iy)\to g_\pm(x)$ の極限の差 $g_+(x)-g_-(x)$ とし

て表わされることと (v) がなりたてば十分であるし，(c) $\Longrightarrow$ (a) がなりたつためには (v) がなりたてば十分である．特に $\mathcal{G}(\Omega)=\mathcal{A}(\Omega)$ に対しても定理 3.19 はそのままの形で成立する．

$\mathcal{G}(\Omega)$ が反射的 Fréchet 空間ならば，定理 3.19 の条件 (c) は定理 3.18 の条件 (c) と同じく，$\{F(x+iy)\}$ が有界であることと同等である．

定理 3.18 の条件 (a) と (d) の同等性と同じタイプの定理として次の定理を挙げておく．

定理 3.20 $F\in\mathcal{O}(V\setminus\Omega)$ に対し次の二つの条件は同等である：

(a) $F(x+i0)-F(x-i0)$ は局所的 Besov 空間 $B^{r}{}_{p,q\,\mathrm{loc}}(\Omega)$ に属する；

(b) m を r より大きい整数とするとき，任意のコンパクト集合 $K\subset\Omega$ およびある $\varepsilon>0$ に対し

$$\int_{-\varepsilon}^{\varepsilon}\left\|y^{m-r}\frac{d^m}{dz^m}F(x+iy)\right\|_{L^p(K)}^{q}\frac{dy}{y}<\infty. \tag{3.127}$$

——

Besov 空間に対する準備が必要なため，この定理の証明は省略する．

第4章　線型常微分方程式の超関数解

これまでに展開してきた超関数論の応用として，実解析関数を係数とする線型常微分方程式を論ずる．整型関数の境界値が超関数であるという観点から，超関数解についてははなはだ簡明な結果が導かれる．分布および超分布が超関数としての定義関数の増大度を用いて特徴づけられることを用いれば，さらに分布解および超分布解について同様の結果がなりたつために方程式の特異点がみたすべき必要十分条件が得られる．

§4.1　複素領域における常微分作用素の指数

V を $\boldsymbol{C}$ の開集合，

$$P\left(z, \frac{d}{dz}\right) = a_m(z)\frac{d^m}{dz^m} + a_{m-1}(z)\frac{d^{m-1}}{dz^{m-1}} + \cdots + a_0(z) \tag{4.1}$$

を V 上の整型関数 $a_i(z)$ を係数とする線型常微分作用素とする．この節の目標は

$$P\left(z, \frac{d}{dz}\right):\ \mathcal{O}(V) \longrightarrow \mathcal{O}(V)$$

が指数をもつ作用素であって，その指数が V の位相と $a_m(z)$ の零点から計算できることを証明することである．

$\mathcal{O}(V)$ は Banach 空間でないため指数の安定性定理が使えない．そこで，はじめに K を有限個の実解析曲線を境界とするコンパクト集合とし，Banach 空間 $\mathcal{O}_C(K)$ (§3.1を見よ)において指数公式を証明し，$\mathcal{O}(V)$ に対する結果は近似によって証明する．指数をもつ作用素の理論については現代数学演習叢書3“解析学の基礎”第3章§10を見られたい．

近似の基礎となるのは，Runge の定理(§3.2定理3.2)を詳しくした次の定理である．

定理4.1　$K \subset L$ を $\boldsymbol{C}$ における二つのコンパクト集合とし，K の境界は有限個

の実解析曲線からなるとする．このとき，$\boldsymbol{C}\setminus K$ の各連結成分が $\boldsymbol{C}\setminus L$ と交わるならば，$\mathcal{O}_C(L)$ の元を K に制限したもの全体は $\mathcal{O}_C(K)$ において稠密である．

証明　$\Gamma_1, \cdots, \Gamma_m$ を K の境界をなす単一閉曲線とする．これらを $\Gamma_1+\cdots+\Gamma_m$ が K を正の向きにひとまわりする曲線になるよう向きづけておく．$F\in\mathcal{O}_C(K)$ とする．Cauchy の積分公式により，K の内部に含まれる z に対して

$$F(z)=\sum_{j=1}^{m}\frac{1}{2\pi i}\int_{\Gamma_j}\frac{F(w)}{w-z}dw \tag{4.2}$$

と表わされる．Γ_j が囲む閉領域を Δ_j としよう．各

$$F_j(z)=\frac{1}{2\pi i}\int_{\Gamma_j}\frac{F(w)}{w-z}dw$$

は明らかに Δ_j の内部で整型であり，さらに Δ_j が無限領域のときは $z\to\infty$ のとき 0 に収束する関数になる．特に，$k=j$ を除く F_k は Δ_j の境界まで連続である．したがって，(4.2) より F_j も Δ_j の境界までこめて連続であることがわかる．

Δ_j が有界の場合は，Riemann の写像定理によりこれを単位円板 Δ に等角写像する．境界 Γ_j が解析的であるから，写像関数は Δ_j の近傍で正則であり，Δ_j のある近傍を Δ の近傍に等角写像する（例えば，“解析学の基礎” 66 ページを見よ）．

$G\in\mathcal{O}_C(\Delta)$ に対しては $G(\rho z)$ が $\rho\nearrow 1$ のとき G に一様収束するから，Δ の近傍で整型な関数で一様近似できる．これを写像関数を用いて Δ_j にもどせば，$F_j\in\mathcal{O}_C(\Delta_j)$ は Δ_j の近傍で整型な関数を用いて Δ_j 上いくらでも一様近似できることがわかる．

Δ_j が有界でない場合も反転して $1/z$ の関数とみなせば有界の場合に帰着できる．

こうして，任意の $F\in\mathcal{O}_C(K)$ と任意の $\varepsilon>0$ に対して $\|F-G\|\leqq\varepsilon/2$ となる $G\in\mathcal{O}(K)$ が存在することがわかった．次に $G\in\mathcal{O}(K)$ に対して定理 3.2 を適用すれば，$\|G-H\|\leqq\varepsilon/2$ となる $H\in\mathcal{O}_C(L)$ の存在がわかる．∎

これと Runge の近似定理（定理 3.3）を組み合わせれば次の系が得られる．

系　K を有限個の実解析曲線からなる境界をもつ $\boldsymbol{C}$ のコンパクト集合，$V\supset K$ を開集合とする．このとき，$V\setminus K$ のどの連結成分も V における閉包がコンパクトとならないならば，$\mathcal{O}(V)$ の制限は $\mathcal{O}_C(K)$ において稠密である．——

注意 Mergelyan は $V=\boldsymbol{C}$ の場合に K に対する何らの滑らかさの仮定なしにこの近似定理が成立することを証明している.

以下 K は上の仮定をみたす $\boldsymbol{C}$ のコンパクト集合とする.

補題 4.1 $a(z)\in\mathcal{O}_C(K)$ が K の境界で零点をもたないとき, $a(z)$ を掛ける作用素

$$A\colon \mathcal{O}_C(K)\longrightarrow\mathcal{O}_C(K) \tag{4.3}$$

は指数

$$\chi(A)=-\operatorname{codim}R(A)=-\sum_{z\in K}\operatorname{ord}_z a(z) \tag{4.4}$$

をもつ連続線型写像である. ただし, $\operatorname{ord}_z a(z)$ は z における $a(z)$ の零点の重複度を表わす.

証明 $a(z)$ はどの連結成分の上でも恒等的に 0 ではないから, 明らかに零空間 $N(A)=0$.

次に, $F\in\mathcal{O}_C(K)$ が値域 $R(A)$ に入るための必要十分条件は $a(z)$ の各零点で少なくとも $a(z)$ の零点の重複度だけの重複度の零点をもつことであることに注意する. z_0 を $a(z)$ の重複度 d の零点とする. このとき $a(z)$ の他の零点では少なくとも $a(z)$ の零点の重複度だけの重複度の零点をもち, z_0 では重複度 l, $0\leq l<d$, の零点をもつ多項式 G_l をとれば, 任意の F から $G_0,\cdots,G_{d-1}$ の 1 次結合をひいたものは z_0 で少なくとも重複度 d の零点をもつ. しかし, $a(z)$ の他の零点においては零点の重複度が変らないかまたは少なくとも $a(z)$ の零点の重複度に等しい重複度をもつ零点になる. したがって, このような多項式を各零点ごとに作れば, それら全体の 1 次結合として得られる線型空間は $R(A)$ の補空間になる. これから (4.4) が得られる. ∎

補題 4.2 定義域 $D(d/dz)=\{F\in\mathcal{O}_C(K)\mid dF/dz\in\mathcal{O}_C(K)\}$ をもつ微分作用素

$$\frac{d}{dz}\colon \mathcal{O}_C(K)\longrightarrow\mathcal{O}_C(K) \tag{4.5}$$

は指数

$$\chi\left(\frac{d}{dz}\right)=\chi(K)=\dim H^0(K,\boldsymbol{C})-\dim H^1(K,\boldsymbol{C}) \tag{4.6}$$

をもつ閉線型写像であり, 定義域は稠密である.

ただし, $\dim H^0(K,\boldsymbol{C})$ は K の連結成分の個数, $\dim H^1(K,\boldsymbol{C})$ は $\boldsymbol{C}\setminus K$ の相

対コンパクトな連結成分の個数を表わす．$\chi(K)$ は K の **Euler 標数**といわれる．

証明　K に対して定理 4.1 の条件をみたす L を必ず作ることができ，$\mathcal{O}_C(L)$ の制限は明らかに $D(d/dz)$ に含まれる．したがって，$D(d/dz)$ は稠密である．微分と極限の交換定理を用いれば，d/dz は閉線型写像であることがわかる．

零空間 $N(d/dz)$ は局所的に定数の関数全体からなる線型空間であるから，その次元は K の連結成分の個数に等しい．

$F(z)=(d/dz)G(z)$ が値域に入るならば，$N(d/dz)$ の元の差を除いて

$$G(z)=\int_{z_0}^{z}F(w)dw \tag{4.7}$$

と表わされる．ここで z_0 は K の各連結成分から一つずつ勝手に選んだ点である．微積分の基本定理により (4.7) の積分は z_0 から z に至る積分路のとり方によらない．特に，任意の閉曲線 Γ に対し

$$\int_{\Gamma}F(z)dz=0. \tag{4.8}$$

逆に，任意の閉曲線 Γ に対して (4.8) が成立するならば (4.7) によって F の不定積分 G を構成することができ，$F=(d/dz)G$ となる．

(4.8) が成立するためには，F を定理 4.1 の証明のように F_j の和に分割したとき，各 F_j について (4.8) が成立すれば十分である．$\varDelta_j$ が有界のときはあらゆる閉曲線 Γ は 1 点に縮めることができて，(4.8) は自動的に成立する．$\varDelta_j$ が無限のときは，あらゆる閉曲線は Γ_j の整数倍とホモローグであり，

$$\int_{\Gamma_j}F_j(z)dz=0$$

だけが条件となる．$\varDelta_j$ が無限領域となるのは，その補集合が $\boldsymbol{C}\setminus K$ の相対コンパクトな成分になることと同等であるから，これから $R(d/dz)$ は高々 $\dim H^1(K,\boldsymbol{C})$ を余次元とする線型部分空間になることがわかる．

一方，無限領域 $\varDelta_j$ の補集合から 1 点 z_j をとりだしたとき，無限領域 $\varDelta_k$ の境界となる Γ_k については

$$\int_{\Gamma_k}\frac{-1}{2\pi i}\frac{1}{z-z_j}dz=\delta_{jk}$$

がなりたつから，$R(d/dz)$ はちょうど余次元が $\dim H^1(K,\boldsymbol{C})$ に等しい線型部分空間である．∎

定理 4.2 $K\subset \boldsymbol{C}$ を有限個の実解析曲線を境界とするコンパクト集合とし，$a_i(z)\in\mathcal{O}_C(K)$, $i=0,\cdots,m$, かつ $a_m(z)$ は K の境界で 0 にならないとする．このとき，$D((d/dz)^m)$ を定義域とし，(4.1) で定義される

$$P\left(z,\frac{d}{dz}\right)\colon \mathcal{O}_C(K)\longrightarrow\mathcal{O}_C(K) \tag{4.9}$$

は指数

$$\chi(P)=m\chi(K)-\sum_{z\in K}\mathrm{ord}_z\, a_m(z) \tag{4.10}$$

をもつ閉線型写像であり，稠密な定義域をもつ．

証明 $a_{m-1}(z)=\cdots=a_0(z)=0$ の場合，P は補題 4.2 の作用素 d/dz の m 個の積と補題 4.1 の A の積となる．したがって，積の指数の公式（“解析学の基礎” 第 3 章 §10 問題 4(iii)）により P は稠密な定義域をもち，かつ (4.10) で与えられる指数をもつ閉線型写像になる．

一般の場合は，$a_{m-1}(z)(d/dz)^{m-1}+\cdots+a_0(z)$ が $a_m(z)(d/dz)^m$ に関してコンパクトな写像であることを証明すれば，指数の第 2 安定性定理（同上問題 4(vi)）により定理の結論が得られる．そのため $\|F_j\|\leqq 1$ かつ $\|a_m(z)(d/dz)^mF_j\|\leqq 1$ となる列 $F_j\in D((d/dz)^m)$ をとる．$|a_m(z)|$ の K の境界における最小値を C^{-1} とすれば，最大値の原理により $\|(d/dz)^mF_j\|\leqq C$ が成立する．それ故 Ascoli-Arzelà の定理により $d^kF_{j'}/dz^k$, $k=0,\cdots,m-1$, が K において一様収束するような部分列 $F_{j'}$ が存在する．このとき，k 階の導関数 $d^kF_{j'}/dz^k$ は補題 4.2 の作用素 d/dz の k 個の積を施した $(d/dz)^kF_{j'}$ と同一であることがすぐに証明できるから，$(a_{m-1}(z)(d/dz)^{m-1}+\cdots+a_0(z))F_{j'}$ は $\mathcal{O}_C(K)$ において収束する．∎

開集合 V 上の整型関数の空間 $\mathcal{O}(V)$ においても同じ指数公式がなりたつのであるが，V が一般であれば，Euler 標数は $\infty-\infty$ の形をとり確定しないことがある．しかし，P は V の各連結成分上の整型関数の空間をそれ自身にうつし，それらの直積となる．したがって，V は連結と仮定しても一般性を失うことはない．このときは $-\infty$ も含めれば常に Euler 標数が確定することに注意する．

定理 4.3 $V\subset \boldsymbol{C}$ を連結な開集合，$a_i(z)\in\mathcal{O}(V)$, $i=0,1,\cdots,m$, かつ $a_m(z)$ は恒等的に 0 ではないとする．このとき，(4.1) で定義される

$$P\left(z,\frac{d}{dz}\right)\colon \mathcal{O}(V)\longrightarrow\mathcal{O}(V) \tag{4.11}$$

は指数

$$\chi(P) = m\chi(V) - \sum_{z \in V} \mathrm{ord}_z\, a_m(z) \tag{4.12}$$

をもつ準同型写像である．

ただし，

$$\chi(V) = 1 - \dim H^1(V, \boldsymbol{C}) \tag{4.13}$$

は V の Euler 標数である．ここで $\dim H^1(V, \boldsymbol{C})$ は $\boldsymbol{C}\setminus V$ のコンパクトな連結成分の個数である．

証明　§2.2 補題 2.2 および §3.2 定理 3.4 によれば，

$$K_1 \Subset K_2 \Subset \cdots \Subset K_j \Subset \cdots \subset V \quad かつ \quad \bigcup K_j = V$$

となるコンパクト集合列 K_j であって，次の条件をみたすものが存在する：

（i） K_j は連結であって，その境界は有限個の実解析的閉曲線からなる；

（ii） $a_m(z)$ は K_j の境界で 0 とならない；

（iii） $V\setminus K_j$ は V において相対コンパクトである連結成分をもたない．

$P_j : \mathcal{O}_C(K_j) \to \mathcal{O}_C(K_j)$ を $K=K_j$ に対する定理 4.2 の作用素，$P : \mathcal{O}(V) \to \mathcal{O}(V)$ を定理の作用素とする．完合列

$$0 \longrightarrow N(P) \longrightarrow \mathcal{O}(V) \xrightarrow{P} \mathcal{O}(V) \longrightarrow \mathcal{O}(V)/R(P) \longrightarrow 0 \tag{4.14}$$

が位相的完合列

$$0 \longrightarrow N(P_j) \longrightarrow D(P_j) \xrightarrow{P_j} \mathcal{O}_C(K_j) \longrightarrow \mathcal{O}_C(K_j)/R(P_j) \longrightarrow 0 \tag{4.15}$$

の射影極限になることを証明することにより定理を得る．ここで，$\mathcal{O}_C(K_j)/R(P_j)$ は有限次元局所凸空間として，$\boldsymbol{C}^{\mathrm{codim}\, R(P_j)}$ に同型であることに注意する（“解析学の基礎” 286 ページ）．また $D(P_j)$ はグラフ・ノルムをもつものとする．

Mittag-Leffler の補題（§1.3 定理 1.27）を用いるため，これらを二つの短完合列の結合に分ける．最初の部分

$$0 \longrightarrow N(P_j) \xrightarrow{I_j} D(P_j) \xrightarrow{P_j} R(P_j) \longrightarrow 0 \tag{4.16}$$

は Banach 空間と準同型からなる位相的短完合列である．ただし，$R(P_j)$ には $\mathcal{O}_C(K_j)$ の線型部分空間としての位相を入れる．この完合列は制限写像 $\mathcal{O}_C(K_{j+1}) \to \mathcal{O}_C(K_j)$ の下で射影系をなす．

K_j は連結ゆえ，整型関数の一致の定理により $N(P_{j+1}) \to N(P_j)$ は単射である．

一方，Cauchy の存在定理によれば $\dim N(P_j) \leqq m$. ゆえに j が十分大になれば，$N(P_{j+1}) \to N(P_j)$ は同型写像になる．こうして(4.16)は Mittag-Leffler の補題の条件をみたすことが証明された．

$D(P_{j+1}) \to D(P_j)$ は $D(P_{j+1}) \to \mathcal{O}_C(K_{j+1}) \to D(P_j)$ と二つの連続線型写像の積に分解されるから，この射影極限は中間項の射影極限 $\mathcal{O}(V)$ に等しい．このとき，$\varprojlim N(P_j)$ は明らかに $N(P)$ に等しい．最後に，$\varprojlim R(P_j)$ は，極限列が完合性を保つことから，少なくとも代数的には $R(P)$ と同型になることがわかる．こうして，(4.16)の射影極限が完合列

$$(4.17) \qquad 0 \longrightarrow N(P) \longrightarrow \mathcal{O}(V) \xrightarrow{P} R(P) \longrightarrow 0$$

になることが証明された．

次に，後の部分の完合列

$$(4.18) \qquad 0 \longrightarrow R(P_j) \longrightarrow \mathcal{O}_C(K_j) \longrightarrow \mathcal{O}_C(K_j)/R(P_j) \longrightarrow 0$$

において $R(P_j)$ が Mittag-Leffler の補題の条件をみたすことを証明するため，まず，射影列 $D(P_j)$ を考える．$D(P_{j+1}) \to D(P_j)$ の像においては $D(P_j)$ からの相対位相より $\mathcal{O}_C(K_{j+1})$ からの相対位相の方が強い．一方，対 $K_{j+1} \Subset K_{j+3}$ は定理4.1の条件をみたし，$D(P_{j+2})$ は $\mathcal{O}_C(K_{j+3})$ を含むから，$D(P_{j+2}) \to D(P_j)$ の像は $D(P_{j+1}) \to D(P_j)$ の像の中で稠密である．$R(P_j)$ はこの商空間からなる列であるから，やはり Mittag-Leffler の補題の条件を満足する．

したがって，

$$(4.19) \qquad 0 \longrightarrow \varprojlim R(P_j) \longrightarrow \mathcal{O}(V) \longrightarrow \varprojlim (\mathcal{O}_C(K_j)/R(P_j)) \longrightarrow 0$$

が，Fréchet 空間と準同型からなる位相的完合列になる．(4.17)と合わせると，第1項は局所凸空間として $R(P)$ と同型であり，$R(P)$ は $\mathcal{O}(V)$ の閉線型部分空間をなすことがわかる．したがって，P は閉値域をもつ連続線型写像として，位相的準同型になる．

最後に，$\mathcal{O}_C(K_{j+1}) \to \mathcal{O}_C(K_j)$ は稠密な像をもち，その商 $\mathcal{O}_C(K_{j+1})/R(P_{j+1}) \to \mathcal{O}_C(K_j)/R(P_j)$ は有限次元空間の間の連続写像であるから，実は全射である．したがって，

$$\varprojlim (\mathcal{O}_C(K_j)/R(P_j)) = \varprojlim \boldsymbol{C}^{\operatorname{codim} R(P_j)} = \boldsymbol{C}^{\lim \operatorname{codim} R(P_j)}$$

であって，(4.19)の完合性より，これは $\mathcal{O}(V)/R(P)$ と同型である．

われわれはすでに

$$\dim N(P)=\dim N(P_j),\qquad j\text{ は十分大},$$

を証明しており，明らかに

$$\sum_{z\in V}\mathrm{ord}_z\, a_m(z)=\lim_{j\to\infty}\sum_{z\in K_j}\mathrm{ord}_z\, a_m(z)$$

であるから，定理4.2の結果と比較すれば

$$\chi(V)=\lim_{j\to\infty}\chi(K_j) \tag{4.20}$$

のみを示せばよいことになる．

補題4.2を用いて，$P=d/dz$ に対して今までの計算を行えば，

$$\mathcal{O}(V)/R(d/dz)=\boldsymbol{C}^{\lim(1-\chi(K_j))}$$

となることがわかる．補題4.2と同様の考察により，この次元は $\boldsymbol{C}\setminus V$ のコンパクトな連結成分の個数に等しい．故に，(4.20) が成立する．▌

V が単連結であることと $\boldsymbol{C}\setminus V$ がコンパクトな連結成分をもたないことは同等であるから，**Perron の定理**として知られる次の系が得られる．

系　$V\subset\boldsymbol{C}$ が連結かつ単連結開集合ならば

$$\dim N(P)\geqq m-\sum_{z\in V}\mathrm{ord}_z\, a_m(z). \tag{4.21}$$

――

特に，V の中に $a_m(z)$ の零点が一つも含まれていない場合には，$\dim N(P)\geqq m$ となる．しかし，一方，Cauchy の解の存在定理により，V の各点の近傍ではちょうど m 個の1次独立な同次解が存在することがわかっているから，整型関数の一致の定理と合わせて，$\dim N(P)=m$ であることがわかる．このことは後に次の定理の形で利用する．

定理 4.4　$V\subset\boldsymbol{C}$ を連結かつ単連結開集合，$P(z,d/dz)$ を $a_i(z)\in\mathcal{O}(V)$, $i=0,\cdots,m$, を係数とし (4.1) で定義される微分作用素とする．もし $a_m(z)$ が V において零点をもたないならば，任意の $F\in\mathcal{O}(V)$ に対し

$$P\left(z,\frac{d}{dz}\right)U(z)=F(z) \tag{4.22}$$

の解 $U\in\mathcal{O}(V)$ が存在する．また，任意の連結開部分集合 V_1 に対し，V_1 上の (4.22) の整型解 U はすべて V 上の整型解に延長できる．

証明　前半は $\mathrm{codim}\, R(P)=\dim N(P)-\chi(P)=0$ より従う．後半は $F=0$ の場合，制限写像 $N(P)\to N(P|_{V_1})$ が単射かつ $\dim N(P)=m\geqq\dim N(P|_{V_1})$ より，

全射であることがわかる.

F が一般の場合, U の V の連結開部分集合上への解析接続全体の集合は拡張の関係によって帰納順序集合をなす. その極大元 U_2 の定義域を V_2 とする. $V_2 \neq V$ ならば, V における V_2 の境界は空ではない. その中の1点 z_0 をとり Cauchy の存在定理を適用すれば, z_0 の連結開近傍 V_3 において(4.22)の整型解 U_3 が存在することがわかる. $V_2 \cap V_3$ の連結成分をとり, その上における $U_2 - U_3$ を前半の結果を用いて V 全体に拡張する. この拡張を W としたとき, V_2 上では U_2 に等しく, V_3 では $U_3 + W$ に等しいと定義した関数 U_4 は $V_2 \cup V_3$ 上の解になる. これは U_2 の極大性に反する. ▌

この定理はまた Cauchy の存在定理の存在領域の評価とモノドロミー原理から証明することもできる.

§4.2 超関数解の存在と延長

Ω は $\boldsymbol{R}$ の開区間,

$$P\left(x, \frac{d}{dx}\right) = a_m(x)\frac{d^m}{dx^m} + \cdots + a_0(x) \tag{4.23}$$

は $a_i(x) \in \mathcal{A}(\Omega)$ を係数とする線型常微分作用素であるとして, 線型常微分方程式

$$P\left(x, \frac{d}{dx}\right)u(x) = f(x) \tag{4.24}$$

の超関数解を論ずる.

定理 4.5 任意の $f \in \mathcal{B}(\Omega)$ に対して, (4.24)の解 $u(x) \in \mathcal{B}(\Omega)$ が存在する.

証明 $P(x, d/dx)$ の係数 $a_i(x)$ は Ω の複素近傍 V にまで解析接続される. 必要があれば図4.1のように線分をとり除くことにより, V は次の性質をもつとしてよい:

(i) V は連結かつ単連結である;

(ii) $V \setminus \Omega$ は二つの連結成分 V_+, V_- をもち, これらも単連結である;

(iii) $a_i(z) \in \mathcal{O}(V)$, $i = 0, 1, \cdots, m$, かつ $a_m(z)$ は $V \setminus \Omega$ で決して0とならない.

$\mathcal{B}(\Omega) = \mathcal{O}(V \setminus \Omega)/\mathcal{O}(V)$ と表わし, $F(z) \in \mathcal{O}(V \setminus \Omega)$ を $f(x) \in \mathcal{B}(\Omega)$ の定義関

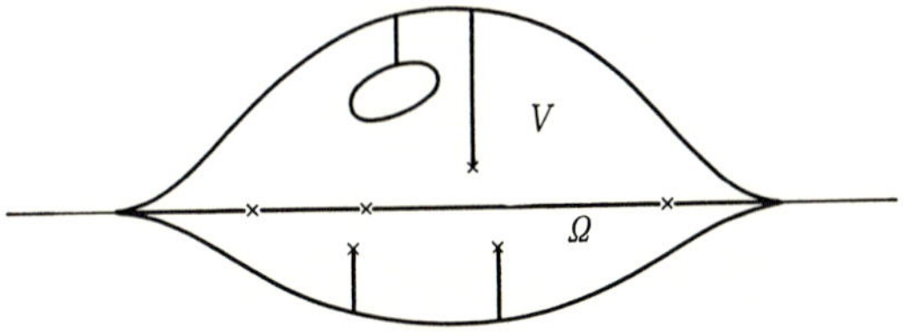

図4.1

数とする．$V\setminus\Omega$ の各成分において定理4.4を適用すれば，(4.21)の解 $U(z)\in\mathcal{O}(V\setminus\Omega)$ の存在がわかる．$u(x)=[U(z)]$ が求める解となる．▌

(4.24)の一般の解は(4.24)の特殊な解一つと，同次方程式

$$P\left(x,\frac{d}{dx}\right)u(x)=0 \tag{4.25}$$

の解の和として表わされる．(4.25)の1次独立な解の個数について次の定理が成立する．

定理4.6 Ω を開区間とするとき，$P:\mathcal{B}(\Omega)\to\mathcal{B}(\Omega)$ に対して

$$\dim N(P)=m+\sum_{x\in\Omega}\mathrm{ord}_x\,a_m(x). \tag{4.26}$$

証明 Ω の複素近傍 V を定理4.5の証明のようにとる．超関数に対する微分作用素の作用の定義から，$P=P(x,d/dx)$ と，それぞれ $\mathcal{O}(V)$, $\mathcal{O}(V\setminus\Omega)$ 上の微分作用素 P_V, $P_{V\setminus\Omega}$ は次の可換図式をなす:

$$\begin{array}{ccccccccc}
0 & \longrightarrow & \mathcal{O}(V) & \longrightarrow & \mathcal{O}(V\setminus\Omega) & \longrightarrow & \mathcal{B}(\Omega) & \longrightarrow & 0\\
 & & \downarrow{\scriptstyle P_V} & & \downarrow{\scriptstyle P_{V\setminus\Omega}} & & \downarrow{\scriptstyle P} & & \\
0 & \longrightarrow & \mathcal{O}(V) & \longrightarrow & \mathcal{O}(V\setminus\Omega) & \longrightarrow & \mathcal{B}(\Omega) & \longrightarrow & 0.
\end{array}$$

故に，定理4.3と蛇の定理(“解析学の基礎”第3章§10問6)により

$$\begin{aligned}
\chi(P) &= \chi(P_{V\setminus\Omega})-\chi(P_V)\\
&= 2m-\left(m-\sum_{x\in\Omega}\mathrm{ord}_x\,a_m(x)\right)\\
&= m+\sum_{x\in\Omega}\mathrm{ord}_x\,a_m(x).
\end{aligned}$$

一方，定理4.5により $\mathrm{codim}\,R(P)=0$ ゆえ，$\chi(P)=\dim N(P)$．▌

$U\in N(P_{V\setminus\Omega})$ ならば，当然 $u=[U]\in N(P)$．しかし，$N(P)$ は一般にこのよ

うな u だけではつくされないことに注意する．射影：$N(P_{V\setminus\Omega})\to N(P)$ の核は $N(P_V)$ に等しく，$P_{V\setminus\Omega}:\mathcal{O}(V\setminus\Omega)\to\mathcal{O}(V\setminus\Omega)$ は全射であるから，$\dim N(P_{V\setminus\Omega})-\dim N(P_V)=2m-\dim N(P_V)$ だけの1次独立な同次解は $N(P_{V\setminus\Omega})$ の元を定義関数として表わされるが，残りの $\operatorname{codim} R(P_V)$ 個の1次独立な同次解は，F が $\mathcal{O}(V)$ における $R(P_V)$ の補空間の基底を動くときの方程式

$$P\left(z, \frac{d}{dz}\right)U(z) = F(z)$$

の解 $U\in\mathcal{O}(V\setminus\Omega)$ を定義関数とする超関数として得られる．

定理 4.7 Ω_1 を開区間 Ω の部分開区間とする．このとき，$f(x)\in\mathcal{B}(\Omega)$ ならば，(4.24) の Ω_1 上の解 $u_1(x)\in\mathcal{B}(\Omega_1)$ はすべて Ω 上の解 $u(x)\in\mathcal{B}(\Omega)$ に延長することができる．

証明 定理4.5により，(4.24) の Ω 上の解 $u_0(x)\in\mathcal{B}(\Omega)$ が存在するから，Ω_1 上の同次解 $u_1(x)-u_0(x)$ が Ω 上の同次解に拡張できることを示せばよい．すなわち，一般性を失うことなく $f(x)=0$ としてよい．さらに，左右の延長を別個にとりあつかってよいから，$\Omega=(a,b)$，$\Omega_1=(c,b)$，$a<c<b$，とすることができる．また，必要があれば，b を小さくとりなおすことにより，$a_m(x)$ は Ω_1 上零点をもたないと仮定することができる．このとき，V を定理4.5の証明で用いた Ω の複素近傍とすれば，$V_1=V\setminus(\Omega\setminus\Omega_1)$ は $a_m(z)$ の零点をもたず単連結な Ω_1 の複素近傍となる．

$u_1\in\mathcal{B}(\Omega_1)$ の定義関数を $U_1=\mathcal{O}(V_1\setminus\Omega_1)=\mathcal{O}(V\setminus\Omega)$ とすれば，

$$F(z) = P\left(z, \frac{d}{dz}\right)U_1(z)\in\mathcal{O}(V_1).$$

V_1 は単連結ゆえ，定理4.4により $P(z,d/dz)U_2(z)=F(z)$ の解 $U_2\in\mathcal{O}(V_1)$ が存在する．

$$U(z) = U_1(z)-U_2(z)\in\mathcal{O}(V_1\setminus\Omega_1) = \mathcal{O}(V\setminus\Omega)$$

は u_1 の定義関数であると共に，Ω 上の超関数 u の定義関数にもなる．明らかに u は u_1 の拡張であり，$PU=PU_1-PU_2=0$ ゆえ，Ω 上で $Pu=0$ をみたす．∎

この定理は

$$P_{\Omega\setminus\Omega_1} = P\left(x, \frac{d}{dx}\right):\ \mathcal{B}_{\Omega\setminus\Omega_1}(\Omega)\longrightarrow\mathcal{B}_{\Omega\setminus\Omega_1}(\Omega) \tag{4.27}$$

が全射であることと同等であることに注意する．実際，定理を認めれば，任意の $f\in\mathcal{B}_{\Omega\setminus\Omega_1}(\Omega)$ に対して Ω_1 上の解 $u_1=0\in\mathcal{B}(\Omega_1)$ を延長することができ，解 $u\in\mathcal{B}_{\Omega\setminus\Omega_1}(\Omega)$ を得る．逆に，$P_{\Omega\setminus\Omega_1}$ が全射であるならば，Ω_1 上の解 u_1 を超関数として Ω に拡張したものを u_0 としたとき，$Pv=f-Pu_0$ の解 $v\in\mathcal{B}_{\Omega\setminus\Omega_1}(\Omega)$ が存在し，$u=u_0+v$ が求める延長となる．

これと，可換図式

$$\begin{array}{ccccccccc} 0 & \longrightarrow & \mathcal{O}(V) & \longrightarrow & \mathcal{O}(V\setminus(\Omega\setminus\Omega_1)) & \longrightarrow & \mathcal{B}_{\Omega\setminus\Omega_1}(\Omega) & \longrightarrow & 0 \\ & & \downarrow{\scriptstyle P_V} & & \downarrow{\scriptstyle P_{V\setminus(\Omega\setminus\Omega_1)}} & & \downarrow{\scriptstyle P_{\Omega\setminus\Omega_1}} & & \\ 0 & \longrightarrow & \mathcal{O}(V) & \longrightarrow & \mathcal{O}(V\setminus(\Omega\setminus\Omega_1)) & \longrightarrow & \mathcal{B}_{\Omega\setminus\Omega_1}(\Omega) & \longrightarrow & 0 \end{array}$$

のはじめの2項の指数から次の定理を得る．

定理 4.8　定理4.7と同じ仮定の下で，(4.27)で定義される $P_{\Omega\setminus\Omega_1}$ に対して

(4.28)　$$\dim N(P_{\Omega\setminus\Omega_1})=\sum_{x\in\Omega\setminus\Omega_1}\mathrm{ord}_x\,a_m(x).$$ ——

特に，c が区間 $\Omega=(a,b)$ の中でただ一つ $a_m(x)$ の零点であるとき，(4.25)の1次独立な解であって (a,c) 上（あるいは (c,b) 上）0となるものがちょうど $\mathrm{ord}_c\,a_m(x)$ 個存在する．定理4.6と合わせて，$a_m(x)$ の零点ごとに1次独立な同次超関数解が一つずつ増えることがわかる．

次の定理は $a_m(x)$ の零点の重複度が大きいとき，そのような解の多くが，その零点にのみ台をもつ超関数の中から選べることを示している．

定理 4.9　I を開区間 Ω の中の1点の集合またはコンパクト区間とする．このとき，

(4.29)　$$P_I=P\left(x,\frac{d}{dx}\right):\ \mathcal{B}_I(\Omega)\longrightarrow\mathcal{B}_I(\Omega)$$

は指数

(4.30)　$$\chi(P_I)=-m+\sum_{x\in I}\mathrm{ord}_x\,a_m(x)$$

をもつ準同型である．特に

(4.31)　$$\dim N(P_I)\geqq -m+\sum_{x\in I}\mathrm{ord}_x\,a_m(x).$$

証明　$\mathcal{B}_I(\Omega)$ は $\Omega\supset I$ にはよらないから，Ω として $a_m(x)$ の零点を有限個しか含まない開区間をとる．Ω の複素近傍 V も同様にする．このとき，可換図式

$$\begin{array}{ccccccccc} 0 & \longrightarrow & \mathcal{O}(V) & \longrightarrow & \mathcal{O}(V\setminus I) & \longrightarrow & \mathcal{B}_I(\Omega) & \longrightarrow & 0 \\ & & \downarrow P_V & & \downarrow P_{V\setminus I} & & \downarrow P_I & & \\ 0 & \longrightarrow & \mathcal{O}(V) & \longrightarrow & \mathcal{O}(V\setminus I) & \longrightarrow & \mathcal{B}_I(\Omega) & \longrightarrow & 0 \end{array}$$

を用いてこれまでと同様に計算すれば，$\chi(V\setminus I)=0$ ゆえ，

$$\begin{aligned}\chi(P_I) &= \chi(P_{V\setminus I})-\chi(P_V)\\ &= -\sum_{z\in V\setminus I}\mathrm{ord}_z\, a_m(z)-\Big(m-\sum_{z\in V}\mathrm{ord}_z\, a_m(z)\Big)\\ &= -m+\sum_{x\in I}\mathrm{ord}_x\, a_m(x).\end{aligned}$$

∎

以下，簡単な例について，同次解の基底を求める．はじめに Euler の方程式に伴う微分作用素

(4.32) $$P\left(x,\frac{d}{dx}\right)=x\frac{d}{dx}-\alpha$$

を考える．ここで，α は複素数の定数である．

$V\subset \boldsymbol{C}$ を原点を含む連結かつ単連結の開集合とすれば，$P_V=P(z,d/dz):\mathcal{O}(V)\to\mathcal{O}(V)$ は指数

$$\chi(P_V)=1-1=0$$

をもつ．$P(z,d/dz)U(z)=0$ の一般解は cz^α であるから，

$$\dim N(P_V)=\begin{cases}1, & \alpha=0,1,2,\cdots,\\ 0, & \text{その他}.\end{cases}$$

$\alpha=0,1,2,\cdots$ の場合は Taylor 展開によって $\boldsymbol{C}z^\alpha$ が $R(P_V)$ の補空間をなすことがわかる．

$\Omega\subset\boldsymbol{R}$ を 0 を含む開区間とするとき，定理 4.6 により，Euler の方程式

(4.33) $$P\left(x,\frac{d}{dx}\right)u(x)=0$$

は二つの 1 次独立な解 $u\in\mathcal{B}(\Omega)$ をもつ．

$\alpha\neq 0,1,2,\cdots$ のときは，すべての同次解が $N(P_{V\setminus\Omega})$ の元を定義関数として表わされる．$\alpha=0,1,2,\cdots$ のときは，

$$P\left(z,\frac{d}{dz}\right)U(z)=z^\alpha$$

の解 $U(z)\in\mathcal{O}(V\setminus\Omega)$ を定義関数とするものもつけ加えなければならない．

このうち，$\boldsymbol{R}_+=\{x\in\boldsymbol{R}\mid x\geqq 0\}$ に台をもつものは，

$$x_+{}^{\alpha} = \frac{-1}{2i\sin\pi\alpha}[(-z)^{\alpha}], \qquad \alpha \neq \text{整数}, \tag{4.34}$$

$$\delta^{(-\alpha-1)}(x) = \frac{(-1)^{\alpha}(-\alpha-1)!}{2\pi i}[z^{\alpha}], \qquad \alpha = -1, -2, \cdots, \tag{4.35}$$

$$x_+{}^{\alpha} = \frac{-1}{2\pi i}[z^{\alpha}\operatorname{Log}(-z)], \qquad \alpha = 0, 1, 2, \cdots, \tag{4.36}$$

である．

もう一つの1次独立な解は，$\alpha \neq -1, -2, \cdots$，ならば，$\boldsymbol{R}_- = \{x \in \boldsymbol{R} \mid x \leqq 0\}$ に台をもつ解

$$x_-{}^{\alpha} = \frac{1}{2i\sin\pi\alpha}[z^{\alpha}], \qquad \alpha \neq \text{整数}, \tag{4.37}$$

$$x_-{}^{\alpha} = \frac{(-1)^{\alpha}}{2\pi i}[z^{\alpha}\operatorname{Log} z], \qquad \alpha = 0, 1, 2, \cdots, \tag{4.38}$$

を選ぶことができる．$\alpha = -1, -2, \cdots$ の場合は

$$\operatorname{Pf.} x^{\alpha} = \frac{1}{2}\left(\frac{1}{(x+i0)^{-\alpha}} + \frac{1}{(x-i0)^{-\alpha}}\right) \tag{4.39}$$

をとればよい．

0階の方程式

$$a_0(x)u(x) = f(x) \tag{4.40}$$

を解く問題を関数 $a_0(x)$ による**除法問題**という．$a_0(x) \in \mathcal{A}(\Omega)$ ならば，定理4.5により任意の $f \in \mathcal{B}(\Omega)$ に対して解 $u(x) \in \mathcal{B}(\Omega)$ がある．$a_0 \in \mathcal{O}(V)$，$F \in \mathcal{O}(V \setminus \Omega)$ ならば，$u(x) = [F(z)/a_0(z)]$ が $f = [F]$ に対する(4.40)の解を与える．ただし，Ω の複素近傍 V は a_0 の解析接続が $V \setminus \Omega$ で零点をもたないように選んでおく．この解は f の定義関数 F のとり方に依存する．

解の多意性，すなわち同次解全体の集合は，定理4.6により $\sum_{x \in \Omega} \operatorname{ord}_x a_0(x)$ 次元の線型空間をなす．同次解全体は明らかに通常の制限写像の下に層をなすから，これを決定するには局所的に調べれば十分である．したがって，一般性を失うことなく，$a_0(x)$ は高々1点 x_0 を除いて零点をもたないとしてよい．一つも零点をもたないときは0以外の同次解は存在しない．$x_0 = 0$ が重複度 d の零点であるならば，$z \in V$ において0にならない整型関数 $a(z)$ を用いて $a_0(z) = a(z)z^d$ と書ける．したがって，$u = [U]$ が $a_0(x)u(x) = 0$ の解であるための必要十分条件は，

$U\in\mathcal{O}(V\setminus\{0\})$ が，$z^dU(z)\in\mathcal{O}(V)$ をみたすこと，すなわち，定数 $c_i\in\boldsymbol{C}$ が存在して

$$U(z)\equiv c_d\frac{1}{z^d}+c_{d-1}\frac{1}{z^{d-1}}+\cdots+c_1\frac{1}{z}\quad \mathrm{mod}\,\mathcal{O}(V)$$

となることである．これは $u(x)$ が $\delta^{(d-1)}(x), \delta^{(d-2)}(x), \cdots, \delta(x)$ の1次結合になることに他ならない．

次に1階の方程式

$$\left(a_1(x)\frac{d}{dx}+a_0(x)\right)u(x)=0 \tag{4.41}$$

を考える．上と同じ理由により，$a_1(x)$ は高々1点 x_0 を除いて零点をもたないとしてよい．$a_1(x)$ が一つも零点をもたないときは，定理4.6により (4.41) の解全体は1次元の線型空間をなす．一方，実解析関数 $\exp\left(-\int a_0(x)/a_1(x)dx\right)$ は明らかに解になっているから，これを基底にとることができる．

次に，$x_0=0$ が重複度 d の零点であるとしよう．定理4.6によれば，(4.41) は $d+1$ 個の1次独立な解をもつ．一方，定理4.9により，少なくとも $d-1$ 個の $\{0\}$ のみに台をもつ1次独立な解がある．$\Omega\setminus\{0\}$ では $a_1(x)$ の零点がないから，それぞれの連結成分においては実解析的な解がただ一つの1次独立な解である．もし (4.41) が $x\geqq 0$ または $x\leqq 0$ を台とする解をもてば，$x<0$ または $x>0$ における零でない解を定理4.7を用いて Ω 全体に拡張し，はじめの解の定数倍を差引くことにより $x\leqq 0$ または $x\geqq 0$ を台とする解も存在することがわかる．これらと $\{0\}$ のみに台をもつ解は1次独立であるから，この合併で1次独立な解がつくせる．そうでないときは，d 個の $\{0\}$ のみに台をもつ1次独立な解があり，もう一つの1次独立な解は Ω 全体を台とすることがわかる．Euler 方程式で $\alpha=-1, -2, \cdots$ の場合がこの例になっている．

さて，(4.41) は $\sigma\geqq 1$ を用いて

$$x^{d-\sigma}\left(x^\sigma a(x)\frac{d}{dx}+b(x)\right)u(x)=0 \tag{4.42}$$

と分解できる．ここで，$a(x)$ は Ω で0とならない実解析関数である．$b(x)$ も Ω 上の実解析関数であって，$\sigma>1$ の場合は $b(0)\neq 0$ にとれる．$c(x)=b(x)/a(x)$ とおけば，(4.42) は

$$x^{d-\sigma}\left(x^{\sigma}\frac{d}{dx}+c(x)\right)u(x)=0 \tag{4.43}$$

と同値である．$(x^{\sigma}d/dx)\delta^{(k)}(x)$ は $\delta^{(k+1-\sigma)}$ の整数倍であるから，

$$\delta(x),\quad \delta'(x),\quad \cdots,\quad \delta^{(d-\sigma-1)}(x) \tag{4.44}$$

は $d-\sigma$ 個の (4.43) の 1 次独立な解となる．(4.43) の因子

$$\left(x^{\sigma}\frac{d}{dx}+c(x)\right)u(x)=0 \tag{4.45}$$

も $\sigma+1$ 個の 1 次独立な解をもつから，(4.45) が (4.44) の 1 次結合を解としないならば，(4.44) および (4.45) の $\sigma+1$ 個の 1 次独立な解で (4.43) の 1 次独立な解がつくせる．

$\sigma=1$ の場合，$\alpha\in \boldsymbol{C}$ および $d(x)\in \mathcal{A}(\Omega)$ を用いて

$$c(x)=-\alpha+xd'(x) \tag{4.46}$$

と表わし，$v(x)=e^{d(x)}u(x)$ とおけば，

$$\begin{aligned}\left(x\frac{d}{dx}+c(x)\right)u(x)&=\left(x\frac{d}{dx}-\alpha+xd'(x)\right)e^{-d(x)}v(x)\\&=e^{-d(x)}\left(x\frac{d}{dx}-\alpha\right)v(x).\end{aligned}$$

すなわち，(4.45) は Euler 方程式と同値である．特に，(4.45) は $\alpha=-1,-2,\cdots$ のときにのみ原点に台のある解 $e^{-d(x)}\delta^{(-\alpha-1)}(x)$ をもつ．$n=-\alpha>d-\sigma$ ならば，これは (4.45) の 1 次結合にならない．一方，$n=1,2,\cdots$ のとき，

$$x^{n}\left(x\frac{d}{dx}+n\right)u(x)=0 \tag{4.47}$$

の 1 次独立な解として

$$x_{+}{}^{-n}=\frac{-1}{2\pi i}[z^{-n}\operatorname{Log}(-z)], \tag{4.48}$$

$$x_{-}{}^{-n}=\frac{(-1)^{n}}{2\pi i}[z^{-n}\operatorname{Log} z], \tag{4.49}$$

および $\delta(x),\delta'(x),\cdots,\delta^{(n-1)}(x)$ をとることができる．これより零点の重複度が高いときも同様である．

以上ではすべての同次解が分布になっていることに注意する．

次に，$\sigma>1$，$c(0)\neq 0$ の場合，(4.45) は 0 以外に $\delta(x)$ およびその導関数の 1 次

結合として表わされる解をもたないことを証明しよう．$x^\sigma\delta^{(k+1)}(x)$ は $\delta^{(k-\sigma+1)}(x)$ の定数倍であるから，$u(x)=d_k\delta^{(k)}(x)+d_{k-1}\delta^{(k-1)}(x)+\cdots+d_0\delta(x)$ に対して

$$\left(x^\sigma\frac{d}{dx}+c(x)\right)u(x)=c(0)d_k\delta^{(k)}(x)+\cdots.$$

これが 0 であるためには $c(0)d_k=0$，したがって $d_k=0$ でなければならない．すなわち，上の形の $u(x)$ は 0 以外 (4.45) の解となり得ない．

それ故，(4.42) の 1 次独立な解は (4.44) の解と (4.45) の $\sigma+1$ 個の 1 次独立な解でつくされる．はじめに述べたことにより，このうち少なくとも $\sigma-1$ 個は $\{0\}$ のみに台のある超関数から選べるが，これらは無限位であるから分布ではあり得ない．$c(x)$ の Taylor 展開を

$$c(x)=c_0+c_1x+\cdots+c_{\sigma-1}x^{\sigma-1}+c_\sigma x^\sigma+\cdots$$

とすれば，$x\neq 0$ では (4.45) の解は

$$\exp\left(-\int\frac{c(x)}{x^\sigma}dx\right)=\exp\left\{\frac{1}{\sigma-1}\frac{c_0}{x^{\sigma-1}}+\cdots+\frac{c_{\sigma-2}}{x}\right\}x^{-c_{\sigma-1}}e(x) \tag{4.50}$$

の定数倍になる．ここで，$e(x)$ は 0 も含めて Ω 上実解析的な関数である．

もし $\mathrm{Re}\,c_0<0$ ($\mathrm{Re}\,c_0>0$) ならば，$x>0$ ($x<0$) に対しては (4.50) で，その他では 0 として定義される関数 $u(x)$ は無限回微分可能な解となる．したがって，$x<0$ ($x>0$) で (4.50) に等しく $x>0$ ($x<0$) で 0 に等しい解も存在する．この場合，この二つの解と (4.44) の解を含めて $\{0\}$ にのみ台をもつ解で (4.42) の 1 次独立解全部となる．

特に $c_0<0$ ($c_0>0$) の場合は，$x<0$ ($x>0$) における解 (4.50) は §2.8 命題 2.8 により，いかなる $s\geqq\sigma/(\sigma-1)$ に対しても $\mathcal{D}^{\{s\}\prime}(\Omega)$ の元に拡張することはできない．したがって，定理 4.7 は超分布解に対してはなりたたない．

$c_0\neq 0$ であるから，$U(z)=\exp\left(-\int c(z)/z^\sigma dz\right)$ は上半平面または下半平面で，$s=\sigma/(\sigma-1)$ とある $L>0$ に対し §3.7 定理 3.18 の評価 (3.104) をみたすが，これよりよい評価はもたない．したがって，$U(x+i0)$ または $U(x-i0)$ は $\mathcal{D}^{(s)\prime}(\Omega)$ に属するが $\mathcal{D}^{\{s\}\prime}(\Omega)$ には属さない．こうして，$\sigma>1$ のときは必ず分布でない超関数同次解が存在することがわかる．特に，定理 4.6 は分布解に対しては成立しない．

§4.3 超関数解の正則性

開区間 Ω 上の実解析関数を係数とする線型常微分方程式

$$P\left(x, \frac{d}{dx}\right)u(x) = f(x) \tag{4.51}$$

に対して，$f(x)$ が実解析関数，分布あるいは＊族の超分布であるとき，いかなる超関数解 $u(x)$ も同様になるための必要十分条件を微分作用素 $P(x, d/dx)$ の特異点の非正則度に対する制限の形で与える．

微分作用素

$$P\left(x, \frac{d}{dx}\right) = a_m(x)\frac{d^m}{dx^m}+\cdots+a_0(x) \tag{4.52}$$

の主要項の係数 $a_m(x)$ の零点を微分方程式 (4.51) または微分作用素 (4.52) の**特異点**という．もし微分作用素 $P(x, d/dx)$ が特異点 $c \in \Omega=(a, b)$ をもてば，定理4.8により，少なくとも一つ (a, c) 上 0 かつ Ω 上では恒等的に 0 でない同次方程式

$$P\left(x, \frac{d}{dx}\right)u(x) = 0 \tag{4.53}$$

の超関数解 $u(x)$ が存在する．

一方，もし $P(x, d/dx)$ が Ω 上特異点をもたないならば，任意の実解析関数 $f(x)$ に対して，(4.51) の超関数解 $u(x)$ は実解析関数になる．実際，$P(x, d/dx)$ の係数 $a_i(x)$ および $f(x)$ が解析接続できる Ω の複素近傍 V を定理4.4の条件をみたすようにとれば，少なくとも一つ実解析解 u_1 が存在することがわかる．(4.51) の一般解は u_1 に同次超関数解 u_0 を加えたものとして表わされるが，定理4.6により1次独立な同次超関数解の個数は m に等しく，一方，定理4.4により1次独立な同次実解析解の個数も m に等しい．したがって，任意の同次解 u_0 は実解析関数である．こうして，次の定理が得られた．

定理 4.10 $P(x, d/dx)$ に対する次の三つの条件は互いに同値である：

(a) $u \in \mathcal{B}(\Omega)$, $Pu = 0 \Longrightarrow u \in \mathcal{A}(\Omega)$;

(b) $u \in \mathcal{B}(\Omega)$, $Pu \in \mathcal{A}(\Omega) \Longrightarrow u \in \mathcal{A}(\Omega)$;

(c) $P(x, d/dx)$ は Ω において特異点をもたない．——

したがって，以下 $P(x, d/dx)$ が特異点をもつ場合を考察する．

定義 4.1 $P(x, d/dx)$ の特異点 x_0 に対して,

$$d = \operatorname{ord}_{x_0} a_m(x) \tag{4.54}$$

を x_0 の**重複度**,

$$\sigma = \max\left\{1,\ \frac{d-\operatorname{ord}_{x_0} a_i(x)}{m-i}\ (i=0, 1, \cdots, m-1)\right\} \tag{4.55}$$

を x_0 の**非正則度**という.

$\sigma=1$ のとき, x_0 を**確定特異点**, $\sigma>1$ のとき, **不確定特異点**という. ——

以下では次の三つの定理を証明することを目的とする.

定理 4.11 $P(x, d/dx)$ に対する次の三つの条件は互いに同値である:

(a) $u \in \mathcal{B}(\Omega)$, $Pu = 0 \Longrightarrow u \in \mathcal{D}'(\Omega)$;

(b) $u \in \mathcal{B}(\Omega)$, $Pu \in \mathcal{D}'(\Omega) \Longrightarrow u \in \mathcal{D}'(\Omega)$;

(c) $P(x, d/dx)$ のすべての特異点は確定特異点である.

定理 4.12 $s>1$ のとき, $P(x, d/dx)$ に対する次の三つの条件は互いに同値である:

(a) $u \in \mathcal{B}(\Omega)$, $Pu = 0 \Longrightarrow u \in \mathcal{D}^{(s)\prime}(\Omega)$;

(b) $u \in \mathcal{B}(\Omega)$, $Pu \in \mathcal{D}^{(s)\prime}(\Omega) \Longrightarrow u \in \mathcal{D}^{(s)\prime}(\Omega)$;

(c) $P(x, d/dx)$ のすべての特異点において, 非正則度

$$\sigma \leqq \frac{s}{s-1}. \tag{4.56}$$

定理 4.13 $s>1$ のとき, $P(x, d/dx)$ に対する次の三つの条件は互いに同値である:

(a) $u \in \mathcal{B}(\Omega)$, $Pu = 0 \Longrightarrow u \in \mathcal{D}^{\{s\}\prime}(\Omega)$;

(b) $u \in \mathcal{B}(\Omega)$, $Pu \in \mathcal{D}^{\{s\}\prime}(\Omega) \Longrightarrow u \in \mathcal{D}^{\{s\}\prime}(\Omega)$;

(c) すべての特異点において非正則度

$$\sigma < \frac{s}{s-1}. \tag{4.57}$$

——

証明に入る前にこれらの定理の系として得られる次の定理に注意しておく.

定理 4.14 $P(x, d/dx)$ がそれぞれ定理 4.11, 4.12, 4.13 の条件をみたすならば, $*$ をそれぞれ ϕ, (s), $\{s\}$ として§4.2のすべての定理, 定理 4.5-4.9 が $\mathcal{B}$ を $\mathcal{D}^{*\prime}$ におきかえて成立する. ——

一方，前節の例で示したように，これらの条件がみたされないとき，前節の定理が扱った問題をより制限した超関数族で解くことはむずかしい問題になる．

定理 4.11, 4.12, 4.13 は大略同時に証明できる．

(c) ⟹ (b) の証明 はじめに次の補題を用意する．

補題 4.3 区間 $[t_0, t_1]$ 上連続可微分な関数 m 個からなる列ベクトル $w(t)$ が微分不等式

$$\left\|\left(\frac{d}{dt}-b(t)\right)w(t)\right\| \leqq f(t) \tag{4.58}$$

をみたすとする．ここで，$b(t)$ は有界連続関数からなる $m\times m$ 行列，$f(t)$ は可測関数，かつノルムは複素 Euclid ノルムであるとする．このとき，

$$\|w(t)\| \leqq e^{M(t-t_0)}\|w(t_0)\|+\int_{t_0}^{t} e^{M(t-s)}f(s)ds, \qquad t_0 \leqq t \leqq t_1, \tag{4.59}$$

ただし，

$$M = \sup\{\|b(t)w\| \mid t_0\leqq t\leqq t_1, \|w\|\leqq 1\}. \tag{4.60}$$

証明

$$\begin{aligned}\frac{d}{dt}\|w(t)\|^2 &= 2\,\mathrm{Re}\left(\frac{dw(t)}{dt}, w(t)\right)\\ &\leqq 2\left\|\frac{dw(t)}{dt}\right\|\|w(t)\|\\ &\leqq 2(f(t)+M\|w(t)\|)\|w(t)\|.\end{aligned}$$

故に，

$$\frac{d}{dt}(e^{-2Mt}\|w(t)\|^2) \leqq 2e^{-2Mt}f(t)\|w(t)\|. \tag{4.61}$$

$e^{-Mt}\|w(t)\|$ は Lipschitz 連続関数であるから，ほとんどいたるところ有界な導関数をもち，その積分に等しい．(4.61) の左辺はほとんどいたるところ

$$2\frac{d}{dt}(e^{-Mt}\|w(t)\|)\cdot(e^{-Mt}\|w(t)\|)$$

に等しいから，

$$\frac{d}{dt}(e^{-Mt}\|w(t)\|) \leqq e^{-Mt}f(t)$$

を得る．これを積分して (4.59) を得る．∎

u の定義関数を $U\in\mathcal{O}(V\setminus\Omega)$ とすれば，

$$F(z) = P\left(z, \frac{d}{dz}\right)U(z) \tag{4.62}$$

は $f \in \mathcal{D}^{*\prime}(\Omega)$ の定義関数になる．したがって，§3.7 定理 3.18 の不等式をみたす．これから U も同様の評価をもつことを証明すればよい．$\mathcal{D}^{*\prime}$ は層をなすから，Ω の各点 x_0 の近傍で証明すれば十分である．仮定により $P(x, d/dx)$ はこの近傍で特異点をもたないかあるいは x_0 がただ一つの特異点であって，その非正則度 σ はそれぞれの定理の条件 (c) をみたすとしてよい．

ここで，τ を $\sigma \leqq \tau \leqq s/(s-1)$ をみたす数とする．x_0 が特異点でないときも $\tau \geqq 1$ に選ぶ．また定理 4.11 のときは $\tau=1$ とする．そして

$$W^j(z) = \left((z-x_0)^\tau \frac{d}{dz}\right)^{j-1} U(z), \qquad j = 1, 2, \cdots, m, \tag{4.63}$$

とおく．ただし，$(z-x_0)^\tau$ は適当に選んだ枝を意味する．このとき，列ベクトル

$$W(z) = {}^t(W^1(z), \cdots, W^m(z)) \tag{4.64}$$

は

$$\left((z-x_0)^\tau \frac{d}{dz} - B(z)\right) W(z) = G(z) \tag{4.65}$$

の形の方程式をみたす．ここで，$B(z)$ は x_0 の近傍で有界な $V \setminus \Omega$ 上の整型関数を要素とする $m \times m$ 行列であり，$G(z)$ は定理 3.18 の条件をみたす $V \setminus \Omega$ 上の整型関数を要素とする列ベクトルである．

実際，j に関する帰納法によって容易に複素数 $c_{j,k}$ が存在して

$$W^{j+1}(z) = (z-x_0)^{j\tau} \frac{d^j}{dz^j} U(z) + \sum_{k=1}^{j} c_{j,k} (z-x_0)^{(j-k+1)(\tau-1)} W^k(z) \tag{4.66}$$

となることが証明される．したがって，

$$(z-x_0)^\tau \frac{d}{dz} W^m(z) = (z-x_0)^{m\tau} \frac{d^m}{dz^m} U(z) + \sum_{k=1}^{m} c_{m,k} (z-x_0)^{(m-k+1)(\tau-1)} W^k(z).$$

ここで (4.62) を用いれば

$$(z-x_0)^{m\tau}\frac{d^m}{dz^m}U(z) = \frac{(z-x_0)^{m\tau}}{a_m(z)}F(z) - \sum_{j=0}^{m-1}\frac{(z-x_0)^{(m-j)\tau}a_j(z)}{a_m(z)}(z-x_0)^{j\tau}\frac{d^j}{dz^j}U(z).$$

$\sigma \leqq \tau$ より，$(z-x_0)^{(m-j)\tau}a_j(z)/a_m(z)$ は x_0 の近傍で有界な $V \setminus \Omega$ 上の整型関数であり，$(z-x_0)^{j\tau}d^jU/dz^j$ は (4.66) により，有界な整型関数を係数とする W^k の1次結合で表わされる．

$$G(z) = {}^t\!\left(0, \cdots, 0, \frac{(z-x_0)^{m\tau}}{a_m(z)}F(z)\right)$$

が $F(z)$ と同様の評価をもつことも容易に示される．

さて，

(4.67) $$V_+ = \{z \in C \mid |z-x_0| \leqq R, \operatorname{Im} z > 0\} \subset V \setminus \Omega$$

において $B(z)$ は有界であり，$G(z)$ は

I : $* = \phi$ の場合，定数 L, C が存在して

(4.68) $$\|G(z)\| \leqq C(\operatorname{Im} z)^{-L},$$

$\mathrm{II}_{(s)} : * = (s)$ ($\mathrm{II}_{\{s\}} : * = \{s\}$) の場合，定数 L, C が存在して（任意の $L>0$ に対して定数 C が存在して）

(4.69) $$\|G(z)\| \leqq C \exp\left(\frac{L}{\operatorname{Im} z}\right)^{1/(s-1)}$$

をみたす．

補題4.3を適用するため，

(4.70) $$t = \begin{cases} \log\left(\dfrac{i}{z-x_0}\right), & \tau = 1, \\ \left(\dfrac{i}{z-x_0}\right)^{\tau-1}, & \tau > 1, \end{cases}$$

を新しい独立変数に選べば，方程式 (4.65) は

(4.71) $$\left(c\frac{d}{dt} - B_1(t)\right)W_1(t) = G_1(t)$$

に変換される．ここで，c は定数であり，$B_1(t)$, $W_1(t)$ および $G_1(t)$ はそれぞれ $B(z(t))$, $W(z(t))$ および $G(z(t))$ を表わす．領域 V_+ は Riemann 領域

$$(4.72)\qquad V_1^+ = \begin{cases} \{t \in \boldsymbol{C} \mid -\log R \leqq \operatorname{Re} t < \infty,\ -\pi/2 < \operatorname{Im} t < \pi/2\}, & \tau = 1, \\ \{t \in \boldsymbol{C} \mid |t| \geqq R^{1-\tau},\ |\arg t| < (\tau-1)\pi/2\}, & \tau > 1, \end{cases}$$

に変換される．また，不等式(4.68)および(4.69)はそれぞれ

$$(4.73)\qquad \|G_1(t)\| \leqq Ce^{L \operatorname{Re} t}(\cos \operatorname{Im} t)^{-L},$$

$$(4.74)\qquad \|G_1(t)\| \leqq C \exp\left\{L^{(s-1)^{-1}}|t|^{(\tau-1)^{-1}(s-1)^{-1}}\left(\cos\frac{\arg t}{\tau-1}\right)^{-(s-1)^{-1}}\right\}$$

になる．ただし，(4.73)では $\tau=1$，(4.74)では $1<\tau\leqq s/(s-1)$ とする．

$z=x_0+ire^{i\theta} \in V_+$ における $W(z)$ の値を評価するため，これを x_0+iR から x_0+ir に至る線分 Γ^1 と x_0+ir から $x_0+ire^{i\theta}$ に至る円弧 Γ^2 からなる曲線 $\Gamma^1 \cup \Gamma^2$ によって定点 x_0+iR と結ぶ．

I の場合，$\tau=1$ ゆえ，Γ^1, Γ^2 はそれぞれ線分

$$\Gamma^1{}_1:\quad \operatorname{Im} t = 0,\quad -\log R \leqq \operatorname{Re} t \leqq -\log r,$$
$$\Gamma^2{}_1:\quad \operatorname{Re} t = -\log r,\quad 0 \gtrless \operatorname{Im} t \gtrless -\theta,$$

に変換される．したがって，補題4.3と(4.73)により

$$\begin{aligned} \|W_1(-\log r)\| &\leqq e^{M\log(R/r)}\|W_1(-\log R)\| + e^{-M\log r}\int_{-\log R}^{-\log r} e^{-Mt}Ce^{Lt}dt \\ &\leqq C_1e^{-L_1\log r}, \\ \|W_1(-\log r - i\theta)\| &\leqq e^{M|\theta|}\|W_1(-\log r)\| \\ &\qquad + e^{M|\theta|}\int_0^{|\theta|} e^{-Mt}Ce^{-L\log r}(\cos t)^{-L}dt \\ &\leqq e^{\pi M/2}(C_1e^{-L_1\log r} + Ce^{-L\log r}(\cos\theta)^{-L}|\theta|) \\ &\leqq C_2e^{-L_2\log r}(\cos\theta)^{-L_2}. \end{aligned}$$

ただし，C_1, C_2, L_1, L_2 は $\|W(x_0+iR)\|$，C および L のみによって定まる定数である．こうして，$U(z)=W^1(z)$ が V_+ 上

$$|U(z)| \leqq C_2(\operatorname{Im} z)^{-L_2}$$

をみたすことが証明された．

$\mathrm{II}_{(s)}$ および $\mathrm{II}_{\{s\}}$ の場合，$\tau>1$ ゆえ，Γ^1, Γ^2 はそれぞれ線分

$$\Gamma^1{}_1:\quad \operatorname{Im} t = 0,\quad R^{1-\tau} \leqq \operatorname{Re} t \leqq r^{1-\tau},$$

および円弧

$$\Gamma^2{}_1:\quad |t| = r^{1-\tau},\quad 0 \gtrless \arg t \gtrless (1-\tau)\theta,$$

に変換される．(4.74)により

$$\|W_1(r^{1-\tau})\| \leqq \exp\{M(r^{1-\tau}-R^{1-\tau})\}\|W_1(R^{1-\tau})\| + \exp(Mr^{1-\tau})\int_{R^{1-\tau}}^{r^{1-\tau}} e^{-Mt}|c|^{-1}C\exp(L^{(s-1)^{-1}}t^{(\tau-1)^{-1}(s-1)^{-1}})dt$$

となるが，$\tau \leqq s/(s-1)$ より $(\tau-1)^{-1}(s-1)^{-1} \geqq 1$ が従う．それゆえ，第2項は

$$C'\exp\left\{Mr^{1-\tau}+\left(\frac{L}{r}\right)^{1/(s-1)}\right\}\int_{R^{1-\tau}}^{\infty} e^{-Mt}dt$$

でおさえられる．$\tau-1 \leqq (s-1)^{-1}$ であるから，ある L_1 に対し($\tau-1<(s-1)^{-1}$ にとれるから $L_1>0$ が何であっても)

$$\|W_1(r^{1-\tau})\| \leqq C_1\exp\left(\frac{L_1}{r}\right)^{1/(s-1)}, \quad 0<r\leqq R,$$

となる定数 C_1 が存在する．

同様にして，

$$\|W_1(r^{1-\tau}e^{i(1-\tau)\theta})\| \leqq \exp\{Mr^{1-\tau}(\tau-1)|\theta|\}\|W_1(r^{1-\tau})\| + \exp\{Mr^{1-\tau}(\tau-1)|\theta|\}\int_0^{|\theta|}\exp\{-Mr^{1-\tau}(\tau-1)\varphi\} \times C'\exp\left\{\left(\frac{L}{r}\right)^{1/(s-1)}(\cos\varphi)^{1/(s-1)}\right\}r^{1-\tau}(\tau-1)d\varphi$$
$$\leqq \exp\left(Mr^{1-\tau}(\tau-1)\frac{\pi}{2}\right)\left\{C_1\exp\left(\frac{L_1}{r}\right)^{1/(s-1)} + C'\exp\left(\left(\frac{L}{r}\right)^{1/(s-1)}(\cos\theta)^{1/(s-1)}\right)r^{1-\tau}(\tau-1)\frac{\pi}{2}\right\}.$$

したがって，上と同じ理由である L_2 に対し(任意の $L_2>0$ に対し)

$$\|W_1(r^{1-\tau}e^{i(1-\tau)\theta})\| \leqq C_2\exp\left(\frac{L_2}{r\cos\theta}\right)^{1/(s-1)}$$

となる定数 C_2 が存在する．

$$V_- = \{z\in \boldsymbol{C} \mid |z-x_0|\leqq R, \operatorname{Im} z<0\} \subset V\setminus\Omega$$

における評価も同様である．∎

(b) ⟹ **(a)** は明らかである．

(a) ⟹ **(c)** **の証明**　$\sigma>1$ のとき，$s=\sigma/(\sigma-1)$ として，$\mathcal{D}^{\{s\}\prime}(\Omega)$ に属さない同次解 $u(x)$ が存在することを示せばよい．$\tau=\sigma$ として十分の証明の変換(4.63)を行えば，$P(z, d/dz)U(z)=0$ は連立1階方程式

$$\left((z-x_0)^\sigma\frac{d}{dz}-B(z)\right)W(z)=0 \tag{4.75}$$

に変換される．$\sigma>1$ であるから，(4.66) が示すように $B(z)$ は $z\to x_0$ のとき

$$B(x_0)=\begin{bmatrix} 0 & 1 & & & \\ & 0 & \ddots & & 0 \\ & & & \ddots & \\ & & & & 1 \\ -b_0 & -b_1 & \cdots & & -b_{m-1}\end{bmatrix}$$

に収束する．ここで

$$b_j=\lim_{z\to x_0}\frac{(z-x_0)^{(m-j)\sigma}a_j(z)}{a_m(z)}$$

である．以下 $x_0=0$ としよう．非正則度の定義から少なくとも一つの b_j は 0 でない．したがって，$B(0)$ は 0 でない固有値 λ をもつ．もし $B(z)=B(0)$ ならば，(4.70) の変換により

$$W(z)=\exp\left(\frac{1}{1-\sigma}\frac{\lambda}{z^{\sigma-1}}\right)W_0$$

が解となる．ただし W_0 は固有値 λ に伴う固有ベクトルである．一般の場合も，方程式 $P(z, d/dz)s(z)=0$ は

$$\Lambda(z)=\frac{1}{1-\sigma}\frac{\lambda}{z^{\sigma-1}}+\cdots+\frac{-qw}{z^{1/q}}$$

をある $q\geqq 1$ に対する $z^{-1/q}$ の多項式，$p(z, \log z)$ を $z^{1/q}$ に関する形式的ベキ級数を係数とする $\log z$ の多項式として

$$s(z)=e^{\Lambda(z)}z^\rho p(z, \log z)$$

の形の形式解をもち，任意の半直線 $e^{i\theta}\boldsymbol{R}_+$ に対して，これを含む正の角度の扇形領域 S と S の上の整型解 $U(z)$ であって，S において $z\to 0$ のとき

$$e^{-\Lambda(z)}U(z)\sim z^\rho p(z, \log z) \tag{4.76}$$

という漸近関係をみたすものが存在することが知られている．これは複素領域における線型常微分方程式論の最も基本的な結果であり，知られている証明はいずれもかなり長いので，ここでは証明を省略することにする．$\lambda\neq 0$ ゆえ

$$\mathrm{Re}\left(\frac{1}{1-\sigma}\frac{\lambda}{(e^{i\theta})^{\sigma-1}}\right)>0$$

をみたす $e^{i\theta}\neq\pm 1$ が存在する．これを含む扇形領域 S 上での上の整型解 $U(z)$ を定理4.4を用いて $V\setminus\Omega$ の一つの連結成分全体に延長したものを同じ $U(z)$ で表わせば，この境界値 $U(x\pm i0)$ である同次解は $\mathscr{D}^{(s)\prime}(\Omega)$ には属するが，$\mathscr{D}^{\{s\}\prime}(\Omega)$ には属さない．∎

参 考 書

分布の理論については

[1] L. Schwartz (岩村聯他訳)：超函数の理論, 岩波書店, 1971 (Théorie des distributions, 3éd., Hermann, 1966),

[2] I. M. Gel'fand-G. E. Šilov (功力金二郎他訳)：超関数論入門 I, II, 共立出版, 1963, 1964

が基本的である．[2]は

[3] И. М. Гельфанд-Г. Е. Шилов: Обобщенные·Функции, I-VI, Физматгиз, Москва, 1959-1966

の第 I 巻の邦訳である．II 巻以降にも英訳および仏訳がある．日本語の本としては他に

[4] 山中健：線型位相空間と一般関数, 共立出版, 1966,

[5] F. Treves (松浦重武訳)：位相ベクトル空間, 超関数, 核, 上, 下, 吉岡書店, 1973, 1976 (Topological Vector Spaces, Distributions and Kernels, Academic Press, 1967)

等がある．関数解析または偏微分方程式論を扱った書物にも分布の理論を含むものが多い．本講座の“関数解析”，“定数係数線型偏微分方程式”もそうである．

超関数の理論については,

[6] 森本光生：佐藤超函数入門, 共立出版, 1976

がただ一つの単行本である．講義録としては

[7] 小松彦三郎：佐藤の超函数と定数係数線形偏微分方程式, 東大数学教室, 1968,

[8] P. Schapira: Théorie des Hyperfonctions, Lecture Notes in Math. No. 126, Springer, 1970

がある．超関数の理論のより進んだ部分およびその応用については

[9] H. Komatsu 編：Hyperfunctions and Pseudo-Differential Equations, Lecture Notes in Math. No. 287, Springer, 1973

にある諸論文を見られたい．中でもこの半分を占める

[10] M. Sato-T. Kawai-M. Kashiwara: Microfunctions and pseudo-differential equations, pp. 265-529

は重要である．

超分布論については参考書というべきものはない．

以上のほか本講の執筆に参考にした文献を以下に列挙する．個々の定理の出典は長くな

るので省略する.

[11] G. Björck: Linear partial differential operators and generalized distributions, Ark. Mat., **6** (1966), 351–407.

[12] A. Grothendieck: Sur les espaces (F) et (DF), Summa Brasil. Math., **3** (1954), 57–122.

[13] A. Grothendieck: Théorie des Espaces Vectoriels Topologiques, Inst. Mat. Pura Apl. Univ. São Paulo, 1954.

[14] A. Grothendieck: Produits Tensoriels Topologiques et Espaces Nucléaires, Amer. Math. Soc., 1955.

[15] 伊藤清三-小松彦三郎編: 解析学の基礎, 現代数学演習叢書 3, 岩波書店, 1977.

[16] G. Köthe: Dualität in der Funktionentheorie, J. Reine Angew. Math., **191** (1953), 30–49.

[17] H. Komatsu: Projective and injective limits of weakly compact sequences of locally convex spaces, J. Math. Soc. Japan, **19** (1967), 366–383.

[18] H. Komatsu: On the index of ordinary differential operators, J. Fac. Sci. Univ. Tokyo, Sect. IA, **18** (1971), 379–398.

[19] 小松彦三郎: 佐藤超函数論入門, 数理解析研究所講究録 188, 京大数理研, 1973.

[20] H. Komatsu: Ultradistributions, I, Structure theorems and a characterization, J. Fac. Sci. Univ. Tokyo, Sect. IA, **20** (1973), 25–105.

[21] H. Komatsu: On the regularity of hyperfunction solutions of linear ordinary differential equations with real analytic coefficients, ibid., **20** (1973), 107–119.

[22] H. Komatsu: Theory of Local Convex Spaces, Dept. Math., Univ. Tokyo, 1974.

[23] H. Komatsu: Ultradistributions, II, The kernel theorem and ultradistributions with support in a submanifold, J. Fac. Sci. Univ. Tokyo, Sect. IA, **24** (1977), 607–628.

[24] 大久保謙二郎-河野実彦: 漸近展開, 教育出版, 1976.

[25] C. Roumieu: Sur quelques extensions de la notion de distribution, Ann. Sci. École Norm. Sup. Paris, 3 sér., **77** (1960), 41–121.

[26] C. Roumieu: Ultra-distributions définies sur R^n et sur certaines classes de variétés defférentiables, J. Analyse Math., **10** (1962–63), 153–192.

[27] M. Sato: Theory of hyperfunctions, J. Fac. Sci. Univ. Tokyo, Sec. I, **8** (1959–60), 139–193 & 387–437.

[28] L. Schwartz: Produits Tensoriels Topologiques d'Espaces Vectoriels Topologiques. Espaces Vectoriels Topologiques Nucléaires. Applications, Séminaire Schwartz 1953-54.

[29] L. Schwartz: Espaces de fonctions différentiables à valeurs vectorielles, J. Analyse Math., **4** (1954-55), 88-148.

[30] L. Schwartz: Théorie des distributions à valeurs vectorielles, Ann. Inst. Fourier Grenoble, **7** (1957), 1-141 & **8** (1958), 1-209.

[31] J. Sebastião e Silva: Su certe classi di spazi localmente convessi importanti per le applicazioni, Rend. Mat. e Appl. Univ. Roma, Ser. V, **14** (1955), 388-410.

[32] G. Valiron: Lectures on the General Theory of Integral Functions, Chelsea, 1949.

[33] W. Wasaw: Asymptotic Expansions for Ordinary Differential Equations, Interscience, 1965.

[34] K. Yoshinaga: On a locally convex space introduced by J. S. e Silva, J. Sci., Hiroshima Univ. Ser. A, **21** (1957), 89-98.

第1章で省略した定理の証明および第4章で用いた指数をもつ作用素に関する諸定理の証明は，ごく易しいものを除けば，すべて [15] の第3章および解答の部に与えられている．

第4章の最後で用いた，不確定特異点の近傍で (4.76) という漸近挙動をもつ整型解の存在は簡単な場合 [24] に証明されている．しかし，一般の場合は [33] も不十分であり，これらの書物に引用されている福原，Malmquist らの原論文による他ない．もっとも，必要な増大度をもつ整型解を構成するだけならば，もう少し易しい証明ができるようである．

第1刷の後，次の書物が出版された．

[35] 柏原正樹-河合隆裕-木村達雄：代数解析学の基礎，紀伊国屋数学叢書18，紀伊国屋書店，1980.

[36] 金子晃：超函数入門，上，下，UP応用数学選書1, 6，東京大学出版会，1980, 1982.

いずれも佐藤超関数および微関数についての優れた入門書である．

[37] H. Komatsu: Ultradistributions, III, Vector valued ultradistributions and the theory of kernels, **29** (1982), 653-718

は [20], [23] の続きで，本書では述べ得なかった局所凸空間に値をもつ超分布および超分布に対する核の理論を扱っている．ここでは ∗ 族の微分作用素を $\mathcal{E}^*$ を $\mathcal{E}^*$ にうつす連続な層準同型と定義しており，本書49ページのものとは異なる．

[38] H. Komatsu: Linear ordinary differential equations with Gevrey coeffi-

cients, J. Differential Equations, **45** (1982), 272–306

では非正則度が定理 4. 11–4. 13 の条件をみたすとき，方程式の係数がそれぞれの族の超可微分関数であれば，定理 4. 5–4. 9 は $\mathcal{B}$ を $\mathcal{D}^{*\prime}$ におきかえて ↔ なりたつことが示されている．

■岩波オンデマンドブックス■

岩波講座 基礎数学
解析学 (II) ix
超関数論入門

1978年 2月 2日 第 1 刷発行
1988年 10月 4日 第 3 刷発行
2019年 9月 10日 オンデマンド版発行

著 者 小松彦三郎（こまつひこさぶろう）

発行者 岡本 厚

発行所 株式会社 岩波書店
〒101-8002 東京都千代田区一ツ橋 2-5-5
電話案内 03-5210-4000
https://www.iwanami.co.jp/

印刷／製本・法令印刷

ISBN 978-4-00-730925-0 Printed in Japan